智能化变电站
自动化实操技术

ZHINENGHUA BIANDIANZHAN
ZIDONGHUA SHICAO JISHU

王顺江　唐宏丹 等　编著

中国电力出版社
CHINA ELECTRIC POWER PRESS

内 容 提 要

本书立足于目前主流的新一代智能化变电站自动化系统，对系统的基本原理和基本功能做了简单介绍，对系统的各项操作做了详细阐述，满足厂站自动化系统的运维和管理需求，本书共分七章，智能化变电站概述、站内网络及系统集成、通信网关机、监控主机、测控装置、合并单元、智能终端，涵盖目前厂站自动化系统主要运维设备，对于实用化程度较低的其他设备在第 1 章中简单介绍。

本书适合于厂站自动化专业管理和技术人员学习使用，也可供自动化专业相关院校师生参考使用。

图书在版编目（CIP）数据

智能化变电站自动化实操技术/王顺江等编著 . —北京：中国电力出版社，2018.7
ISBN 978-7-5198-2175-3

Ⅰ.①智… Ⅱ.①王… Ⅲ.①智能系统—变电所—自动控制系统 Ⅳ.①TM63

中国版本图书馆 CIP 数据核字（2018）第 139394 号

出版发行：中国电力出版社
地　　址：北京市东城区北京站西街 19 号（邮政编码 100005）
网　　址：http://www.cepp.sgcc.com.cn
责任编辑：孙　芳
责任校对：朱丽芳
装帧设计：王英磊　赵姗姗
责任印制：石　雷

印　　刷：北京天宇星印刷厂
版　　次：2018 年 7 月第一版
印　　次：2018 年 7 月北京第一次印刷
开　　本：787 毫米×1092 毫米　16 开本
印　　张：16.5
字　　数：409 千字
印　　数：0001—2000 册
定　　价：49.80 元

编 委 会

前　言

　　智能变电站自动化系统具有"系统高度集成、结构布局合理、装备先进适用、经济节能环保、支撑调控一体"的特点，实现了系统的数字化、网络化、智能化目标，有力地推动了智能电网建设。

　　近年来，智能化变电站建设越来越快，智能化变电站占比越来越高，而且智能化变电站自动化技术相对于常规变电站自动化技术变化较大，完全不能依靠常规变电站技术去运维，同时智能化变电站本身技术也在不断的更新发展，因此迫切需要学习研究变电站自动化实操技术。

　　本书以智能化变电站自动化实际设备和软件为基础，讲述了每项操作的过程，同时也分析了每项操作出现偏差时的现象，让读者可以身临其境，在短时间内提升智能化变电站自动化设备实际操作水平，可以缓解长期以来的厂站自动化运维人员缺乏和技术水平较低的问题。

　　在编写组全体成员的共同努力下，历经 2 年多时间，经过初稿编写、轮换修改、集中会审、送审、定稿、校稿等多个阶段，终于完成了本书的编写和出版工作，感谢各位编写组成员的辛勤付出。

　　本书适合厂站自动化专业相关人员阅读，希望各位读者通过阅读本书，提升智能化变电站自动化实操技术，本书编辑时间较短，若有错漏，请各位读者批评指正。

王顺江

2018 年 7 月

目 录

前言

第1章 智能化变电站概述 ………………………………………………… 1
　1.1 智能变电站基础 ……………………………………………………… 1
　　1.1.1 智能变电站概念 ………………………………………………… 1
　　1.1.2 发展历程及趋势 ………………………………………………… 1
　　1.1.3 基本术语 ………………………………………………………… 2
　1.2 智能变电站体系架构 ………………………………………………… 3
　1.3 智能变电站设备 ……………………………………………………… 4
　　1.3.1 站控层设备 ……………………………………………………… 4
　　1.3.2 间隔层设备 ……………………………………………………… 5
　　1.3.3 过程层设备 ……………………………………………………… 6
第2章 监控系统网络原理与实操技术 …………………………………… 7
　2.1 概述 …………………………………………………………………… 7
　2.2 智能变电站的网络结构 ……………………………………………… 8
　2.3 智能变电站监控系统组网分析 ……………………………………… 9
　　2.3.1 组网方案分析 …………………………………………………… 9
　　2.3.2 组网结构分析 …………………………………………………… 11
　　2.3.3 VLAN技术 ……………………………………………………… 12
　　2.3.4 过程层采样时序 ………………………………………………… 15
　　2.3.5 时间同步系统 …………………………………………………… 16
　2.4 典型交换机使用方法简介 …………………………………………… 17
　　2.4.1 CSC-187ZA使用方法介绍 …………………………………… 17
　　2.4.2 EPS6028E使用方法介绍 ……………………………………… 28
　　2.4.3 PCS-9882AD使用方法介绍 …………………………………… 33
　2.5 智能变电站SCD配置 ……………………………………………… 38
　　2.5.1 概述 ……………………………………………………………… 38
　　2.5.2 制作SCD的准备工作 ………………………………………… 40
　　2.5.3 SCD文件制作规范 …………………………………………… 40
　　2.5.4 SCD文件的制作 ……………………………………………… 43
第3章 数据通信网关机原理与实操技术 ………………………………… 69
　3.1 概述 …………………………………………………………………… 69
　　3.1.1 数据通信网关机定义 …………………………………………… 69

3.1.2　数据通信网关机主要功能 ···································· 69

3.2　数据通信网关机的硬件结构及其功能 ······················ 72

3.2.1　数据通信网关机总体结构 ·································· 72

3.2.2　数据通信网关机插件介绍 ·································· 72

3.2.3　各板件的功能 ·· 73

3.3　人机接口 ·· 80

3.4　数据通信网关机配置及调试 ·································· 82

3.4.1　南瑞继保数据通信网关机 ·································· 82

3.4.2　北京四方数据通信网关机 ·································· 89

3.4.3　南瑞科技数据通信网关机 ·································· 97

3.5　故障排查 ·· 101

3.5.1　数据通信网关机与测控通信中断 ························ 101

3.5.2　数据通信网关机与调度主站 ····························· 102

3.5.3　数据通信网关机遥信异常 ································· 102

3.5.4　数据通信网关机遥测异常 ································· 102

3.5.5　数据通信网关机遥控异常 ································· 102

3.5.6　数据通信网关机对时异常 ································· 102

第4章　后台机原理及实操技术 ····································· 103

4.1　后台机原理 ·· 103

4.1.1　后台监控系统的实际运行 ······························· 104

4.1.2　后台监控系统的基本功能 ······························· 107

4.1.3　后台监控系统的通信原理 ······························· 113

4.2　故障排查 ·· 113

4.2.1　后台机监控软件无法启动 ······························· 113

4.2.2　后台机通信中断 ·· 116

4.2.3　遥信相关故障 ·· 120

4.2.4　遥测相关故障 ·· 124

4.2.5　遥控相关故障 ·· 129

4.2.6　拓扑类故障 ·· 137

第5章　测控装置原理与实操技术 ··································· 139

5.1　四方 CSI-200E 测控装置 ···································· 139

5.1.1　原理及结构介绍 ·· 139

5.1.2　装置调试 ·· 147

5.1.3　故障排查 ·· 148

5.2　南瑞继保 PCS-9705 测控装置 ······························ 152

5.2.1　原理及结构介绍 ·· 152

5.2.2　装置调试 ·· 158

5.2.3　故障排查 ·· 160

5.3　国电南瑞 NS3560 测控装置 ································· 167

　5.3.1　原理及结构介绍 ·· 167

　5.3.2　装置调试 ·· 172

　5.3.3　故障排查 ·· 176

第6章　合并单元原理及实操技术 ································· 184

　6.1　合并单元概述 ·· 184

　　6.1.1　合并单元定义 ·· 184

　　6.1.2　合并单元主要功能 ·· 184

　　6.1.3　合并单元分类 ·· 185

　　6.1.4　合并单元技术要求 ·· 185

　6.2　合并单元的硬件结构及其功能 ································ 186

　　6.2.1　合并单元插件介绍 ·· 186

　　6.2.2　各板件功能介绍 ·· 188

　6.3　合并单元的主要功能介绍 ···································· 196

　　6.3.1　电压切换 ·· 196

　　6.3.2　电压并列 ·· 197

　6.4　合并单元人机接口 ·· 202

　　6.4.1　北京四方合并单元面板及其指示灯 ·················· 202

　　6.4.2　南瑞继保合并单元面板及其指示灯 ·················· 203

　　6.4.3　南瑞科技合并单元面板及其指示灯 ·················· 204

　6.5　合并单元配置及调试 ·· 205

　　6.5.1　北京四方合并单元 ·· 205

　　6.5.2　南瑞继保合并单元 ·· 207

　　6.5.3　南瑞科技合并单元 ·· 211

　6.6　合并单元故障排查 ·· 214

　　6.6.1　断路器能正常遥控，但同期合闸异常 ·············· 214

　　6.6.2　测控装置至合并单元通信回路存在断路 ············ 217

　　6.6.3　测控装置与合并单元通信参数设置错误 ············ 217

　　6.6.4　合并单元与测控装置的通信口参数设置错误 ········ 218

　　6.6.5　合并单元至测控装置间交换机端口设置错误 ········ 218

　　6.6.6　合并单元双AD采样异常 ·································· 218

第7章　智能终端原理及实操技术 ································· 220

　7.1　智能终端概述 ·· 220

　　7.1.1　智能终端定义 ·· 220

　　7.1.2　智能终端主要功能 ·· 220

　　7.1.3　智能终端辅助功能 ·· 220

　　7.1.4　智能终端通用功能 ·· 221

　　7.1.5　智能终端分类 ·· 221

　7.2　智能终端的硬件结构及其功能 ································ 221

　　7.2.1　智能终端总体结构 ·· 221

　　7.2.2　智能终端插件介绍 ················· 222

　　7.2.3　各个板件的功能 ··················· 223

7.3　智能终端的主要功能介绍 ················· 231

　　7.3.1　跳闸逻辑 ······················· 231

　　7.3.2　合闸逻辑 ······················· 232

　　7.3.3　控制回路监视功能 ················· 232

　　7.3.4　闭锁重合闸逻辑 ··················· 233

　　7.3.5　合后及事故总信号 ················· 233

7.4　人机接口 ··························· 234

7.5　智能终端配置及调试 ··················· 237

　　7.5.1　保证一次电缆、二次光纤连接正确 ······· 237

　　7.5.2　收集并下装智能终端的 CID 文件及相关配置 ·· 237

　　7.5.3　上电前检查 ····················· 237

　　7.5.4　上电后检查 ····················· 237

　　7.5.5　下装智能终端配置 ················· 237

7.6　智能终端的运行与监视 ················· 242

　　7.6.1　南瑞继保智能终端 ················· 242

　　7.6.2　北京四方智能终端 ················· 243

　　7.6.3　南瑞科技智能终端 ················· 248

7.7　智能终端的定值设置 ··················· 249

　　7.7.1　南瑞继保智能终端修改定值 ··········· 249

　　7.7.2　北京四方智能终端修改定值 ··········· 250

　　7.7.3　南瑞科技智能终端修改定值 ··········· 251

7.8　故障排查 ··························· 251

　　7.8.1　智能终端报 GOOSE 异常 ············· 251

　　7.8.2　智能终端处遥信显示异常 ············· 252

　　7.8.3　远方主站不能正确反映断路器变位 ······· 252

　　7.8.4　遥控失败 ······················· 253

　　7.8.5　断路器、隔离开关位置不能正确上传 ······ 254

第1章

智能化变电站概述

1.1 智能变电站基础

1.1.1 智能变电站概念

智能变电站是采用先进、可靠、集成和环保的智能设备,以全站信息数字化、通信平台网络化、信息共享标准化为基本要求,自动完成信息采集、测量、控制、保护、计量和检测等基本功能,同时,具备支持电网实时自动控制、智能调节、在线分析决策和协同互动等高级功能的变电站。

智能变电站采用了多种新技术,其整个二次系统的整体架构、配置及与一次系统的连接方式与传统变电站相比均有较大变化。

1.1.2 发展历程及趋势

2009年5月开始建设坚强智能电网,智能变电站作为智能电网六大环节之一,为智能电网提供坚强可靠的节点支撑。在"统筹规划、统一标准、试点先行、整体推进"工作方针的指导下,按照"统一规划、统一标准、统一建设"的工作原则,开展了第一批智能变电站7个试点工程的建设,覆盖了从110kV至750kV电压等级。2011年继续扩大试点范围,并开始逐步推广。

第一代智能变电站以"数字化、网络化、自动化"为重点,通过采用设备状态监测、61850建模、一体化平台等技术,实现"全站信息数字化、通信平台网络化、信息共享标准化、应用功能互动化"。

(1)智能变电站标准与规范;

(2)信息共享标准化;

(3)通信平台网络化;

(4)全站信息数字化;

(5)应用功能互动化;

(6)一次设备智能化。

2012年提出了设计和建设第二代智能变电站的要求,第二代智能变电站应用新型设备、设计优化、整体集成等技术,实现"占地少、造价省、效率高"的目标,打造"系统高度集成、结构布局合理、装备先进适用、经济节能环保、支撑调控一体"的第二代智能变电站。

（1）隔离式断路器优化占地面积；

（2）集成化二次设备简化二次系统；

（3）层次化保护提升保护功能适用范围；

（4）预制舱、模块化安装方式提高建设安装效率；

（5）一体化监控系统进一步应用高级功能。

1.1.3　基本术语

1. 智能电子设备（intelligent electronic device，IED）

包含一个或多个处理器，可接收来自外部源的数据，或向外部发送数据，或进行控制的装置。

2. 虚端子 Virtual terminal

GOOSE、SV 输入输出信号为网络上传递的变量，与传统屏柜的端子存在着对应的关系，为了便于形象地理解和应用 GOOSE、SV 信号，将这些信号的逻辑连接点称为虚端子。

3. IEC61850《变电站网络与通信协议》标准

IEC61850 是新一代的变电站网络通信体系，适应分层的 IED 和变电站自动化系统。

4. GOOSE（通用面向对象变电站事件）服务

面向通用对象的变电站事件（General Object Oriented Substation Event）。用于一次设备的操控及二次设备间的闭锁与联动，是一种通信服务机制。是状态量、跳闸命令、间隔联闭锁信息的规范。

5. MMS（制造报文规范）服务

MMS 规范了工业领域具有通信能力的智能传感器、智能电子设备（IED）、智能控制设备的通信行为，使出自不同制造商的设备之间具有互操作性（Interoperation）。

6. SV 服务（采样值服务）

互感器将电流、电压采样值传送到合并单元，保护装置通过直采的方式从合并单元获取采样值，测控装置、故障录波、网络报文分析仪等通过 SV 网从合并单元获取采样值。

IED：Intelligent Electronic Device 智能电子设备

SCD：Substation Configuration Description 全站系统配置文件

SSD：System Specification Description 系统规格文件

ICD：IED Configuration Description IED 能力描述文件

CID：Configured IED Description IED 实例配置文件

采：指合并单元发送 SV 采样报文，对应于传统站的 CT/PT 二次线。

跳：指保护发出 GOOSE 跳闸报文，对应于传统站从保护到断路器机构的跳闸线。

直：指的是报文通过专用光纤点对点传输。

网：指的是报文通过交换机转发。

直采、直跳的可靠性高，不受交换机故障的影响，传输延迟固定（取决于光缆的长度）。

网采、网跳的可靠性低，若交换机故障将引起严重后果，传输延迟不易确定（受交换机转发速度的影响）。国网公司《智能变电站技术导则》规定，保护应直接采样，对于单间隔的保护应直接跳闸，涉及多间隔的保护（母线保护）宜直接跳闸。

1.2 智能变电站体系架构

智能化变电站自动化系统的结构采用开放式分层分布结构，由"三层两网"构成。其中"三层"指站控层、间隔层、过程层；"两网"指站控层网络、过程层网络。站控层网络、过程层网络物理上相互独立。具体结构及相关设备如图 1-1 所示。

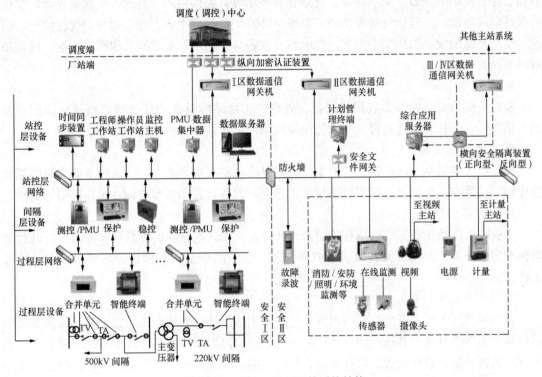

图 1-1　智能化变电站监控系统结构

站控层包括自动化站级监视控制系统、站域控制、通信系统、对时系统等，实现面向全站设备的监视、控制、告警及信息交互功能，完成数据采集和监视控制（SCADA）、操作闭锁以及同步相量采集、电能量采集、保护信息管理等相关功能。

过程层主要包含变电站内的一次设备，如母线、线路、变压器、电容器、断路器、隔离开关、电流互感器和电压互感器等，它们是变电站综合自动化系统的监控对象。过程层是一次设备与二次设备的结合面，或者说过程层是指智能化电气设备的智能化部分。

间隔层设备一般指继电保护装置、系统测控装置、监测功能组主 IED 等二次设备，实现使用一个间隔的数据并且作用于该间隔一次设备的功能，即与各种远方输入/输出、传感器和控制器通信。

站控层网络，亦可称之为间隔层网络，在智能化变电站监控系统中也可称为 MMS 网，主要作用是连接站控层与间隔层间设备，保证两层设备间的通信，为实现不同厂家设备间的互操作性提供了可靠的物理链接。过程层网络是指间隔层与过程层间设备连接的网络，该网络包含了 GOOSE 网和 SV 网。

1.3　智能变电站设备

1.3.1　站控层设备

站控层主要包括监控主机、操作员工作站、工程师工作站、数据通信网关机、数据库服务器、综合应用服务器、同步时钟、计划管理终端等，提供站内运行的人机联系界面，实现管理控制间隔层、过程层设备等功能，形成全站监控、管理中心，并实现与调度通信中心通信。变电站层的设备采用集中布置，变电站层设备与间隔层设备之间采用网络相连，且常用双网冗余方式。

1. 监控主机

监控主机负责站内各类数据的采集、处理，实现站内设备的运行状态监视、操作与控制、信息综合分析及智能告警，集成防误闭锁操作工作站和保护信息子站等功能。

2. 操作员工作站

操作员工作站是站内运行监控的主要人机界面，实现对全站一、二次设备的实时监视和操作控制，具有事件记录及报警状态显示和查询、设备状态和参数查询、操作控制等功能。

3. 工程师工作站

工程师工作站主要完成应用程序的修改和开发，修改数据库的参数和参数结构，进行继电保护定值查询、在线画面和报表生成和修改、在线测点定义和标定、系统维护和试验等工作。

4. 数据通信网关机

数据通信网关机实现变电站与调度、生产等主站系统之间的通信，为主站系统实现变电站监视控制、信息查询和远程浏览等功能提供数据、模型和图形的传输服务。主要实现功能如下：数据采集、数据处理、数据远传、控制功能、时间同步、告警直传、远程浏览、源端维护、冗余管理、运行维护及参数配置。

5. 数据库服务器

数据库服务器满足变电站全景数据的分类处埋和集中存储需求，并经由消息总线向主机、数据通信网关机和综合应用服务器提供数据的查询、更新、事务管理、索引、高速缓存、查询优化、安全及多用户存取控制等功能。

6. 综合应用服务器

综合应用服务器与输变电设备状态监测和辅助设备进行通信，采集电源、计量、消防、安防、环境监测等信息，经过分析和处理后进行可视化展示，并将数据存入数据服务器（通过防火墙）。综合应用服务器还通过正反向隔离装置向Ⅲ/Ⅳ区数据通信网关机发布信息，并由Ⅲ/Ⅳ区数据通信网关机传输给其他主站系统。

7. 同步时钟

同步时钟指变电站的卫星时钟设备，接收北斗或GPS的标准授时信号，对变电站层各工作站及间隔层、过程层各单元等有关设备的时钟进行校正。常用的对时方式有硬对时、软对时、软硬对时组合三种。当时间精度要求较高时，可采用串行通信和秒脉冲输出加硬件授时。在卫星时钟故障情况下，还可接收调度主站的对时以维持系统的正常运行。

同步时钟的主要功能是提供全站统一、同步的时间基准，以帮助分析软件或运行人员对各类变电站数据和时间进行分析处理。特别是在事后分析各类事件，如电力系统相关故障的发生和发展过程时，统一同步时钟、实现对信息的同步采集和处理具有极其重要的意义。

8. 网络报文记录及分析装置

网络报文记录及分析装置可提供原始网络报文的记录与分析，监视智能变电站自动化网络节点的通信状态，综合分析变电站自动化网络运行情况，对投运之前的系统调试以及运行过程中的故障分析与判断提供帮助。

1.3.2 间隔层设备

间隔层设备主要包括测控装置、保护装置、PMU 装置、稳控装置、故障录波器、网络通信设备、综合监测单元、安防监视设备、视频终端、电能量采集设备等。

1. 测控装置

测控装置是变电站自动化系统间隔层的核心设备，主要完成变电站一次系统电压、电流、功率、频率等各种电气参数测量（遥测），一、二次设备状态信号采集（遥信）；接受调度主站或变电站监控系统操作员工作站下发的对断路器、隔离开关、变电站分接头等设备的控制命令（遥控、遥调），并通过联闭锁等逻辑控制手段保障操作控制的安全性；同时还要完成数据处理分析，生成事件顺序记录等功能。

测控的对象主要是变压器、断路器等重要一次设备。测控装置具备交流电气量采集、状态量采集、GOOSE 模拟量采集、控制、同期、防误逻辑闭锁、记录存储、通信、对时、运行状态监测管理功能等，对全站运行设备的信息进行采集、转换、处理和传送。

2. 同步相量测量装置

PMU 是相量测量装置 phasor measurement unit 的简称，属于广域测量系统（WAMS）wide area measurement system 的子站部分，是用于进行同步相量的测量和输出以及进行动态记录的装置。PMU 的核心特征包括基于标准时钟信号的同步相量测量、失去标准时钟信号的守时能力、PMU 与主站之间能够实时通信并遵循有关通信协议。

3. 继电保护装置

继电保护装置是当电力系统中的电力元件（如发电机、线路等）或电力系统本身发生了故障危及电力系统安全运行时，直接向所控制的断路器发出跳闸命令，以终止这些事件发展的一种自动化设备。

继电保护装置监视实时采集的各种模拟量和状态量，根据一定的逻辑来发出告警信息或跳闸指令来保护输变电设备的安全，需要满足可靠性、选择性、灵敏性和速动性的要求。

4. 保护测控集成装置

保护测控集成装置是将同间隔的保护、测控等功能进行整合后形成的装置形式，其中保护、测控均采用独立的板卡和 CPU 单元，除输入输出采用同一接口、共用电源插件以外，其余保护、测控板卡完全独立。保护、测控功能实现的原理不变。一般应用于 110kV 及以下电压等级。

5. 故障录波器

故障录波器用于电力系统，可在系统发生故障时，自动地、准确地记录故障前、后过程的各种电气量的变化情况，通过这些电气量的分析、比较，对分析处理事故、判断保护是否正确动作、提高电力系统安全运行水平均有着重要作用。故障录波器是提高电力系统安全运行的重要自动装置，当电力系统发生故障或振荡时，它能自动记录整个故障过程中各种电气量的变化。

6. 网络通信设备

网络通信设备包括多种网络设备组成的信息通道，为变电站各种设备提供通信接口，包括以太网交换机、中继器等。

7. 电能量采集设备

电能量采集设备实时采集变电站电能量，并将电能信息上送计量主站和监控系统。电能量采集设备由上行主站通信模块、下行抄表通信模块、对时模块等组成，功能包括数据采集、数据管理和存储、参数设置和查询、事件记录、数据传输、本地功能、终端维护等。电能量计量是与时间变量相关的功率累计值，电能表和采集终端的时钟准确度，直接影响电能量计量精度和电能结算时刻采集和存储数值的准确度。

1.3.3 过程层设备

1. 合并单元

合并单元是按时间组合电流、电压数据的物理单元，通过同步采集多路 ECT/EVT 输出的数字信号并对电气量进行合并和同步处理，并将处理后的数字信号按照标准格式转发给间隔层各设备使用，简称 MU。

2. 智能终端

智能终端是指作为过程层设备与一次设备采用电缆连接，与保护、测控等二次设备采用光纤连接，实现对一次设备的测量、控制等功能的装置。与传统变电站相比，可以将智能终端理解为实现了操作箱功能的就地化。

3. 合并单元智能终端集成装置

合并单元智能终端集成装置，其基本原理是把合并单元的功能和智能终端的功能集成在一个装置中，一般以间隔为单位进行装置集成，但不仅仅是简单的集成。集成后的装置中合并单元模块和智能终端模块配置单独板卡，独立运行，也共用一些模块（如电源模块、GOOSE 接口模块等），而且必须同时达到单独装置的性能要求。

第 2 章

监控系统网络原理与实操技术

2.1 概　　述

随着智能电网概念的提出，变电站从数字变电站逐步向智能变电站方向转变，智能化、网络化、集成化是智能变电站区别于其他时期变电站的显著特点。智能变电站中的网络是实现电网调度、控制与保护等一系列行为中的重要环节。

智能化变电站系统在网络结构方面一般可以将其划分为过程层、间隔层和站控层三个层次。智能化变电站系统对网络的要求主要体现在实时性、开放性和可靠性三方面。

1. 实时性

传输过程所特有的即时特点一般都是由数据测控、信号保护、远程命令等功能决定。变电站在正常运行过程中数据流较小；但是一旦出现了故障，那么就需要快速的传输速度，以便进行大量的数据即时传输。而大量的数据即时传输又需要多个处理器在网络上进行协调互动，只有这样，才可以形成控制命令、保护算法、采集信息，因此，我们必须保障各个处理器的命令输出和同步采样都尽量地保持在一个高速状态，这是目前我们亟待解决的问题。解决问题的关键就在于让通信协议和网络通信提速都符合规定的要求，也就是满足网络环境。

在以前，我们往往都会采用现场总线的设计方法来进行，但是这种方法只能满足普通变电站的运行要求，而完全无法满足智能化变电站系统对于速度的要求。而高速接口芯片、osi 七层协议的固化、标准化的数字控制技术发展等技术的迅猛发展给智能化变电站系统提出了有效的解决方案。

2. 可靠性

电力网络的关键节点就是变电站，只有变电站安全、稳定、可靠地运行，才能够保证供电的可持续性。因此，变电站网络最重要的要求就是要保证它的可靠性能。多媒体信息技术（图像、数字等）广泛应用于智能化变电站系统中，智能化变电站系统对于网络通信的可靠性的要求更高、依赖性更强。

3. 开放性

电力调度智能化的一个重要的子系统就是变电站智能化系统。为了满足系统集成的要求，变电站智能化系统应该使用国际标准的通信协议，满足国际接口标准的要求，适应电力调度智能化的总体设计，且满足智能变电站内智能电子设备的扩展要求和接口要求。

2.2 智能变电站的网络结构

智能变电站具有一次设备智能化、互感器数字化、二次设备网络化、传输介质光纤化、通信标准统一化、信息应用集成化六大特征。主要表现为：硬件上由智能化一次设备（电子式互感器、智能化断路器等）和网络化、数字化二次设备组成；软件上以 IEC 61850 标准作为通信协议、实现设备间充分的信息共享和互操作。智能变电站典型网络结构如图 2-1 所示。

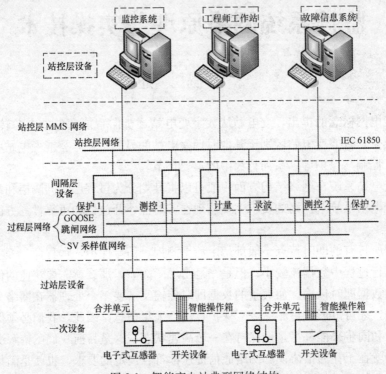

图 2-1 智能变电站典型网络结构

变电站数字化的程度可从图 2-2 中三个网络的数字化程度来判断：

（1）站控层网络是否采用了 IEC 61850 协议；站控层的协议由 IEC 61850 替代原来的

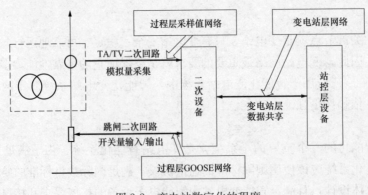

图 2-2 变电站数字化的程度

103 协议或 104 协议；

（2）断路器量跳闸二次回路是否实现了网络化、数字化；过程层 GOOSE 实现断路器量信号采集传输及跳闸功能；

（3）模拟量采集二次回路是否实现了网络化、数字化；过程层 SV 实现模拟量采样及传输，通过网络方式实现数据交换和共享。

2.3　智能变电站监控系统组网分析

智能变电站的自动化监控系统通常由五部分组成：站控层、间隔层、过程层以及站控层网络与过程层网络。

站控层主要由变电站的后台操作系统、外部数据交换口与功能服务模块等组成。功能服务模块的主要作用是接收从间隔层传送来的数据以达到跨级间隔的控制目的。站控层的主要设备通常包括：监控系统主机、继电保护及故障信息管理子站、工程师站、智能接口设备、数据通信网关、操作员站、网络通信记录分析系统、数据服务器和其他各种功能站。

间隔层的作用是完成保护与测控操作，同时进行控制闭锁与各级间隔信息的交换，间隔层的设备需要过程层网络和站控层网络的帮助来完成数据交换。间隔层的主要设备有测控装置、相量测量装置、故障录波装置、电能计量装置、继电保护装置、安全稳定控制装置等。

过程层是直接和一次设备连接在一起的，其中的设备能够直接安装在一次设备上，一次设备属性与工作状态的数字化是由合并单元来完成的，过程层设备一般与过程层网络、间隔层设备连接在一起。过程层设备主要有电子式互感器、智能终端、合并单元和其他智能组件。

2.3.1　组网方案分析

根据国家电网公司关于智能变电站的技术导则规范，当前智能变电站网络通信的结构主要有以下四种：①采用光纤点对点与 GOOSE 网络相结合的方式，其中，国网智能变电站中的保护装置是"直采直跳"，即点对点采样、点对点跳闸，亦存在"直采网调"的保护构架，集中在南网的数字化变电站；②采用光纤点对点、采样值网络与 GOOSE 网络相结合的方式，对于保护装置是光纤点对点的模式，而就测控、计量、故障滤波则是从采样值网络获取相关信息；③采用过程总线方式，即采用交流采样（SMV）和 GOOSE 组网的方式，其中又分为共网或分网模式；④采用完全过程总线方式，即交流采样 9-2、IEEE 1588 和 GOOSE 统一组网。方案四与方案三实际的运行方式相似，方案三用 IEEE1588 进行对时处理，而方案二是用国际流行的 B 码对时。

方案一的结构与现行常规变电站的网络结构模式是一致的，只是规约由 IEC60870 改为 IEC61850，在这一点上 3 个方案是一致的。在方案一中，过程层采用光纤点对点与过程总线相结合的方式，即交流采样合并单元采用点对点的方式，将交流实时数据用光纤传输至保护、测控、计量、录波，这样采样数据独立传输，跳合闸等断路器量信息采用 GOOSE 网络方式。为保证动作的可靠性，GOOSE 网必须保证一定冗余，即按照双网方式组建，且必须同时工作于主机方式。在目前 100 M 以太网技术成熟的条件下，虽然采样数据独立传输需要敷设大量光缆的缺点，但其优点是能够保证数据响应实时性。

　　方案二的结构同方案一类似，不同之处则在于测控、计量、录波等二次设备通过采样值网络获取相关信息。该方案可一定程度上减少光缆的敷设，并促进数据信息的共享互用。

　　方案三的特点在于采样值和 GOOSE 信号均组网传输，有利于信息的共享化。在采样值和 GOOSE 共同组网的情况下，为了保证 GOOSE 报文的实时性，可以利用 VLAN 技术将过程层划分为一些功能子网，启用交换机分级服务质量提供优先传输机制，保证重要报文优先传输，减少重要帧的排队延时。

　　方案四的关键特点则是使用了 IEEE1588 网络对时技术，实现 SV，GOOSE、1588 的"三网合一"，达成了完全意义上的网络化共享平台，但对网络交换机的要求相对较高，推广难度较大。

　　"三网合一"实例解析：

　　以变压器保护为例，采用 IEC61850-9-2 采样信息、GOOSE 信息、IEEE1588 对时信息共网传输。间隔层与过程层合并单元遵循 IEC61850-9-2 标准，与过程层智能终端采用 GOOSE 通信协议。过程层网络按间隔配置独立的间隔交换机，各间隔通过主干网交换机组成过程层网络实现信息共享。系统结构如图 2-3 所示。

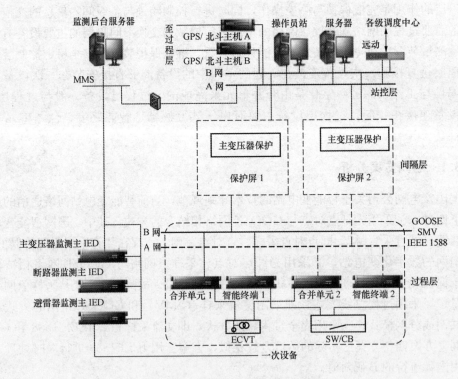

图 2-3 "三网合一"的配置方案

　　本方案的优点是实现了 GOOSE、采样值传输、IEEE1588 三网合一，最大程度实现了信息共享，网络结构清晰，节省了大量的光缆，便于设计、维护，是代表未来技术发展的一种方案；但由于网络技术的要求比较高，技术难度大，欠缺有效的冗余手段，其可靠性受到一定的质疑和担忧。

　　针对间隔层的二次设备，数据通信的模式差别，如表 2-1 所示。

表 2-1   数据通信的模式差别

方案	保护装置		测控计量等设备		备注
	SV	GOOSE	SV	GOOSE	
方案一	点对点	点对点	点对点	组网	很少用
	点对点	组网	点对点	组网	有实例
方案二	点对点	点对点	组网	组网	国网标准
	点对点	组网	组网	组网	有实例
方案三、方案四	组网	组网	组网	组网	分 SV、GOOSE 是否共网、使用 B 码还是 1588 对时

2.3.2　组网结构分析

GOOSE 网络结构主要有装置单环网、交换机环形网和星形网，各有其优缺点：

（1）装置单环网。装置内部自带交换功能，实现一进一出的 2 个网络口，环网中所有装置串联的通信方式，如图 2-4 所示。

优点是结构简单，投资费用低。

缺点是装置间的报文传输延时随环网中装置数目的增加而增加，实时性差；环网发生故障时自愈时间较长；装置检修时对环网通信的影响很大；对装置性能要求更高，要求装置具备交换功能。

（2）交换机环形网。具体指连接装置的交换机之间采用实时环网的通信方式，如图 2-5 所示。

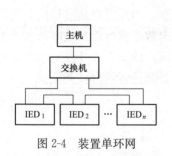

图 2-4　装置单环网

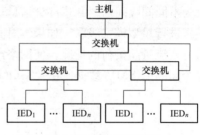

图 2-5　交换机环形网

优点是：网络冗余性最好，交换机之间网络发生故障时，通过环网自愈依然可以保证网络通信。

缺点是：网络实时性差，环网中节点间的网络通信延时要高于星形网；网络可靠性较差，环网通信基于快速生成树协议，通信故障时可能会引起网络风暴问题；设备兼容性较差，不同厂家交换机的私有快速生成树协议实现方式存在差异，互联时可能会有问题。投资成本高于星形网，因为交换机需要的网口数要多于星形网。

（3）星形网。星形网是指交换机之间采用级联方式组网，如图 2-6 所示。

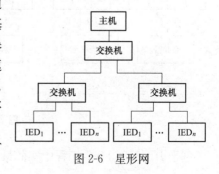

图 2-6　星形网

优点是：网络实时性好，网络延时最少，不会产生网络风暴。缺点是：网络冗余性较差，星形网交换机之间网络发生单点故障时，网络通信将受到较大影响。

注：当前智能变电站的网络结构普遍采用双星形冗余结构，不过对于环形的结构，具体延迟及网络风暴等，亦应做具体评估。

由于 220kV 及以上电压等级的继电保护装置实时性要求较高，为确保保护速动性要求，装置 MMS 与 GOOSE 网口应独立；110kV 及以下应用场合则可考虑合用网口。

2.3.3　VLAN 技术

VLAN（Virtual LAN）划分是为解决以太网的广播问题和安全性而提出的一种网络技术，在以太网帧的基础上增加了 VLAN 头，通过 VLANID 把用户划分为更小的工作组，限制不同工作组间的用户二层互访，每个工作组就是一个虚拟局域网。

根据 IEC61850-7-1 标准，过程层和间隔层采用 IEC61850-9-1/2 协议和 GOOSE 协议通信，间隔层装置和站控层采用 IEC61850-8-1（MMS）通信。IEC61850-9-1 采用点对点传送方式，只需考虑传送介质的带宽和接受方 CPU 处理数据的能力，而不用担心数据流量对于其他间隔设备传输的影响，因为它并没有通过网络与其他间隔共享网络带宽，所以不需要交换机。这种方式简单可靠，但光纤连线繁杂，无法在标准范围内实现跨间隔保护，安装方式不灵活。而 IEC61850-9-2 方式将合并器采样数据信号以光纤方式接入过程层网络，间隔层测控、计量等设备不再与合并器直接相连，通过过程层网络获取信息数据，从而达到采样信号的信息共享。通过在交换网络中采用网络优先级技术、VLAN 技术、组播技术等网络技术有效地防止采样值传输流量、速度对过程层网络地影响，保证过程层数据在 100M 以太网上安全、高效、有序传输。

因为不同间隔间需要共享部分信息，而不是全部信息，因此将全站过程层交换机经过主干交换机进行星型模式级联。如果不对间隔层交换机流出数据进行流量控制，主干网交换机很容易流入流量超负荷的情况，使网络产生阻塞甚至瘫痪，图 2-7 为过程层组网结构图。在此对单个间隔的 SMV 数据流量及 GOOSE 数据流量进行理论计算和实际测试。

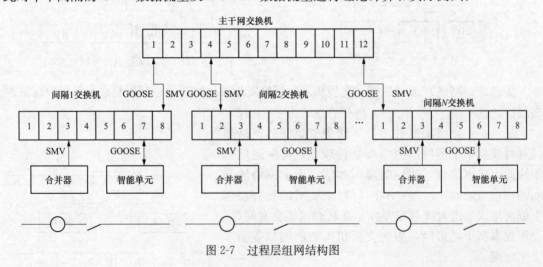

图 2-7　过程层组网结构图

基于 IEC61850-9-2 工程中实际最大报文长度（SVLD 为变长量），单间隔 SMV 理论计算流量为：

按照每帧 1 点（12 个模拟量通道）计算，一个合并器每秒的数据流量：

$S=159$ 字节×8bit/字节×50 周波/s×80 点/周波 = 5.088Mbit/s；

GOOSE 工程中实际最大报文长度：

按照 $T=10s$ 计算，一个智能设备每秒的数据流量：

$S=6016$ 字节×8bit/字节×(1s/10) 帧 = 0.048Mbit/s。

　　交换机数据吞吐总量由流入交换机的数据决定，理论上流入数据都可以正确流出，只是数据流量的大小决定了网络（延时）性能。主干网交换机上流入的数据主要是跨间隔保护需要的数据，如失灵保护、母线保护等需要的数据。按照单位间隔估算，如 SMV 数据中的保护电流、GOOSE 数据等。由于 GOOSE 信息流量和 SMV 相比可以忽略不计，所以流入主干网交换机的数据相当于间隔交换机的 1/3，按照理论计算数据为 1.6Mbit/s。所以主干网交换机除了在交换口数量上要满足工程选型外，对于一般规模的智能化变电站都可以满足容量的要求。

　　在此明确了网络上需要横向传输的数据并不是全部数据，而是跨间隔保护或其他设备需要的一部分，所以必须采用 VLAN 方案，即 802.1p 协议使其横向通过需要的数据，不需要共享和跨间隔利用的数据就在本间隔纵向流通即可。其次数据流通需要优先级区分，IEC61850 规范对变电站内的网络上的数据进行了详细的划分，根据网络信息的不同需求和要求，给予不同的报文不同的优先级。

一、VLAN 的划分模式

1. 基于端口的 VLAN

　　这种方式是把局域网交换机某些端口的集合作为 VLAN 的成员。这些集合有时只在单个局域网交换机上，有时则跨越多台局域网交换机。虚拟局域网的管理应用程序根据交换机端口的标识 ID，将不同的端口分到对应的分组中，分配到一个 VLAN 的各个端口上的所有站点都在一个广播域中，它们相互之间可以通信，不同的 VLAN 站点之间进行通信需经过路由器来进行。这种 VLAN 方式的优点在于简单，容易实现。从一个端口发出的广播直接发送到 VLAN 内的其他端口，也便于直接监控。它的缺点是自动化程度低，灵活性不好。比如，不能在给定的端口上支持一个以上的 VLAN；一个网络站点从一个端口移动到另一个新的端口时，如新端口与旧端口不属于同一个 VLAN，则用户必须对该站点重新进行网络地址配置。

2. 基于 MAC 地址的 VLAN

　　这种方式的 VLAN 要求交换机对站点的 MAC 地址和交换机端口进行跟踪，在新站点入网时，根据需要将其划归至某一个 VLAN。不论该站点在网络中怎样移动，由于其 MAC 地址保持不变，因此用户不需要对网络地址重新配置。所有的用户必须明确地分配给一个 VLAN，在这种初始化工作完成后，对用户的自动跟踪才成为可能。在一个大型网络中，要求网络管理人员将每个用户一一划分到某一个 VLAN 中，是十分繁琐的。

3. 基于端口的 VLAN

　　这种划分模式是最简单、有效的方法，在智能化变电站网络中得到了充分有效的应用。基于端口的 VLAN 模式是从逻辑上把交换机按照端口划分成不同的虚拟局域网络，使其在所需用的局域网络上流通。

二、VLAN 划分原则

1. 对于采样值的处理

电流合并器和其对应的装置应该划分到一个 VLAN，且全站唯一；电流合并器应和其所在母线上的全部需要电压的装置划分为一个 VLAN 且全站唯一。

2. GOOSE 信息的处理

采用 IEC61850-9-2 方式，对全站 GOOSE 信息统一分配一个 VLAN，且全站唯一。当采用 IEC61950-9-2 方式时，考虑到和采样值相比较，GOOSE 的信息量非常少，不对其划分 VLAN 也不会对网络性能造成太大影响。

3. 对时报文处理

统一分配一个 VLAN，默认为 VLAN1。

三、过程层网络 VLAN 划分方法

按照间隔划分 VLAN，是过程组网的基本原则，每个间隔划成一个 VLAN。如 110kV 线路间隔、110kV 分段间隔、110kV PT 测控间隔、主变间隔、10kV 线路间隔、10kV 分段间隔、10kV PT 测控间隔、电容器间隔、电抗器间隔、所用变间隔等。如果 10kV 线路的间隔比较多（例如 50 多个），而所用交换机支持的最大 VLAN 个数又比较有限（如 RUG-GEDCOM 型号交换机支持 64 个 VLAN），可以一段母线或者多条线路间隔划为 1 个 VLAN，以满足交换机的本身参数要求。如图 2-8 所示，某变电站的 VLAN 示意图。

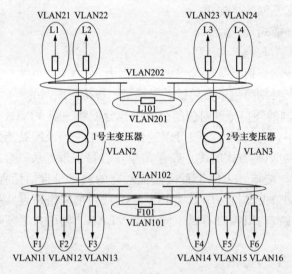

图 2-8 某变电站的 VLAN 示意图

四、报文优先级定义及应用

IEEE802.1P 协议是 IEEE802.1Q 协议的扩充协议，以太网上数据包定义不同的优先级，确保关键应用和时间要求高的信息流优先进行传输，同时照顾优先级低的应用和信息流。以太网数据包中 3 比特的优先级标签定义 8 个优先级，交换机报文阻塞时，优先发送优先级高的数据包。

根据数字化变电站的应用要求，过程层 GOOSE 网络中传输的信息优先级按照由高到低的顺序做定义。

最高级：电气量保护跳闸、保护闭锁信号；

次高级：遥控分合闸、断路器位置信号；

普通级：隔离开关位置信号、一次设备状态信号；

站控层与过程层公用网络时，应设置 GOOSE 报文的优先级高于站控层非实时性报文的优先级。

五、GMRP 组播技术

GMRP 协议是一个动态二层组播注册协议，就是根据组播 MAC 地址来在以太网交换机上注册和取消组播成员身份的。当然，如果以太网交换机没有实现 GMRP 协议，那么就只能通过静态配置来实现组播了。

根据装置的 GMRP 注册报文动态划分数据流向，注册报文流向全网，交换机定时查询所有运行装置，运行装置需要给出回答报文；需要配置装置订阅报文的 MAC 地址，体现在 SCD 模型文件中，储存在装置内部。

目的 MAC 地址用于区分报文。

GMRP 和 VLAN 的比较如下：

（1）VLAN 已经广泛应用，GMRP 目前在试点；

（2）GMRP 使用的是报文 MAC 目的地址和端口；

（3）VLAN 使用的是报文 VID 和端口；

（4）在交换机配置了 VLAN 的条件下，GMRP 报文在其对应的 VLAN 内传播；

（5）GMRP 对网络进行动态划分，VLAN 对网络进行静态划分；

（6）GMRP 相关配置仅在装置中，VLAN 配置在装置和交换机中均有；

（7）GMRP 在正常运行时需要发送查询报文，VLAN 在正常运行时无额外报文；

（8）GMRP 无需预先划分网络，VLAN 需要预先进行网络划分。

2.3.4　过程层采样时序

由 MU 发出统一的采样同步脉冲至同一间隔中的 ECT、EVT，在 ECT、EVT 信号处理系统中对本地时钟信号进行分频、倍频处理后与采样同步脉冲信号锁相。发送 A/D 采样时序，确保同一间隔中所有 ECT、EVT 采样值同步。MU 同步采样结构如图 2-9 所示。所对应的 12 路 ECT、EVT 均以 MU 采样同步脉冲信号为基准保持同步采样。

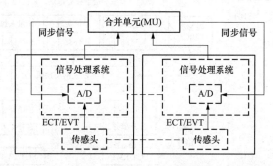

图 2-9　过程层同步采样结构

为确保站内间隔之间、站与站之间所有采样脉冲同步，所有 MU 发送至 ECT、EVT 的基准信号应保持绝对同步，必须引入系统时标参考源作为 MU 的时钟基准参考。目前，同步时钟参考信号可以选择 GPS、北斗、原子钟或者 IEEE1588 精密时钟源。MU 收到外部基准时钟信号后，经过处理、即刻发送至 ECT、EVT 形成 A/D 转换芯片的同步转换脉冲。

整个时间同步系统的流程可以描述如下：来自外部基准源的时标信号经 MU 同步模块送入 ECT、EVT 信号处理单元，在 FPGA 或 EPLD 内与本地晶振时钟的分频输出完成鉴相、锁相功能，并输出同相时钟，同相时钟经过分频之后形成采样脉冲送入 A/D 转换芯片。由系统时钟流程可以看出，时标参考源、本地晶振、时序处理 3 个环节均存在误差因素，时间同步系统结构如图 2-10 所示。

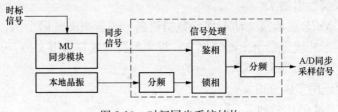

图 2-10　时间同步系统结构

为确保站内间隔之间、站与站之间所有采样脉冲同步，所有 MU 发送至 ECT、EVT 的基准信号应保持绝对同步，必须引入系统时标参考源作为 MU 的时钟基准参考。目前，同步时钟参考信号可以选择 GPS、北斗、原子钟或者 IEEE1588 精密时钟源。MU 收到外部基准时钟信号后，经过处理、即刻发送至 ECT、EVT 形成 A/D 转换芯片的同步转换脉冲。

2.3.5　时间同步系统

数字化变电站—时间同步系统如图 2-11 所示。该时间同步系统兼容了站内及站站之间的同步性能，实现了基于 IEEE1588 网络时间同步的 GPS、北斗、SDH 多源授时统一时间同步系统的应用。变电站站内时标管理系统可以接收 GPS 秒脉冲、北斗信号以及上级调度通过 SDH 通道传送的时钟同步信号，并且可以设置优先级别从而确保时标系统的可靠性。

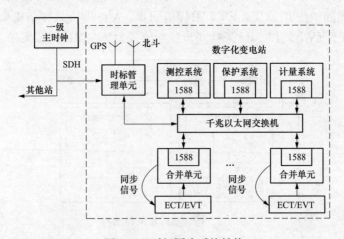

图 2-11　时间同步系统结构

过程层 MU 以及间隔层测控设备、保护设备、计量设备均通过支持 IEEE1588 的千兆以太网交换机进行对时，MU 与 ECT、EVT 之间仍进行串行同步采样，将来 ECT、EVT 接口升级为支持 IEC61850-9-2 标准的以太网接口，可以不通过 MU 直接与交换机对接，采样值直接上送交换网。变电站与变电站之间通过 SDH 链路与上级调度一级主时钟同步，同步精度优于 1μs，确保变电站之间的时间同步，如图 2-11 所示。

2.4　典型交换机使用方法简介

2.4.1　CSC-187ZA 使用方法介绍

一、连接方法

CSC-187ZA 交换机的默认参数如表 2-2 所示。

表 2-2　　　　　　　　　　CSC-187ZA 交换机的默认参数

参　　数	默　认　值
默认 IP 地址	192.168.0.1
默认用户名	admin（管理用户）/user（普通用户）
默认密码	12345678（管理用户）/12345678（普通用户）
默认语言	中文

1. 通过专用调试软件 java_switch 登录。

打开 java_switch 软件后，在【编辑】-【参数】一栏里检查主机名，用户名和密码。设置正确后，显示如图 2-12 所示。

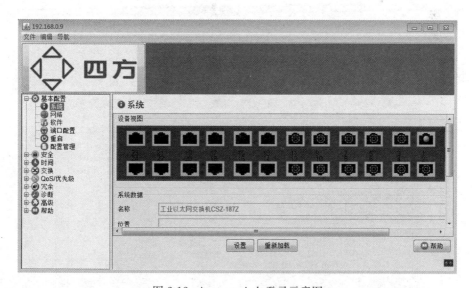

图 2-12　java_switch 登录示意图

2. 通过 Web 登录

CSC-187ZA 工业以太网交换机提供 Web 管理方式。该 Web 基于 JAVA 创建，因此计

算机需要安装 JAVA（可到 java 官网下载 java. com/en/download）。在默认情况下，手动配

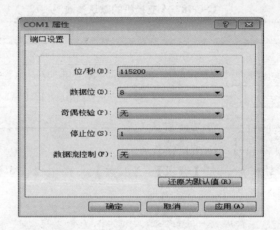

图 2-13　Web 登录示意图

置 IP 地址登录到交换机的管理界面步骤如下：

（1）用网线一端连接交换机，一端连接计算机网卡；

（2）接通交换机电源；

（3）手动设置计算机 IP 网段为 192.168.0.XXX；

（4）打开浏览器，在地址栏输入交换机 IP 地址 192.168.0.1，回车确认后跳至图 2-13 所示界面。

输入用户名和密码即可进入交换机管理界面。

3. 通过 console 口登录

console 口位于交换机的前面板，需要交换机的特殊连接线，此线一头为 RJ45，一头为 9 帧串口（也有两头都是 9 帧串口的，目前较少使用）。其中 9 帧串口连接到电脑上，电脑通过 windows 自带的超级终端，设置方法如图 2-14 所示。

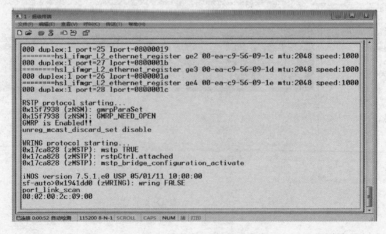

图 2-14　console 口登录示意图

将装置断电重启，如图 2-15 所示。

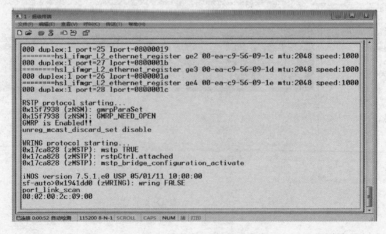

图 2-15　装置断电重启示意图

二、交换机常用设置

1. 端口配置

其端口设置如图 2-16 所示。

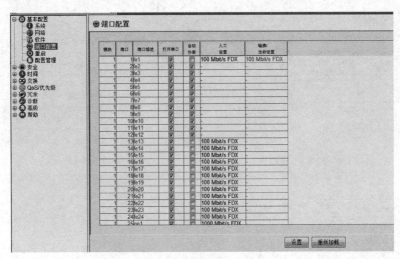

图 2-16　端口配置示意图

（1）端口/端口描述：表示交换机端口的逻辑编号；

（2）打开端口：用于设置某一端口打开与禁用；

（3）自动协商：用于设置某一端口是否开启自动协商；

（4）人工设置：用于设置和显示端口当前的速率/双工配置状态，配置的模式分为：10Mbit/s HDX，10Mbit/s FDX，100Mbit/s HDX，100Mbit/s FDX，1000Mbit/s HDX，1000Mbit/s FDX。注意：相连接的端口配置模式要一致，如果设置不同，长时间运行会有异常；

（5）链接/当前设置：显示当前连接上的端口的状态。

2. GMRP（组播注册协议）设置

GMRP 功能在页面的位置如图 2-17 所示。

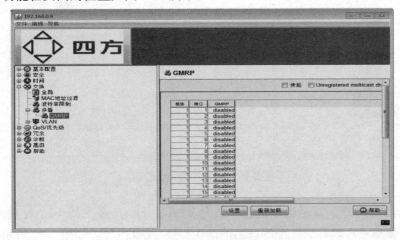

图 2-17　GMRP 功能示意图

配置方法如下:

(1)使能 GMRP 功能;

(2)将需要开启 GMRP 功能的端口改为 enable,如图 2-18 所示。

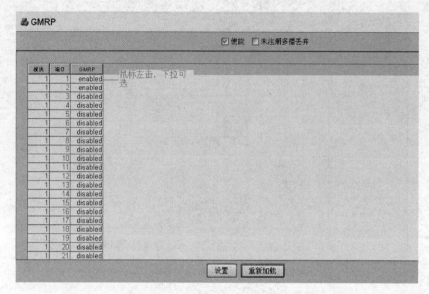

图 2-18　开启 GMRP 功能示意图

3. VLAN 设置

其 VLAN 设置如图 2-19 所示。

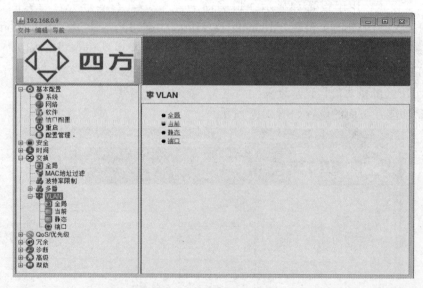

图 2-19　VLAN 功能示意图

在【全局】菜单里,显示版本信息、最大 VLAN ID、最多支持 VLAN 数及 VLAN 数目。【当前】菜单里可以看到各个端口当前的 VLAN 配置情况,如图 2-20 所示。系统默认所有端口都在 VLAN ID 为 1 的 VLAN 中。

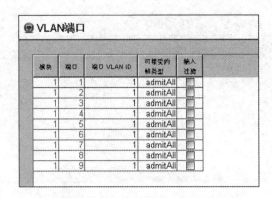

图 2-20　VLAN 配置情况示意图

端口 VLAN ID 范围：1 ～ 4095；可接受的帧类型：admitALL/admit Only Vlan Tagged；输入过滤用于设置是否接受所有类型的报文。

（1）VLAN 配置。

VLAN 配置界面如图 2-21 所示。

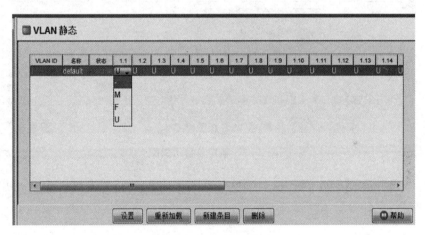

图 2-21　VLAN 配置示意图

VLAN 端口可以配置为 U/M/F/-；

U-Untag 该 VLAN 成员，包不带标签发送；

M-Member 该 VLAN 成员，包带标签发送；

F-Forbiden 非该 VLAN 成员；

非该 VLAN 成员，只用于显示，不作设置选项。

以将交换机端口 13，14 的 VLAN ID 设为 2，端口 15，16 的 VLAN ID 设为 3 为例，结合 VLAN 端口分别配置为 U 和 M 的情况，说明以下四种配置方法，其中对于四方保护装置一般采用第四种配置方法。

1）将端口 13，14 加入 VLAN 2，端口 15，16 加入 VLAN 3，VLAN 端口均配置为 Member（VLAN 静态里端口配置为 M 时，不需要再设置端口菜单），其余端口未配置。

进入 VLAN 静态栏，如图 2-22 所示。

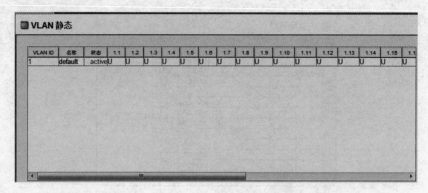

图 2-22   VLAN 静态栏示意图

新建 VLAN ID 为 2 和 3 的两个条目，如图 2-23 所示。

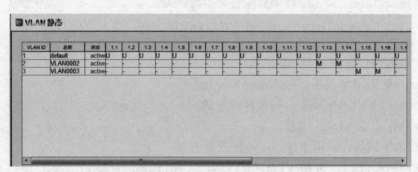

图 2-23   新建条目示意图

在 VLAN 2 中添加端口 13、14，VLAN 3 中添加端口 15、16，端口配置为 Member，如图 2-24 所示。

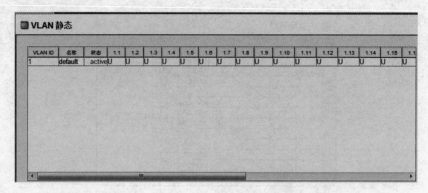

图 2-24   对 VLAN 2 和 VLAN 3 配置示意图

修改完成后点击"设置"。"重新加载"即可显示配置后的状态。注意保存配置。

此时，VLAN ID 为 0 的 GOOSE 报文从 14 口进入交换机，任意口均可输出不带 VLAN ID 的 GOOSE 报文。

2）将端口 13、14 加入 VLAN 2，端口 15、16 加入 VLAN 3，VLAN 端口配置为 Untag，其余端口未配置。

进入 VLAN 静态栏，如图 2-25 所示。

VLAN 静态

VLAN ID	名称	状态	1.1	1.2	1.3	1.4	1.5	1.6	1.7	1.8	1.9	1.10	1.11	1.12	1.13	1.14	1.15	1.16	1.1
1	default	active	U	U	U	U	U	U	U	U	U	U	U	U	U	U	U	U	U
2	VLAN0002	active	-	-	-	-	-	-	-	-	-	-	-	-	U	U	-	-	-
3	VLAN0003	active	-	-	-	-	-	-	-	-	-	-	-	-	-	-	U	U	-

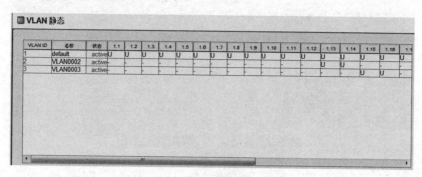

图 2-25　VLAN 静态栏示意图

进入 VLAN 端口栏，将端口 13、14 的端口 VLAN ID 改为 2，端口 15、16 的端口 VLAN ID 改为 3，设置保存，如图 2-26 所示。

VLAN端口

模块	端口	端口 VLAN ID	可接受的帧类型	输入过滤
1	7	1	admitAll	
1	8	1	admitAll	
1	9	1	admitAll	
1	10	1	admitAll	
1	11	1	admitAll	
1	12	1	admitAll	
1	13	2	admitAll	
1	14	2	admitAll	
1	15	3	admitAll	
1	16	3	admitAll	
1	17	1	admitAll	
1	18	1	admitAll	
1	19	1	admitAll	
1	20	1	admitAll	

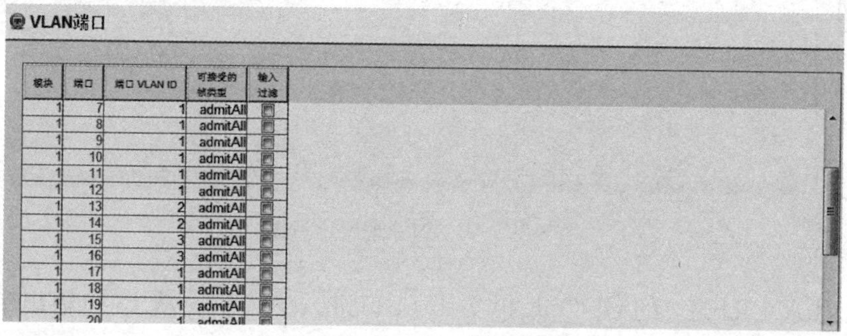

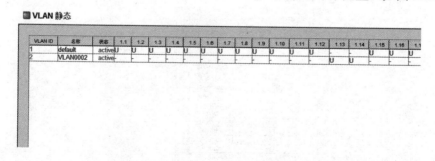

图 2-26　各端口 VLAN 配置示意图

此时，VLAN ID 为 0 的 GOOSE 报文从 14 口进入交换机，只有从加入 VLAN ID 为 2 的端口 13 能够输出不带 VLAN ID 的 GOOSE 报文，其他配置为非 VLAN 2 的端口及未配置 VLAN 的端口均不能输出 GOOSE 报文。

3）将端口 13、14 加入 VLAN 2，配置为 Untag，其余端口未配置，如图 2-27 所示。

VLAN 静态

VLAN ID	名称	状态	1.1	1.2	1.3	1.4	1.5	1.6	1.7	1.8	1.9	1.10	1.11	1.12	1.13	1.14	1.15	1.16	1.1
1	default	active	U	U	U	U	U	U	U	U	U	U	U	U	-	-	U	U	U
2	VLAN0002	active	-	-	-	-	-	-	-	-	-	-	-	-	U	U	-	-	-

图 2-27　VLAN 2 配置示意图

此时，VLAN ID 为 2 的 GOOSE 报文从 14 口进入交换机，只能从 13 口输出 GOOSE 报文，且不带 VLAN ID，如图 2-28 所示。

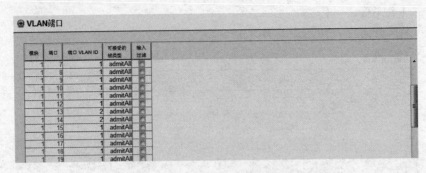

图 2-28　各端口 VLAN 配置示意图

4）将端口 13、14 加入 VLAN 2，配置为 Member，其余端口未配置，如图 2-29 所示。

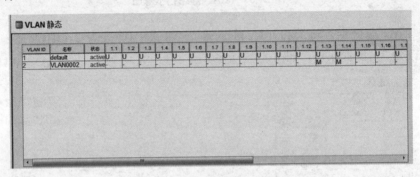

图 2-29　VLAN 2 配置示意图

此时，VLAN ID 为 2 的 GOOSE 报文从 14 口进入交换机，从 13 口输出带 VLAN ID 为 2 的 GOOSE 报文，从其他端口输出的 GOOSE 报文不带 VLAN ID。

（2）删除 VLAN 说明。

在进行其他功能项测试前，如果配置了 VLAN，需要将新建的 VLAN 删除或修改，删除 VLAN 的方法如下：

1）把各端口 VLAN ID 改为 1，如图 2-30 所示。

图 2-30　各端口 VLAN ID 改为 1 示意图

修改完成后，点击"设置"。

2）打开 VLAN 静态页面，删除 VLAN 2、VLAN 3、VLAN 4，如图 2-31 所示。

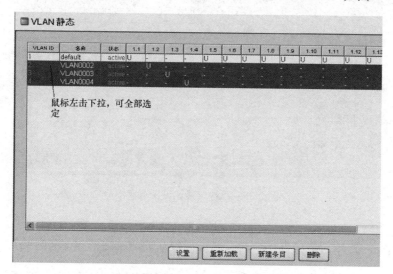

图 2-31 删除 VLAN 示意图

选定好要删除的 VLAN 后点击"删除"。删除 VLAN 配置后，不需要再另外保存配置。

三、端口镜像设置

点击导航栏"诊断→端口镜像"即进入端口镜像设置界面，如图 2-32 所示。

图 2-32 端口镜像设置界面示意图

端口：显示设备端口的逻辑编号，此部分信息为只读。

镜像模式：可设置 none，rx（收），tx（发），both 四种模式。

1. 单端口镜像

设置方法如图 2-33 所示（以将端口 1 的收发镜像到端口 2 为例）。

如图 2-33 所示，目的端口设置为端口 2，同时使能镜像功能；把端口 1 镜像模式设为 both。然后点击"设置"，再保存配置。

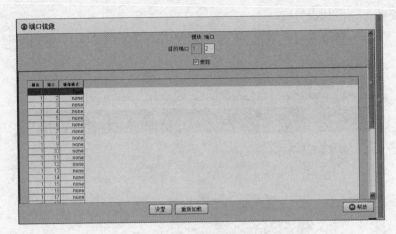

图 2-33　单端口镜像设置示意图

2. 多端口镜像

以把端口 1、3、4 收发镜像到端口 2 为例，如图 2-34 所示。

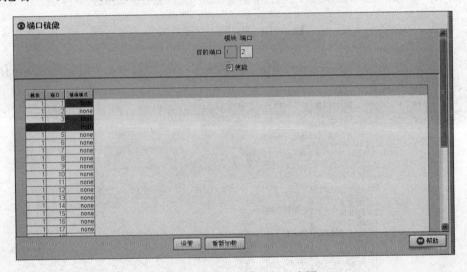

图 2-34　多端口镜像设置示意图

如图 2-34 所示，目的端口设置为端口 2，同时使能镜像功能；把端口 1、3、4 镜像模式设为 both。然后点击"设置"，再保存配置。

四、交换机的配置保存和备份

1. 配置保存

在将交换机的所有设置完成后，点击【配置】中的"保存配置"即可保存对交换机所做的设置，如图 2-35 所示。

2. 配置备份

用网线连接笔记本和交换机，在运行窗口中输入：ftp 192.168.0.1，用户名：admin，密码：password，即出现如图 2 36 界面。

ftp＞后面输入 ls 回车可得到文件列表，如图 2-37 所示。

基本配置
系统
网络
软件
端口配置
重启
配置管理
安全
时间
交换
全局
MAC地址过滤
波特率限制
多播
VLAN
全局
当前
静态
端口
QoS/优先级
冗余
诊断
高级
帮助
配置管理
保存配置
确认
取消
恢复缺省配置...
保存配置...
帮助

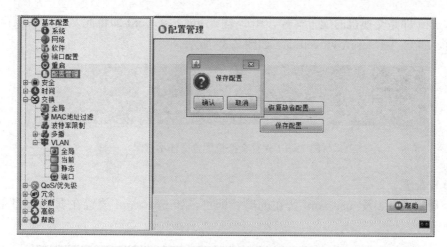

图 2-35　保存配置示意图

管理员: C:\Windows\system32\cmd.exe - ftp 192.168.0.9
Microsoft Windows [版本 6.1.7601]
版权所有 (c) 2009 Microsoft Corporation。保留所有权利。
C:\Users\yuweihua>ftp 192.168.0.9
连接到 192.168.0.9。
220 VxWorks FTP server (VxWorks VxWorks 6.1) ready.
用户(192.168.0.9:(none)): zkty
331 Password required
密码:
230 User logged in
ftp>

图 2-36　用笔记本访问交换机示意图

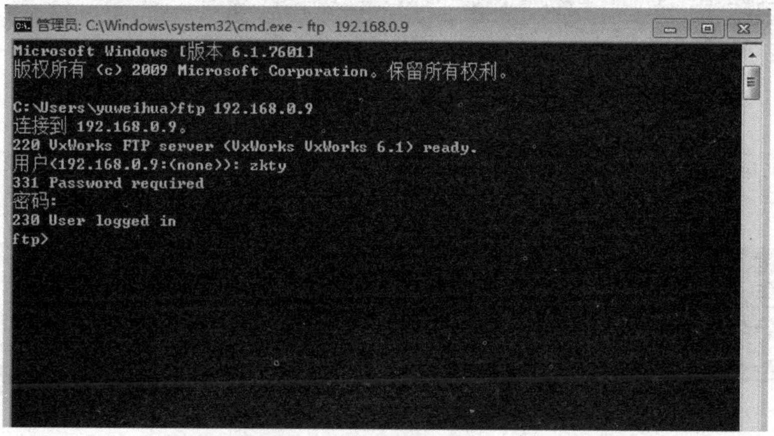

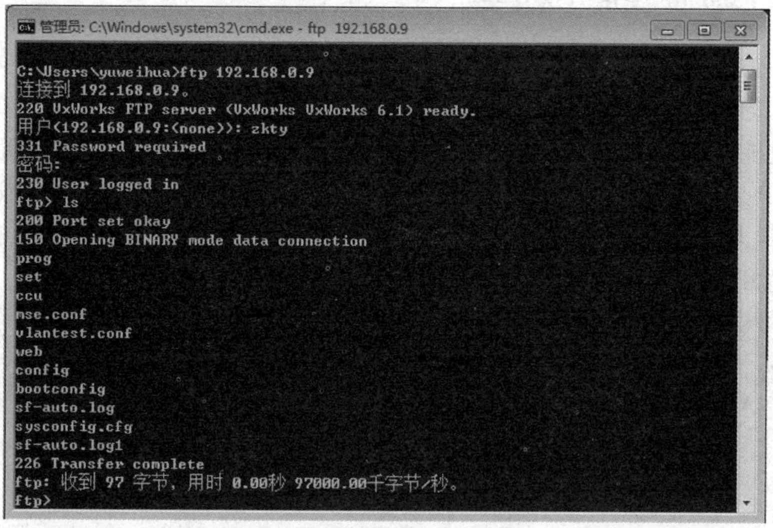

管理员: C:\Windows\system32\cmd.exe - ftp 192.168.0.9
C:\Users\yuweihua>ftp 192.168.0.9
连接到 192.168.0.9。
220 VxWorks FTP server (VxWorks VxWorks 6.1) ready.
用户(192.168.0.9:(none)): zkty
331 Password required
密码:
230 User logged in
ftp> ls
200 Port set okay
150 Opening BINARY mode data connection
prog
set
ccu
mse.conf
vlantest.conf
web
config
bootconfig
sf-auto.log
sysconfig.cfg
sf-auto.log1
226 Transfer complete
ftp: 收到 97 字节，用时 0.00秒 97000.00千字节/秒。
ftp>

图 2-37　获取文件列表示意图

mse. conf 即是交换机的配置文件，ftp＞输入 get mse. conf 即将此文件默认保存到 C 盘用户下面，如 C：\ Users \ yuweihua，如图 2-38 所示。

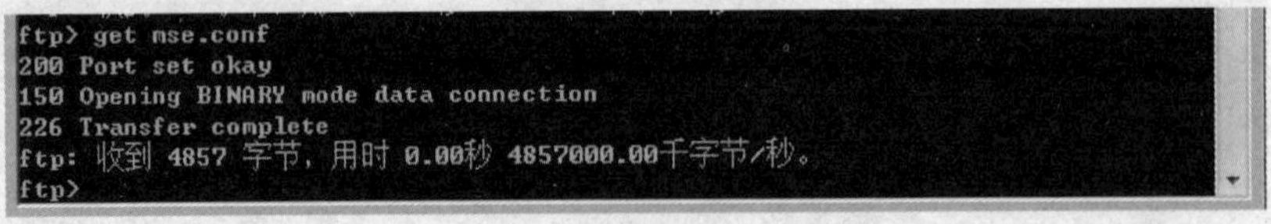

```
ftp> get mse.conf
200 Port set okay
150 Opening BINARY mode data connection
226 Transfer complete
ftp: 收到 4857 字节, 用时 0.00秒 4857000.00千字节/秒。
ftp>
```

图 2-38　保存交换机配置文件示意图

3. 读取配置

ftp＞后输入 put 及 mse. conf 所在的路径即可，如 mse. conf 放置在 E 盘根目录下，如图 2-39 所示。

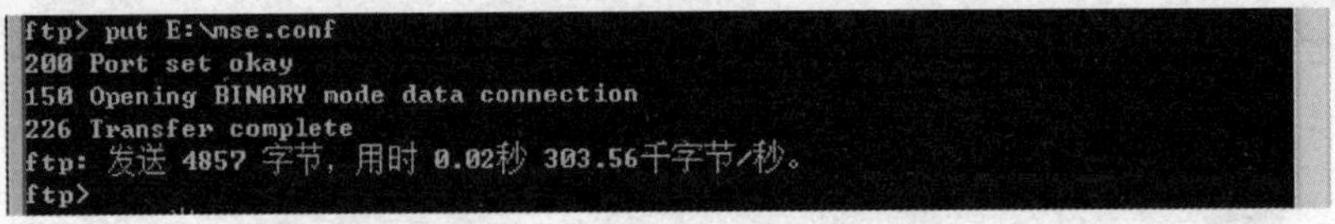

```
ftp> put E:\mse.conf
200 Port set okay
150 Opening BINARY mode data connection
226 Transfer complete
ftp: 发送 4857 字节, 用时 0.02秒 303.56千字节/秒。
ftp>
```

图 2-39　读取交换机配置文件示意图（一）

也可以将 mse. conf 文件放在桌面上，输入 put 和空格后，将该文件拖至此命令行中，如图 2-40 所示。

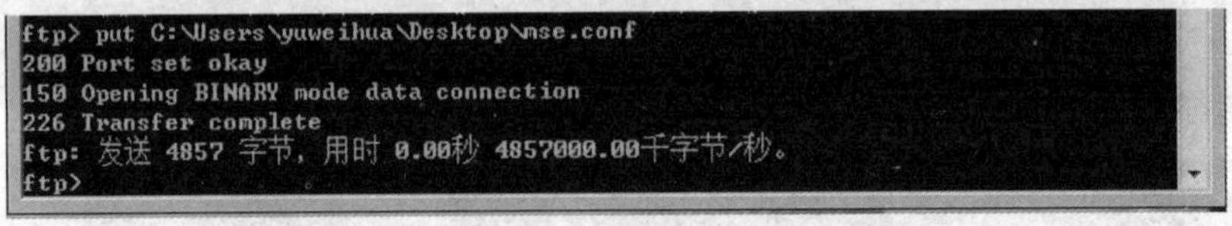

```
ftp> put C:\Users\yuweihua\Desktop\mse.conf
200 Port set okay
150 Opening BINARY mode data connection
226 Transfer complete
ftp: 发送 4857 字节, 用时 0.00秒 4857000.00千字节/秒。
ftp>
```

图 2-40　读取交换机配置文件示意图（二）

2.4.2　EPS6028E 使用方法介绍

一、Web 方式管理的配置

EPS6028 的配置有两种途径：console 口和 Web 管理口。当不知道交换机的 IP 地址时，可以使用随机携带的串口电缆连接交换机的 console 口 1，对交换机进行配置管理。如果知道交换机的 IP 地址，则可以通过 Web 管理口 2 的方式对交换机进行管理。交换机的 Web 管理口默认 IP 为 10.144.66.106，掩码为 255.255.255.0。打开浏览器如 IE，在地址栏里面输入交换机的 IP 地址：10.144.64.106/1.144.66.106，如图 2-41 所示。

图 2-41　通过 Web 管理口配置交换机示意图

28

回车后会出现登录窗口，在"用户名"和"密码"栏
输入正确的用户名和密码，系统默认为：用户名－admin，
密码－admin（另外一组用户名密码为 user/user，user 用
户只能查看不能配置更改），然后点击"确定"按钮，完
成登录，如图 2-42 所示。

如果输入的用户名和密码正确，则会出现如图 2-43 所
示的 EPS6028E 交换机 Web 管理主页面。

（1）Eps6028E 的 console 口为 RS232 与以太网的复用
端口，以太网方式为研发人员使用的调试端口，一般不开
放给用户，若使用此 console 口的网络功能，必须使用随
机附带的专用网络线接入，禁止使用普通网线，用 console

图 2-42　登录窗口示意图

口对交换机进行 web 管理的 IP 地址为 10.144.64.106，掩码为 255.255.255.0。

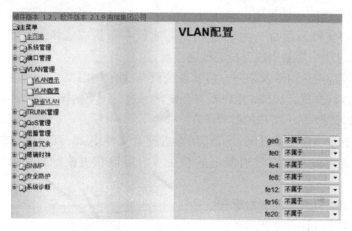

图 2-43　EPS6028E 交换机 Web 管理主页面示意图

（2）通过 Web 或者远程登录的方式对交换机进行管理时，管理主机必须与被管理的交
换机处于同一逻辑网段，同时要满足连接的交换机端口在 vlan1 中。

二、Web 方式管理主菜单说明

在 Web 管理页面的上半部分，提供了对交换机当前槽位信息和端口状态的实时显示，
现在 6028E 交换机分为全光口（A）、电口加光口（B）两种，图 2-44 为电口加光口实例。
当交换机对应端口处于连接态时，端口为绿色，否则为黑色，如图 2-44 所示。

图 2-44　端口连接态示意图

三、Web 管理分项菜单描述

1. 系统管理

系统标识：用户根据自身需要设置的交换机名称。该名称用于区别于系统内其他设备，

刷新主页面可以更新显示。

网络参数：用于交换机远程管理的网络信息配置，包括：交换机 IP 地址、子网掩码和交换机默认网关 1。在需要通过 Web 方式或者远程登录方式对交换机进行管理之前，必须设置该内容，以保证管理主机与本交换机的网络可达性。如果交换机的管理 IP 地址和笔记的 IP 地址不在同一网段时，不要点确定，否则交换机会无法切换到修改后的管理地址，容易造成交换机死机；解决方法是在笔记本的 Internet 协议（TCP/IP）属性中增加一个与交换机管理 IP 同一网段的地址，这样点击确认后可以直接切换到新页面。

系统备份：EPS6028E 交换机提供了对系统配置文件的备份和恢复。本交换机作为 FTP 的客户端，可以把配置文件上传到网络可到达的一台 FTP 服务器上去，或者从指定的 FTP 服务器下载配置文件到本机。需要配置的选项包括远程 FTP 服务器的地址、FTP 登录的用户名和密码及需要上传或者下载的远端 FTP 服务器上的配置文件名称 1。现场可以通过工具将自己的笔记本设为 FTP 服务器，推荐工具（FTPServer.exe，现场测试下来，相对其他工具要稳定），服务器的地址为笔记本的 IP 地址，用户名和密码为 FTP 工具中建立的服务器对象名，备份的文件后缀统一为 .txt 格式，建议在备份或者恢复时使用 Web 管理口，console 口在使用过程中容易出现备份失败的情况。

用户管理：管理用户口令及密码。目前系统只支持两个用户：admin 和 user。user 用户只能对系统配置进行浏览，admin 用户在对系统配置进行浏览的同时也可以进行修改，同时 admin 用户还可以管理 user 用户的口令。

保存配置：记录当前交换机配置信息到本机配置文件中 1。现场更改的 VLAN 等配置信息后，如果不保存配置，在重启断电后将失去。所以在更改配置后，一定要记得保存配置。

恢复配置：交换机恢复到初始配置信息。

重启配置：交换机远程重新启动。

2. 端口管理

端口管理提供对交换机端口信息的维护管理。"端口管理"子树包含"端口参数配置"和"端口状态显示"两个界面。"端口参数配置"子页面用于对端口的参数，包括：端口使能/禁用状态、自协商状态、端口速率、双工状态及流量控制进行配置。

目标端口：EPS6028E 最多支持 4 个千兆口和 24 个百兆口，每个端口都有唯一的名称，分别从 ge0～ge3 和 fe0～fe23。该字段主要用于区分待操作的交换机端口。

端口使能状态：端口处于使能状态时才可进行正常的数据交换工作，而一旦被禁用则处于"管理关闭（administration down）"状态，此时即使端口物理上处于连接状态，也无法正常工作。

协商模式：端口自动协商模式设置。当端口自动协商状态关闭时，必须手工为该端口指定端口连接速率、双工状态及流量控制等参数，且当这些参数设置与对端所连机器一致时，该端口才可正常工作。而当自动协商功能打开时，交换机可根据该端口的情况自动与对端设备进行协商，选择一个双方都可接受的工作环境参数。当自动协商功能打开时，则端口连接速率、双工状态及流量控制参数都不能进行配置，需要连接双方自动协商获得。

端口连接速率：指定端口的工作速率，对于一个高速的交换机端口，可以手工指定其工作在一个较低的速率以与对端所连接设备保持一致。当自动协商功能打开时，该项不需要配置。

端口双工模式：指定端口的双工工作模式，对于一个能同时工作于全/半双工模式的交换机端口，可以配置其工作在一个指定的双工模式以与对端所连接设备保持一致。当自动协商功能打开时，该项不需要配置。

流量控制：配置端口的流量控制参数。当使能该参数时，端口支持"流量控制 pause 帧"的收发及处理。

端口连接媒质：EPS6028E 交换机采用模块化设计，在相同的插槽上支持不同类型的子卡，在端口状态显示子页面的"端口类型"栏可以显示当前槽位的子卡媒体类型，是电口还是光口。

端口连接状态：显示当前端口的连接情况。当端口正确连接，且自协商成功（如果自协商功能打开）或者连接双方参数配置一致时，端口的连接状态为"已连接"，其他情况都有可能造成其状态为"未连接"，比如自协商不成功，或者两边配置参数不一致。

端口转发状态：EPS6208 会运行 RSTP/EAPS 协议以在保证通信的健壮性的同时，杜绝网络中环路现象的发生。当网络中存在环路时，交换机会根据协议的指示，主动地阻塞交换机的某些端口，即使其处于物理上工作正常的状态。本参数显示的就是端口的这种转发状态。

"端口状态显示"子页面则显示端口的当前配置状态。

3. VLAN 管理

VLAN（Virtual Local Area Network）即虚拟局域网，是一种通过局域网内设备逻辑的而不是物理的划分为一个个网段从而实现虚拟工作组的技术。VLAN 技术允许网络管理者将一个物理的 LAN 逻辑地划分成不同的广播域（或称虚拟 LAN，即 VLAN），每一个 VLAN 都包含一组有着相同需求的计算机工作站，与物理上形成的 LAN 有着相同的属性。但由于它是逻辑的而不是物理的划分，所以同一个 VLAN 内的各个工作站无须被放置在同一个物理空间里，即这些工作站不一定属于同一个物理 LAN 网段。一个 VLAN 内部的广播和单播流量都不会转发到其他 VLAN 中，从而有助于控制流量、减少设备投资、简化网络管理、提高网络的安全性。

VLAN 是为解决以太网的广播问题和安全性而提出的，它在以太网帧的基础上增加了 VLAN 头，用 VLAN ID 把用户划分为更小的工作组，限制不同 VLAN 之间的用户二层互访。

VLAN 管理提供对交换机 VLAN 信息的维护管理。VLAN 子树包含 VLAN 配置、缺省 VLAN 和 VLAN 显示三个界面。VLAN 配置子页面用于创建一个新的 VLAN、删除一个已有的 VLAN 及对已有 VLAN 中的成员端口进行更改。VLAN 显示页面则分别以基于端口及基于 VLAN 的方式对现有交换机中已有的 VLAN 信息进行显示。缺省 VLAN 页面对每个端口的本地 VLAN（NativeVLAN）信息进行设置1，如图 2-45 所示。

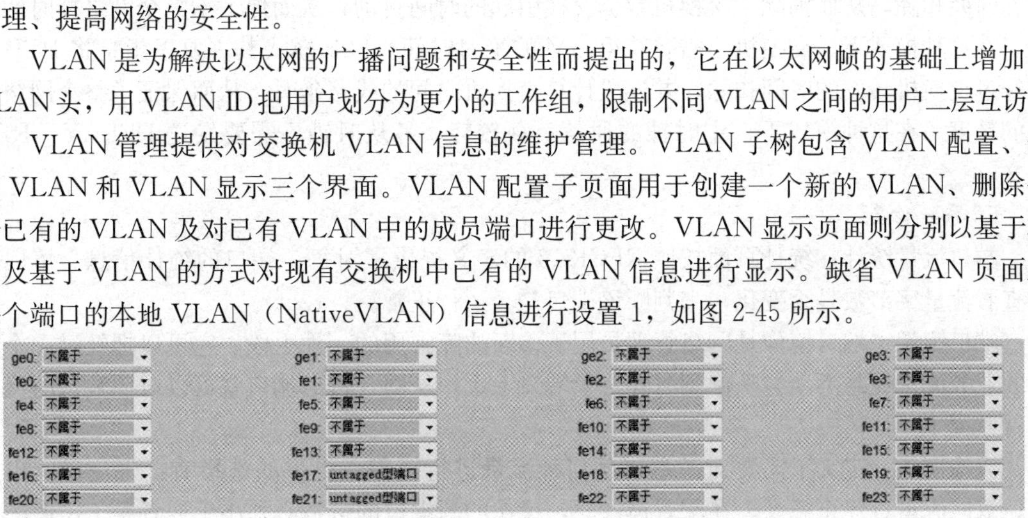

图 2-45　VLAN 管理界面示意图

注意：EPS6028E 交换机分为 untagged 型端口和 tagged 型端口。untagged 型端口用于直接连接计算机、集线器等 vlan-unaware 设备。这些设备发出的数据分组不包含 VLANTag 信息，当它们发出的数据帧由 untagged 端口进入交换机时，交换机将根据该端口的缺省 VID 信息为其增加相应的标签信息，以便于数据的正常转发；而在由 untagged 端口离开交换机之前，交换机将剥去数据帧头的 VLANtag 信息，然后把帧转发给相应的设备。由此可见 untagged 端口类似于在其他文献中所述的 ACCESS 端口。Tagged 型端口则用于连接其他交换机等 vlan-unaware 设备，由于该端口用于连接其他交换机，因此出入该端口的数据帧包含 VLANTag 信息，以便于其他交换机能够知道该分组属于哪个特定 VLAN，并向该 VLAN 中的所有其他端口转发。因此当一个端口用于和另外一台交换机互连，并且要在其上传递来自不同 VLAN 的数据帧时，则该端口必须被定义为对应 VLAN 的 tagged 端口，以保证 VLANTag 信息的完整性。一个划分在多个 VLAN 中的 tagged 端口类似于在其他文献中描述的 TRUNK 端口。EPS6028E 交换机的 trunk 端口是端口汇聚用的，切勿搞混乱。

4. Trunk 管理

Trunk（有时也称为端口捆绑或者链路汇聚，跟一些文献中介绍的划分在多个 VLAN 中的 Trunk 端口是不同的概念）是把多个以太网端口捆绑形成一个逻辑的端口。最终形成的 Trunk 可以看作是一条逻辑的链路。通过 Trunk 这种方式可以提供链路的冗余性、链路的负载均衡。同时把多个端口捆绑在一起可以提供数倍于原链路的带宽。EPS6028E 最多支持 32 个 trunk 组，每个组中的成员端口最多为 8 个。在配置 trunk 组时需要保证属于同一个 Trunk 的成员端口必须配置成同样的速率，而且其传输模式必须是全双工。

5. 精确时钟

IEEE1588V2 规定了其时间同步体系中包含普通时钟（Ordinary Clock）、边界时钟（Boundary Clock）和透明时钟（Transparent Clock）。其中透明时钟包括端到端（E2E）和点到点（P2P）两种模式。对交换机而言，可以支持 BC、E2E 和 P2P 等三种模式。BC 模式是交换机作为从时钟终结收到的 PTP 报文获得精确时间，同时又作为主时钟向下级授时，其缺陷是各级交换机的时间误差会累计。E2E 模式其主要思想是将 PTP 报文经过交换机转发的时间扣除，从而消除了交换机数据交换引起的时间抖动，从而保证了整个网络授时的精度。在这种模式下，交换机不需要获得 GM 的绝对时间。P2P 模式其主要思想是将 PTP 报文经过交换机转发的时间扣除，并逐段计算交换机之间的线路延时，从而保证了整个网络授时的精度。在这种模式下，主时钟的通信负载较轻，各从时钟不需要发送 DELAY_REQ 报文。

6. 系统诊断

端口流量统计：统计页面按照 RFC1213 的定义提供了对每个端口的统计信息。可以通过查看流量字节数是否变化，来判断该端口是否运行正常。

端口镜像：端口镜像是网络管理员用于诊断故障常用的一种手段。它可以把经过一个端口的业务流量原封不动地映像到另外一个端口上去，从而在目的端口就可以对源端口的流量进行监视 1。

镜像模式：定义了需要对源端口的何种流量进行镜像，提供的选择有：入流量；出流量；双向流量；停止镜像。在配置镜像时，镜像的源端口的带宽必须小于或者等于镜像的目的端口，以防止目的端口数据无法处理。镜像端口设置时为了避免重复收到报文，可以进行如下配置：例如 fe13 端口作为报文分析仪专用端口，收取其他端口的报文，可以将 fe13 端口单独划分到 VLAN 2 中，其他端口放在 VLAN 1 中，在镜像配置中，镜像模式选择"输入流量"，目的端口选择 fe13，这样报文分析仪收到的报文就不会重复。

2.4.3　PCS-9882AD 使用方法介绍

一、概述

在默认情况下，装置出厂时前面板"Console"端口的 IP 设置为：192.169.0.82，该 IP 地址为出厂默认地址且不能更改；后面板上交换机任意端口的 IP 设置为：192.168.0.82，正常情况下可以采用 3 种不同的方式进行登录设置：CLI 命令行，Telnet，Web Console。

CLI 命令行：应用装置出厂配套的调试线，一端连接于交换机的"Console"端口，另一端连接与计算机的 RS232 串口。计算机需要设置超级终端（或同类软件）通信参数：波特率 115200bit/s，数据位 8，停止位 1，无奇偶校验，硬件流控关闭。登录用户名为：admin、密码为：admin。

Telnet：应用装置出厂配套的调试线或普通以太网线，一端连接于交换机的"Console"端口或后面板上的任意网口（需要保证连接端口的 PVID 为 1 方能正确连接），另一端连接于计算机的以太网口，同时需要设置计算机 IP 与装置 IP 在同一网段上。由于出厂默认 IP 均相同，因此，采用 Telnet 方式登录时，如调试线连接到后面板上的任意网口时，需要保证该交换机后面板网口 IP 与同一物理网上其他交换机后面板网口 IP 不冲突。如调试网线连接到"Console"口，则无需考虑交换机 IP 冲突的问题。登录用户名为：admin、密码为：admin。

Web Console：应用装置出厂配套的调试线或普通以太网线，一端连接于交换机的"Console"端口或后面板上的任意网口（需要保证连接端口的 PVID 为 1 方能正确连接），另一端连接于计算机的以太网口，同时需要设置计算机 IP 与装置 IP 在同一网段上。由于出厂默认 IP 均相同，因此，采用 Webserver 方式登录时，如调试线连接到后面板上的任意网口时，需要保证该交换机后面板网口 IP 与同一物理网上其他交换机后面板网口 IP 不冲突。如调试网线连接到"Console"口，则无需考虑交换机 IP 冲突的问题。登录用户名为：admin、密码为：admin。

二、Web Console 设置说明

1. Web Console 登录

用户可以打开 IE 浏览器，在地址栏中直接输入交换机的 IP 地址，如"192.169.0.82"，然后敲回车进入。注意：采用 Web Console 方式登录时，如调试线连接到后面板上的任意网口时，需要保证该交换机后面板网口 IP 与同一物理网上其他交换机后面板网口 IP 不冲突，后面板网口 IP 出厂缺省均为 192.168.0.82。如调试网线连接到"Console"口，则无需考虑交换机 IP 冲突的问题，交换机 Console 端口出厂默认 IP 为：192.169.0.82，且不能更改。登录用户名为：admin；密码为：admin。用户在登录后可以设置从后面板连接的交换机的 IP 和登录密码等参数。

2. 密码管理

用户可以在 Password 界面上设置登录 Web Console 的密码（出厂默认密码为 admin），

如图 2-46 所示。

图 2-46　Password 界面示意图

User Name：默认提供 2 个用户权限：admin，user。admin：管理员账户，user：用户账户选项 admin：具有全部管理功能，用户交换机工作参数等设置。选项 user：具有浏览功能，可以查阅交换机的工作参数。

Old Password：原有密码。

New Password：新密码。

Confirm New Password：新密码确认。

3. 端口设置

用户可以在 Port 界面上设置各端口状态等信息，如图 2-47 所示。

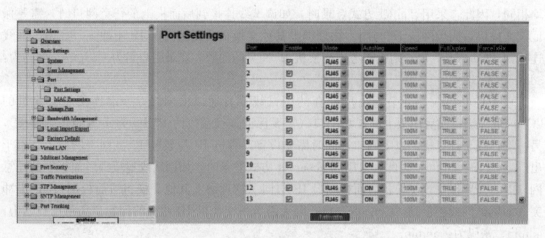

图 2-47　各端口状态示意图

Port：各网口的端口号，1～24 对应 24 个百兆端口，G1～G4 对应 4 个千兆端口。

Enable：可以选择工作端口和禁止工作端口，选择复选框，则设置端口为工作端口。反之，设置端口为禁止工作端口。

Mode：端口工作在光口或电口模式选择。RJ45：电口模式；FIBER：光口模式。

AutoNeg：端口是否为自动协商工作模式选择。ON：自动协商工作模式；OFF：强制工作模式。

Speed：端口速率设置，在 AutoNeg 为 ON 的情况下不需要设置，OFF 情况下用于设置端口强制工作速率：10Mbit/s，100Mbit/s 或 1000Mbit/s（仅千兆端口包含此选项）。

FullDuplex：是否全双工模式。在 AutoNeg 为 ON 的情况下不需要设置，OFF 情况下用于设置端口工作模式：TRUE：全双工模式工作；FALSE：半双工模式工作。

ForceTxRx：端口强制收发设置。TRUE：强制端口进行收发；FALSE：不进行强制收发。

4. 端口流量抑制

用户可以在 Port Rate Limiting 界面上设置端口传输速率和瞬时风暴流量，对于 PCS-9882XD 可以对每个端口的输入和输出速率分别进行设置，如图 2-48 所示。

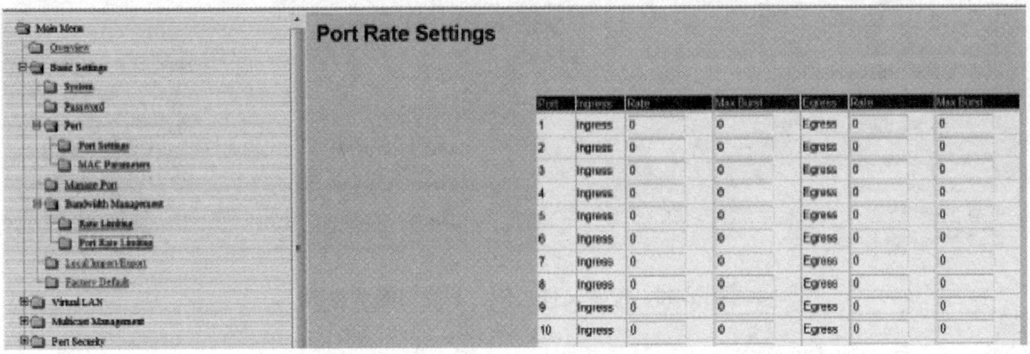

图 2-48　各端口传输速率示意图

Ingress Rate：输入端口速率限制值，默认值 0 表示不对端口流量进行限制。设置值如非 62.5 的倍数将自动转换为 62.5 的倍数并舍弃余数。单位为 kbps。

Ingress Max Burst：最大瞬时流量值，默认值 0 表示不对端口瞬时流量进行限制。设置值如非 64 的倍数将自动转换为 64 的倍数并舍弃余数。单位为 kb。该参数配合 Ingress Rate 一起使用，在 Ingress Rate 和 Ingress Max Burst 均为非零值时端口输入速率限制有效，否则设置不起作用，端口仍然线速工作。

Egress Rate：输出端口速率限制值，默认值 0 表示不对端口流量进行限制。设置值如非 62.5 的倍数将自动转换为 62.5 的倍数并舍弃余数。单位为 kbps。

Egress Max Burst：最大瞬时流量值，默认值 0 表示不对端口瞬时流量进行限制。设置值如非 64 的倍数将自动转换为 64 的倍数并舍弃余数。单位为 kb。该参数配合 Engress Rate 一起使用，在 Egress Rate 和 Egress Max Burst 均为非零值时端口输出速率限制有效，否则设置不起作用，端口仍然线速工作。

5. 文件管理

用户可以在 Local Import/export 界面上实现交换机系统配置文件和应用配置文件的上传下载功能，如图 2-49 所示。

System Configuration File：交换机配置文件，内部保存了交换机各项功能设置。用户可以通过单击后面的"Export"按钮完成该文件上传到计算机。

Event Information File：该文件记录了当前有效的 Event Record File 名称，即 event1. ini 或 event2. ini。

Event Record File1：当有效的 Event Record File 名称为 event1. ini 时，单击后面的"Export"按钮完成该文件 event1. ini 上传到计算机。

Event Record File2：当有效的 Event Record File 名称为 event2. ini 时，单击后面的"Export"按钮完成该文件 event2. ini 上传到计算机。

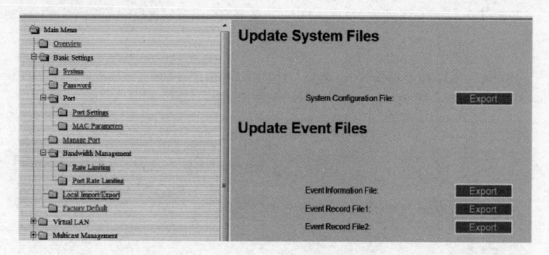

图 2-49　配置文件上传、下载功能示意图

6. VLAN 设置

VLAN（Virtual Local Area Network，虚拟局域网）主要为了解决交换机在进行局域网互连时无法限制广播的问题。这种技术可以把一个 LAN 划分成多个逻辑的 LAN，每个 VLAN 是一个广播域，VLAN 内的主机间通信就和在一个 LAN 内一样，而 VLAN 间则不能直接互通，这样，广播报文被限制在一个 VLAN 内。

GVRP 是 GARP VLAN Registration Protocol（GARP VLAN 注册协议）的简称，是通用属性注册协议（GARP）的一种应用，主要提供动态 VLAN 管理功能。GVRP 的操作基于 GARP 所提供的服务，允许终端站向连接的交换机动态注册 VLAN，并且这些信息可以被传播到支持 GVRP 的所有交换机。

当有某台主机想加入一个 VLAN 时，它需要发送一个 GVRP join 信息。一旦收到 GVRP join 信息，交换机就会将收到该信息的端口加入到适当的 VLAN 内。交换机将 GVRP join 信息发送到所有其他主机上。此外交换机会周期性发送 GVRP 查询，如果主机想留在该 VLAN 中，它就会响应 GVRP 查询，在该情况下，交换机没有任何操作；如果主机不想留在该 VLAN 中，它既可以发送一个 leave 信息也可以不响应周期性 GVRP 查询。一旦交换机在计时器（leave All timer）设定期间收到主机 leave 信息或没有收到响应信息，它便从该 VLAN 中删除该主机。

用户可以在 VLAN Setting 界面上设置 VLAN，如图 2-50 所示。

Table Select：选择采用端口或 VLAN 方式显示已设置 VLAN 列表。选项 VLAN _ Port _ Table：按照 VLAN ID 方式显示已设置 VLAN 列表。选项 Port _ VLAN _ Table：按照 Port 方式显示设置的 VLAN 列表。

VLAN ID：当前设置 VLAN 的 ID 号，取值范围 1～4095，VLAN ID 等于 1 的 VLAN 为默认设置，不需要更改。

PortBitMap：当前 VLAN ID 包含的端口，复选，可以全部选中，不能不选。

UntagBitMap：当前 VLAN ID 包含端口中的无标签端口，根据实际情况设置，可以不选；PortBitMap 中未选中的端口不需要设置。

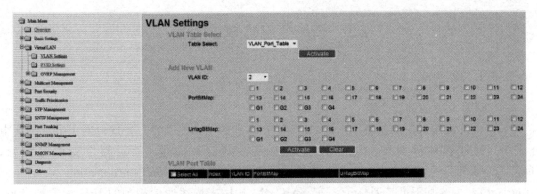

图 2-50　VLAN 配置示意图

点击"Activate"按钮保存当前设置的 VLAN，设置成功后，会在 VLAN 表中显示。在 VLAN 表中选择要删除的 VLAN，点击"Remove Select"按钮可以将删除选中的 VLAN。

如果需要编辑已有 VLAN 信息，可以选中 Vlan 表中已经存在的 VLAN ID，通过"Activate"或"Clear"按钮在现有 VLAN 中增加或删除端口（PortBitMap），以及增加或删除无标签端口（UntagBitMap）。

7. PVID 设置

PVID 用来决定进入端口的不带标签报文在交换机内传输的默认 VLAN。例如某端口 PVID 设置为 2，则进入该端口的不带标签报文将在交换机的 VLAN 2 中进行传播，该设置不会影响进入端口的带标签报文。

用户可以在 PVID Settings 界面上设置端口的 PVID，如图 2-51 所示。

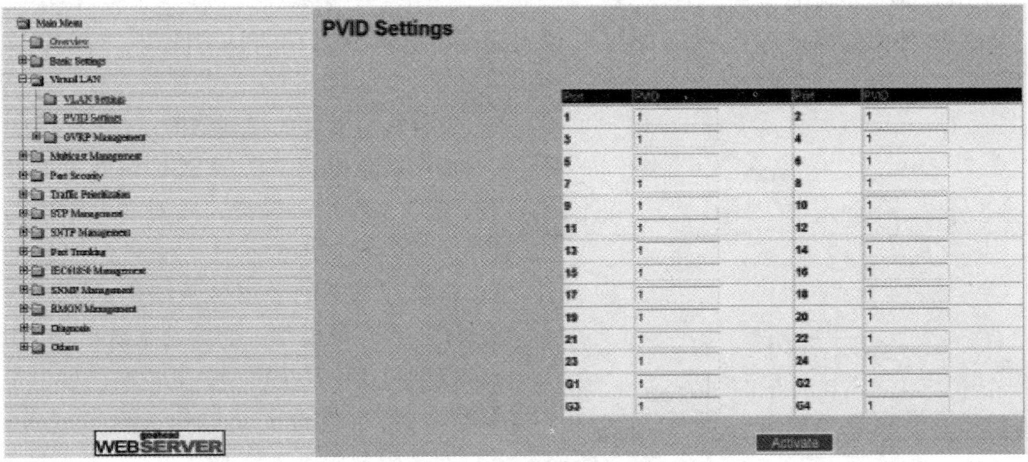

图 2-51　PVID 配置示意图

Port：交换机的端口，1~24 依次代表 24 个百兆口，G1~G4 依次代表 4 个千兆口。

PVID：当前端口的默认 VLAN ID 号，默认值为 1，可根据需要设置为其他 VLAN 值。点击 Activate 按钮保存当前设置。

2.5 智能变电站 SCD 配置

2.5.1 概述

一、SCD 文件的简要介绍

SCD 文件面向对象的建模技术是 IEC61850 标准的一个显著特点，通过对 IED（智能电子设备）的建模达到对智能电子设备能力完整的自我描述。而对整个变电站而言，IEC61850-6 部分专门定义了变电站配置描述语言 SCL（Substation Configuration description Language），主要基于可扩展标记语言 XML。SCL 用来描述通信相关的 IED 配置和参数、通信系统配置、变电站系统结构等。

在 IEC61850-6 中提到了 4 种模型文件：

（1）ICD 文件（IED Capability Description）：IED 设备厂家提供的 IED 能力描述文件，该文件描述设备本身的带有固定数目逻辑节点、数据对象和数据属性，不包含 IED 实例名称和通信参数，未绑定到具体应用中。

（2）SSD 文件（Systems Specification Description）：系统规格描述文件，该文件用于描述变电站一次系统结构以及相关的逻辑节点，最终包含在 SCD 文件中。

（3）SCD 文件（Substation Configuration Description）：SCD 文件是集合变电站所有 IED 的模型文件，是全站系统配置文件，应全站唯一，包括变电站描述以及通信系统描述，该文件由系统集成厂家根据变电站内的电气配置结构和 ICD 文件配置完成。

（4）CID 文件（Configuration IED Description）：IED 的实例配置文件（即对 ICD 文件实例化），每个装置有一个，由装置厂家根据 SCD 文件中本 IED 相关配置生成，包含通信部分，是 IED 最终的配置文件。

以上 4 种文件都是基于 XML 的 SCL 语言描述，学习 SCL 语言是阅读和了解配置文件的基础。

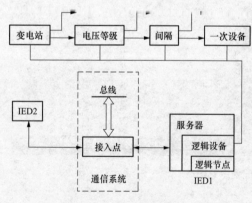

图 2-52 SCL 对象模型

二、SCL 文件的模型结构

所谓对象模型是指用 SCL 对变电站及站内的 IED 进行统一建模，并对变电站内与配置相关的各种对象的描述方法做出明确的规定。根据变电站的分层体系结构，SCL 主要描述了三种对象模型：变电站系统模型，IED 设备模型和通信系统模型。其中前两种也是分层模型，各自包含了其他相关设备或节点。SCL 对象模型如图 2-52 所示。

三、SCL 配置文件的内容

SCL 配置文件主要由 5 个子元素构成，如表 2-3 所示。

智能变电站二次系统配置器（以下简称"系统配置器"）是一个自动化的二次系统配置与集成工具，用以配置并集成基于 IEC61850 标准建设的智能变电站内各个孤立的智能电子设备 IED，使之成为一个设备之间可以互相通信与操作的变电站自动化系统。

表 2-3   SCL 配置文件构成

子 元 素	描 述
Header	头文件描述。包含 SCL 文件的版本信息和修订信息，文件书写工具标识以及名称映射信息，用来描述文件自身的信息
Substation	变电站模型。包含变电站的功能结构、主元件和电气连接以及相应的功能节点，主要用在 SSD 文件和 SCD 文件中，在 ICD 文件和 CID 文件中是可选的
Communication	通信模型。定义了子网中 IED 连接点的相关通信信息，包括设备的网络地址和物理地址
IED	IED 模型。描述了 IED 的配置情况及其所包含的逻辑装置、逻辑节点、数据对象和所具备的通信服务能力
DataTypeTemplates	可实例化的逻辑节点类定义模型。详细定义了在文件中出现的逻辑节点类型以及该逻辑节点所包含的数据对象和数据属性

系统配置器可全面配置变电站系统的信息，包括电压等级、间隔、IED 模型信息、IED 之间的拓扑关系、IED 的通信参数、虚端子配置；能够生成 SCD 文件、生成 CID 文件、导出虚端子表、导出配置文件、可视化校核虚端子等一系列功能；另外还可以对 ICD 模型、SCD 文件进行校验工作。

使用系统配置工具的主要步骤：

（1）将供应商厂家提供的 ICD 模型文件进行检测，检测通过后才可进行配置；

（2）对 ICD 文件中所描述的逻辑设备、逻辑节点等在变电站系统中进行实例化（包括确定具体逻辑节点的索引名称）；

（3）根据工程设计，进行虚端子配置（包括通信参数配置）；

（4）根据配置后的变电站系统信息，生成 SCD 文件；

（5）根据 SCD 文件生成每个 IED 的具体实例，表现为 CID 文件（即配置后的 IED 配置文件）；

（6）根据变电站自动化系统的需要，生成面向应用的特殊配置文件（包括通信子系统的配置文件和四遥分解文件）。

对于配置文件的说明：

ICD 文件：IED 能力描述文件，由装置厂商提供给系统集成厂商，该文件描述了 IED 提供的基本数据模型及服务，但不包含 IED 实例名称和通信参数，文件中的 IED 名称"TEMPLATE"。

SSD 文件：系统规范描述文件，全站唯一。该文件描述了变电站一次系统结构以及相关的逻辑节点，最终包含在 SCD 文件中（暂时未使用）。

SCD 文件：全站配置描述文件，全站唯一。该文件描述了所有 IED 的实例配置和通信参数、IED 之间的通信配置以及变电站一次系统结构，由系统集成厂商完成。SCD 文件应包含版本修改信息，明确描述修改时间、修改版本号等内容。

CID 文件：IED 实例配置描述文件，每个装置一个。由装置厂商根据 SCD 文件中与特定的 IED 的相关配置生成。

2.5.2 制作 SCD 的准备工作

一、模型收集

根据统计好的全站所需要的通信设备，找到相应的模型文件。国网新六统一平台装置模型收集：国网新六统一装置模型均是经过电科院检测的，归档在电科院的网站上。实际应用中需要注意设计院给出的装置选配功能，模型需要和装置选配功能一致。可以由设计院提供，也可以在技术支持服务器上获取。

二、模型一致性检测

模型文件完成收集后，需要对全站智能化设备的 ICD 文件进行一致性检查、SCL 语法合法性检查、数据集正确性检查、模板文件完整性检查，可用 61850 客户端工具检测模型内容，检查内容如表 2-4 所示。

表 2-4　　　　　　　　　　　　　　　　检查内容

项　目	标　准
ICD 文件一致性检查	模型实现一致性声明（MICS），协议实现一致性声明（PICS），声明文档必须符合 DL/T 860《变电站通信网络和系统》要求，目前没有工具检测，厂家能提供一致性声明文档即可
ICD 文件 SCL 语法合法性检查	ICD 模型必须符合 DL/T 860-6《变电站通信网络和系统》的要求。61850 客户端工具检测结果为"Schema 检测"，错误项目必须修改，会影响通信，不严格检测模型的情况下告警项和提示项可忽略
ICD 文件数据集正确性检查	检验信号命名是否符合继电信息规范命名规范，ICD 模型必须符合 DL/T 860-6《变电站通信网络和系统》的要求，61850 客户端工具检测结果为"ICD 通用检测"，不严格检测模型的情况下错误项、告警项和提示项可忽略
ICD 文件模板文件完整性检查	包括 61850 模板 LNodeType，DOType，DAType，EnumType 模板定义的合法性检测，ICD 模型必须符合 DL/T 860-6《变电站通信网络和系统》的要求，61850 客户端工具检测结果为"61850 模板检测"，不严格检测模型的情况下错误项、告警项和提示项可忽略
ICD 文件国网规范检测	ICD 模型必须符合 306《IEC 61850 工程继电保护应用模型》的要求，包括数据集和模板文件完整性检查，61850 客户端工具检测结果为"国网实施规范检测"和"国网模板检测"，不严格检测模型的情况下错误项、告警项和提示项可忽略
ICD 文件模型准确性检查	ICD 模型必须符合 DL/T 860-6《变电站通信网络和系统》的要求。61850 客户端工具检测结果为"ICD 通用检测"，不严格检测模型的情况下错误项、告警项和提示项可忽略

三、制作全站装置表

统计全站设备，将所有装置按照间隔进行罗列，并将间隔名称，装置描述，装置型号，生产厂商，IEDName，IP 地址，模型等信息做成表格，供做 SCD 使用。

2.5.3 SCD 文件制作规范

一、全站地址表的制作

1. 站控层设备信息表

该表反应站控层设备的地址及通信相关信息。

2. 全站 IED 设备地址表

该表反映了"间隔名、IEDNAME、装置型号、生产厂商、IP 地址和 GSE_VLAN 及 SMV_VLAN"信息；过程层设备的 MAC 地址等信息在地址表中暂不做规范，MAC 地址的分配建议采用最新系统配置器的自动分配功能实现；个别地区（浙江等）用户有特殊要求的按照当地用户要求分配地址。由于采用 61850 协议通信的装置，十六进制装置地址跟通信已经没有关系，故在地址表中不再强调要体现装置十六进制地址。

3. IEDNAME 的命名规则

主要是参考"智能变电站装置命名规则及地址分配"企业标准，若遇见部分地区用户对设备 IED 命名有特殊要求，以当地用户要求为准，否则按通知要求；对于 3/2 接线形式的变电站，IEDNAME 的命名建议参照企业标准中的"使用调度编号"的方案。

4. 间隔层设备 IP 地址分配

以"47-《关于综自站 IP 地址使用 B 类地址的通知》技字〔2014〕47 号"为依据，实际工程调试需严格按照通知要求。

5. 出厂验收后导出地址表

为厂内调试结束后，通过系统配置器导出的地址表，是实际出厂时工程真实的设置，作为出厂备份的主要内容，便于核对及后续现场调试使用。

6. 现场验收后导出地址表

为工程现场调试结束后，通过系统配置器导出的地址表，是实际现场调试完成或投运后工程真实的设置，作为工程备份的主要内容。

二、创建间隔原则

以 220kV 变电站，高压侧双母分段，中压侧双母线，低压侧单母分段为例，间隙、零序随各侧，单独配置本体合并单元。每一个 IED 设备均创建一个间隔，如表 2-5 所示。

表 2-5　　　　　　　　　　　　以 220kV 变电站为例说明

变电站	电压等级	间　隔	装　置
省区/地区＋ 最高电压等级＋ 变电站名称	220kV	线路 1 保护 A	线路 1 保护 A
		智能终端 A	智能终端 A
		合并单元 A	合并单元 A
省区/地区＋ 最高电压等级＋ 变电站名称	220kV	测控	测控
		线路 1 保护 B	线路 1 保护 B
		智能终端 B	智能终端 B
		合并单元 B	合并单元 B
		母线保护 A	母线保护 A
		Ⅰ母智能终端	Ⅰ母智能终端
		合并单元 A	合并单元 A
		测控	测控
		母线保护 B	母线保护 B
		Ⅱ母智能终端	Ⅱ母智能终端

续表

变电站	电压等级	间　隔	装　置
省区/地区＋ 最高电压等级＋ 变电站名称	220kV	合并单元 B	合并单元 B
		Ⅲ母智能终端 16	Ⅲ母智能终端 16
		母联保护 A	母联保护 A
		合并单元 A	合并单元 A
		智能终端 A	智能终端 A
		测控	测控
		母联保护 B	母联保护 B
		合并单元 B	合并单元 B
		智能终端 B23	智能终端 B23
		1号主变压器保护 A	1号主变压器保护 A
		1号主变压器高压侧智能终端 A	1号主变压器高压侧智能终端 A
		1号主变压器高压侧合并单元 A	1号主变压器高压侧合并单元 A
		1号主变压器高压侧测控	1号主变压器高压侧测控
		1号主变压器保护 B28	1号主变压器保护 B28
		1号主变压器高压侧智能终端 B	1号主变压器高压侧智能终端 B
		1号主变压器高压侧合并单元 B	1号主变压器高压侧合并单元 B
		1号主变压器中压侧智能终端 A	1号主变压器中压侧智能终端 A
		1号主变压器中压侧合并单元 A	1号主变压器中压侧合并单元 A
		1号主变压器中压侧测控	1号主变压器中压侧测控
		1号主变压器中压侧智能终端 B	1号主变压器中压侧智能终端 B
		1号主变压器中压侧合并单元 B	1号主变压器中压侧合并单元 B
		1号主变压器低压侧智能终端 A	1号主变压器低压侧智能终端 A
		1号主变压器低压侧合并单元 A	1号主变压器低压侧合并单元 A
		1号主变压器低压侧测控	1号主变压器低压侧测控
		1号主变压器低压侧智能终端 B39	1号主变压器低压侧智能终端 B39
		1号主变压器低压侧合并单元 B	1号主变压器低压侧合并单元 B
省区/地区＋ 最高电压等级＋ 变电站名称	110kV	1号主变压器本体智能终端	1号主变压器本体智能终端
		1号主变压器本体测控	1号主变压器本体测控
		线路1保护	线路1保护
		智能终端	智能终端
		合并单元	合并单元
		测控	测控
		母联及备投保护	母联及备投保护
		智能终端	智能终端
		合并单元 49	合并单元 49
		测控	测控

续表

变电站	电压等级	间　　隔	装　　置
省区/地区＋ 最高电压等级＋ 变电站名称	110kV	母线保护	母线保护
		Ⅰ母智能终端	Ⅰ母智能终端
		合并单元 A	合并单元 A
		测控	测控
		Ⅱ母智能终端	Ⅱ母智能终端
		合并单元 B	合并单元 B

2.5.4　SCD 文件的制作

制作及数据导出流程图，如图 2-53 所示。

第一步：收集全站装置的模型文件（ICD 文件）。

第二步：统筹分配全站装置的 IP 地址，IEDname。必须全站唯一。

第三步：新建变电站，增加电压等级→间隔→装置。

第四步：根据虚端子表拉虚端子。

第五步：生成配置文件，导出虚端子配置，生成 CID 文件。

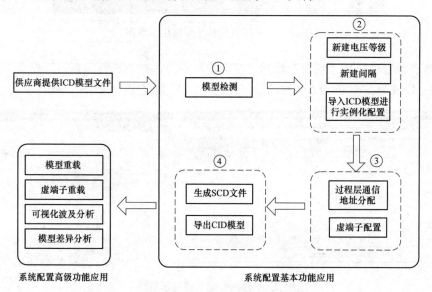

图 2-53　制作及数据导出流程图

制作 SCD 的步骤：获取 ICD 文件后，制作全站装置信息表；检测 ICD 文件，如无异常，新建变电站，添加电压等级，添加间隔，添加装置，连接虚端子，配置通信参数，保存，完成 SCD 的制作。

典型厂家 SCD 配置流程如下：

（一）四方公司 SCD 文件配置流程

1. 新建工程

（1）打开系统配置器，登录成功后，点击新建菜单中的新建工程按钮，如图 2-54 所示。

图 2-54 新建工程示意图

按照省区/地区＋电压等级＋变电站名称的原则填写工程名称，如"大连 220kV 大培变"，选择保存路径，保存在指定位置，如图 2-55 所示。

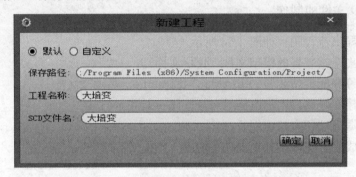

图 2-55 工程名称及存储路径示意图

（2）将资源管理器从"装置"切到"变电站"界面，在"属性编辑器"界面下将变电站的描述 desc 修改为实际变电站名称，如"大连 220kV 大培变"，如图 2-56 所示。

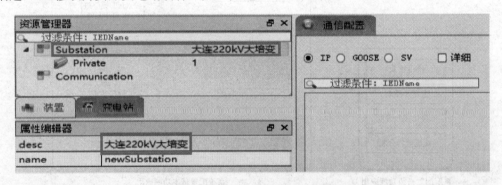

图 2-56 修改变电站描述示意图

2. 添加电压等级

在变电站层点击鼠标右键，在弹出的右键菜单中选择"添加电压等级"，弹出电压等级选择框，可根据工程情况选择电压等级，如大连 220kV 大培变共有 220kV、66kV 两个电压等级。

（1）点击变电站"大连 220kV 大培变"，右键，选择"添加电压等级"选项，如图 2-57 所示。

（2）勾选需要的 220kV、66kV 两个电压等级，如图 2-58 所示。

图 2-57　添加电压等级示意图

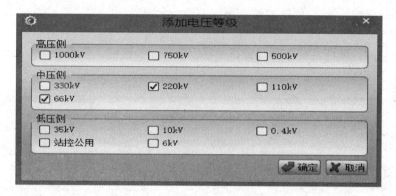

图 2-58　勾选所需电压等级示意图

电压等级添加成功后，在资源管理器中会出现电压等级的信息，如图 2-59 所示。

图 2-59　资源管理器示意图

3. 添加间隔

点击相应的电压等级，右键选择"添加间隔"，出现间隔向导对话框，根据提示信息填写新增间隔名和新增间隔描述。以新增大连 220kV 大培变 220kV 竞赛线间隔为例做如下说明，如图 2-60 所示。

注意：

（1）间隔名称：只能使用数字和字母，不允许有空格。间隔名称尽量使用电压等级＋间隔描述简称。如：220kVjingsaixianCK。

（2）间隔描述：即间隔名称，如：220kV 竞赛线 2217 测控。

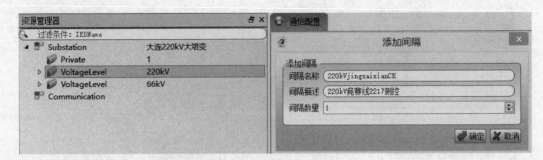

图 2-60　添加间隔示意图

（3）间隔数量：可一次性添加多个间隔。

（4）建间隔规则：每个 IED 设备均单独创建一个间隔。

4. 添加装置

点击间隔名称，鼠标右键添加装置，选择需要添加的模板，点击下一步添加装置，如图 2-61 和图 2-62 所示。

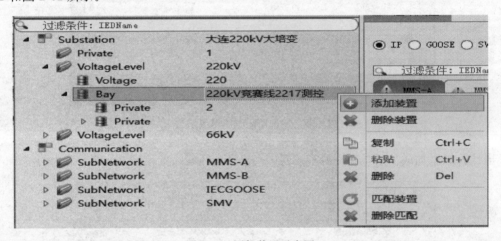

图 2-61　添加装置示意图

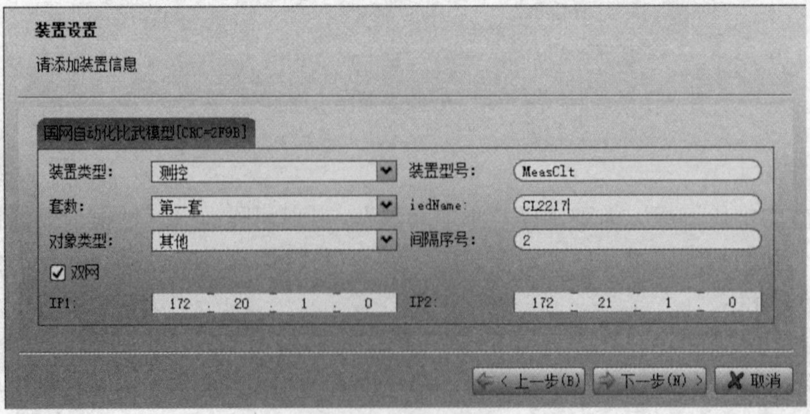

图 2-62　配置装置信息示意图

合并单元、智能终端装置的添加与测控装置类似,添加完毕后如图 2-63 所示。

图 2-63　添加合并单元、智能终端示意图

5. 配置虚端子连接关系

(1) 虚端子连接关系——GOOSE。

以接收方为操作对象,分别完成 220kV 竞赛线测控、智能终端和合并单元的虚端子连接关系。

以"220kV 竞赛线 2217 测控装置的 GOOSE 虚端子连接关系的配置"为例讲述操作方法。

按照虚端子连接关系表,该 CL2217 测控装置 GOOSE 部分需要订阅信号:断路器总位置、隔离开关位置、接地隔离开关位置等。

将资源管理器切换到"装置"界面,选择"端子配置"选项,订阅方装置选择"220kV竞赛线 2217 第一套测控",发布方装置选择"220kV 竞赛线 2217 第一套智能终端",如图 2-64 所示。

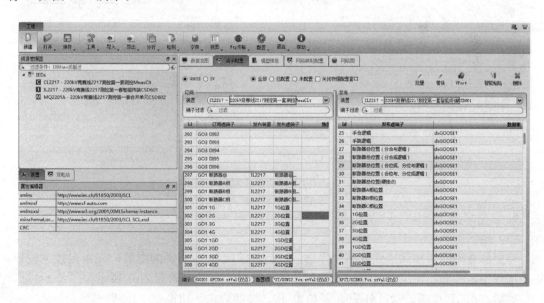

图 2-64　测控虚端子连线示意图

智能终端的虚端子订阅与测控类似,如图 2-65 所示。

(2) 合并单元的虚端子 SV 连接,如图 2-66 所示。

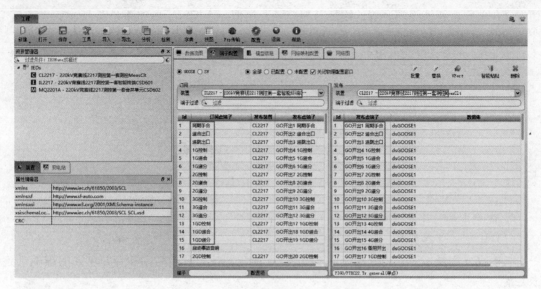

图 2-65　智能终端虚端子连线示意图

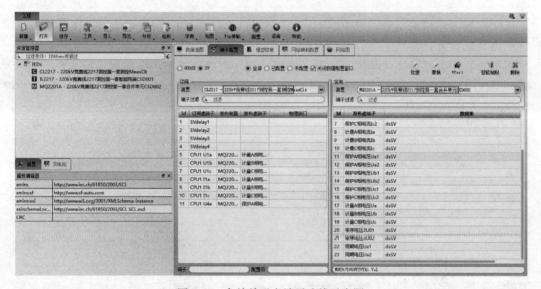

图 2-66　合并单元虚端子连线示意图

6. 通信配置——IP/GOOSE/SV

（1）通信配置——IP。

将资源管理器切换到"变电站"界面，进行通信配置——IP 的配置。先点击搜索按钮，将该工程中需要和站控层设备进行通信的装置全部显示出来，如图 2-67 所示。

然后点击 IP 按钮，默认分配的是 C 类 IP，按照要求，切换到"IP 类 B"。

（2）通信配置——GOOSE。

将资源管理器切换到"变电站"界面，进行通信配置——GOOSE 的配置。先点击搜索按钮，将该工程中 GOOSE 通信的信息全部显示出来，MAC 地址，APPID，VLAN 信息有重复的则工具会有"!"的提示，如图 2-68 所示。

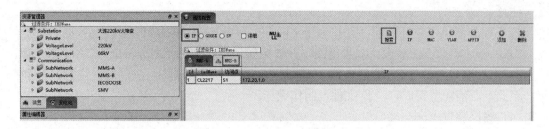

图 2-67　IP 配置示意图

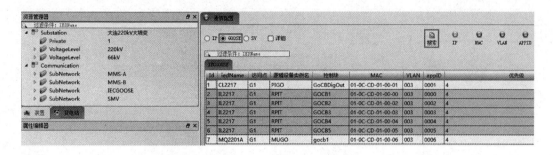

图 2-68　GOOSE 配置示意图

此时，点击 MAC，VLAN，APPID 按钮，则工具会自动分配这些地址信息。相应的地址重复的告警提示也消失了。

注意：

1）GOOSE 的 MAC 地址范围为：01-0C-CD-01-00-00～01-0C-CD-01-3F-FF；

2）由于 GOOSE 组网数据流较小，一般按照所有 GOOSE 数据划分同一个 VLAN 来处理；

3）工具里显示的 VLAN 信息是 16 进制的，交换机上的是 10 进制的，注意区分和换算。

（3）通信配置——SV。

将资源管理器切换到"变电站"界面，进行通信配置——SV 的配置。先点击搜索按钮，将该工程中 SV 通信的信息全部显示出来，MAC 地址，APPID，VLAN 信息有重复的则工具会有"！"的提示，如图 2-69 所示。

图 2-69　SV 配置示意图

此时，点击 MAC，VLAN，APPID 按钮，则工具会自动分配这些地址信息。

注意：

1）SV 的 MAC 地址范围：01-0C-CD-01-40-00～01-0C-CD-01-7F-FF；

2）由于 SV 数据流较大，如果组网，一般按照一个合并单元划分一个 VLAN 来处理；

3）工具里显示的 VLAN 信息是 16 进制的，交换机上的是 10 进制的，注意区分和换算。至此，通信配置完成，SCD 文件也制作完毕。

（4）测控装置 Vport 端口设置

可通过资源管理器下的查询一次性将所有的测控装置找出来，进行统一设置。注意GOOSE 及 SV 均需要进行 VPORT 口设置，如图 2-70 所示。

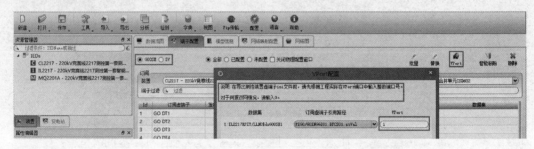

图 2-70　VPORT 配置示意图

异源双网：从 A 网过来的 VPORT 口为 1，从 B 网过来的 VPORT 口为 2。

同源双网：均为 0

单网：VPORT 口均默认为 1。

注：在添加装置时，如果是第二套，则选第二套，IEDNAME 最后一位即为 B，这样设置 VPORT 口时，就可直接根据 IEDNAME 最后一位进行设置。

7. SCD 配置保存

SCD 制作完成后需要进行保存。点击保存按钮后，弹出"输入修改记录"在"输入修改记录"对话框中，可以填写修改内容、修改原因，"生成过程层 CRC"默认是打钩状态。如果本次保存不需要生成过程 CRC，可以将此项前面的钩取消掉，如图 2-71 所示。

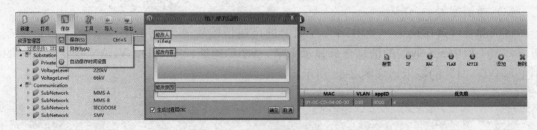

图 2-71　SCD 配置保存示意图

8. SCD 文件数据导出

SCD 文件制作完成后，需要导出装置的配置文件、监控使用的配置文件、远动使用的配置文件。

（1）装置配置文件的导出。

各装置根据平台、地区、应用方式等不同，需要系统配置器按照不同选项进行导出。系统配置器共提供非 388、六统一（不合并 GSE 和 SV）、六统一（合并 GSE 和 SV）、388

（不合并 GSE 和 SV）、388（合并 GSE 和 SV）、站域保护导出共六个选项，导出各装置配置时需要按照实际情况进行，如图 2-72 所示。

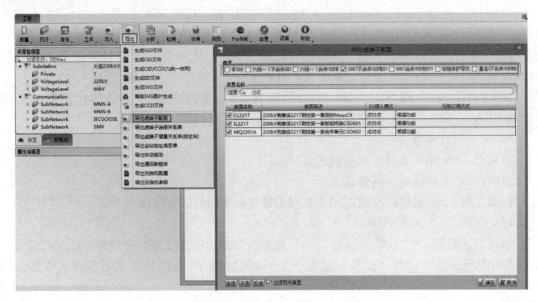

图 2-72　配置文件导出示意图

点击确定，选择保存路径，导出来的配置文件夹及文件夹里的文件，将文件使用相应工具下载到装置中即可，如图 2-73 所示。

图 2-73　导出的配置文件示意图

导出各个平台配置说明，如图 2-74 所示。

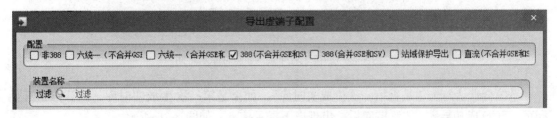

图 2-74　配置文件说明示意图

非 388：388 平台以前的装置，SV 板为 317、374 型号的保护测控装置，JFZ600 系列装置，CSD362。

六统一（不合并 GSE 和 SV）：六统一保护装置，CSD＋192 平台的保护和测控（CSI200FB），SVGOOSE 插件独立配置。

六统一（合并 GSE 和 SV）：六统一保护装置，CSD＋192 平台的保护和测控（CSI200FB），SVGOOSE 插件合一配置，SV 板上设置虚拟 GOOSE。

388（不合并 GSE 和 SV）：388 平台的装置，SV 插件为 388 型号的保护测控装置（CSI200EA），SVGOOSE 插件独立配置，另外还有 CSD600 系列装置。

388（合并 GSE 和 SV）：388 平台的装置，SV 插件为 388 型号的保护测控装置（CSI200EA），SVGOOSE 插件合一配置，SV 板上设置虚拟 GOOSE。

SV 接入模式详细说明：

点对点：SV 采样通过点对点模式。

组网：SV 采样通过组网模式。

同源双网：SV 采样同时通过 AB 双网采集完全相同的数字量模式。

（2）回读 V2 生成实时库。

通过上述配置，V2 监控所需的 220kV 竞赛线站控层信息已经配置完毕，此时已经可以将站控层信息入库，选择"工具→监控 V2→回读生成 V2 实时库"进行操作，如图 2-75 所示。

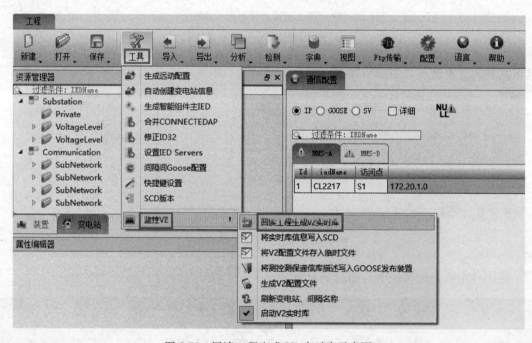

图 2-75　回读工程生成 V2 实时库示意图

系统会默认勾选"是否第一次生成实时库"，如果是第一次生成实时库，默认点击开始即可，SCD 成功导入 V2 监控库后，出现以下提示信息，如图 2-76 所示。

如果现场工程不是第一次入库（已有本站 SCD 间隔入库），后续制作 scd 添加的间隔及装置均会自动入 V2 实时库，无需再次回读 SCD，注意：由于选择第一次入库会导致清库，请确认后再操作。判断 SCD 是否成功入库，可以打开 V2 监控"开始→应用模块→数据库

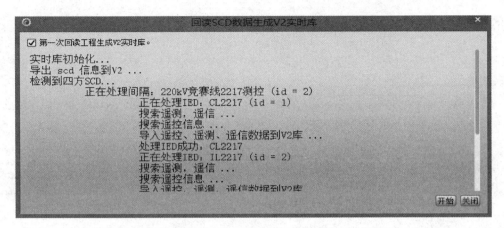

图 2-76　开始生成实时库示意图

管理→实时库组态工具"进行查验。

从图 2-77 可以看到，站控层设备，竞赛线测控已经成功入库，后续即可开展监控系统的制作过程。

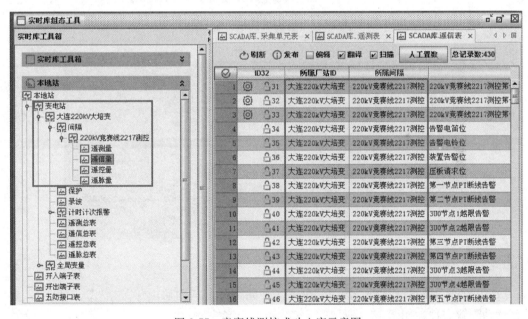

图 2-77　竞赛线测控成功入库示意图

此外还需生成通信配置：V2 监控系统的 IEC61850 通信是通过读取本地的通信子系统配置文件与装置通信，因此需点击"工具→监控 V2→生成 V2 配置文件"生成 V2 的通信配置文件，如图 2-78 所示。

点击开始生成 V2 配置文件后，选择默认路径生成即可，如图 2-79 所示。

至此，V2 监控就具备了和间隔层装置 IEC61850 通信的能力。

（3）远动使用配置文件导出。

导出供远动装置 CSC-1321 使用的配置文件 61850CPU，打开 SCD 文件，点击"工

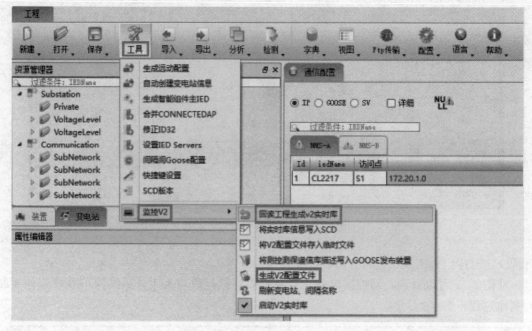

图 2-78　生成 V2 配置文件示意图

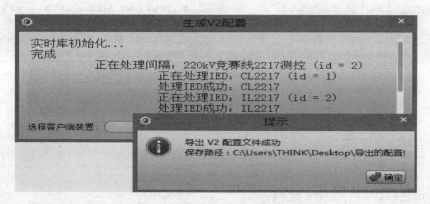

图 2-79　导出 V2 配置文件示意图

具"/"生成远动配置"菜单。选中"浏览"存储路径和"远动格式",点击"确定",即可导出远动配置文件,如图 2-80 所示。

以导出的 61850 配置为例,CL2217 导出一组 61850CPU1,将左侧栏的装置拖至右侧的非代理插件下,右键可以"删除远动"修改远动分组情况。选中"浏览"存储路径和"远动格式",点击"确定",即可导出远动配置文件。其中文件夹 61850CPU1 包括 cpu.sys,m61850.sys,CL2217.dat,61850cfg 文件夹,其中 61850cfg 文件夹包含 csscfg.ini,IED1.ini,osicfg.xml 文件。

(二)南瑞继保公司 SCD 文件配置流程

1.新建工程

打开 SCL 集成工具 PCS-SCD,登录成功后,点击文件菜单新建工程,如图 2-81 所示。

54

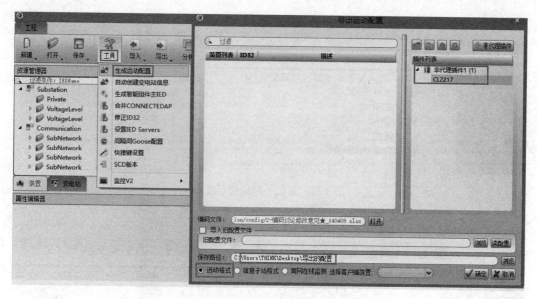

图 2-80 导出远动配置文件示意图

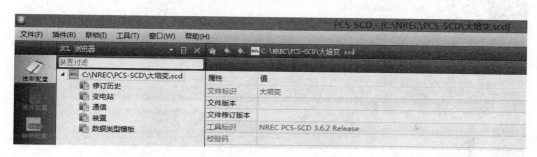

图 2-81 新建工程示意图

2. 通信子网配置

通信子网的概念来源于实际通信网络的映射，主要是为了配置 MMS、GOOSE、SMV 等控制块参数，在进行 SCD 配置工作的第一步就是新建通信子网并用直观的名字命名。图 2-28 是新建一个站控层子网和一个过程层 GOOSESV 子网，可以修改名称、类型、描述，注意站控层子网的类型是 8-MMS，过程层 goosesv 共用子网的类型是 IECGOOSE。选中左侧 SCL 树中"通信"选项，在右侧子网列表任意处，点击右键，选择"新建"可添加通信子网，子网的个数为实际物理通信子网的个数，即逻辑通信子网为实际通信物理子网的映射，如图 2-82 所示。

一个子网的 name 可取任意合法字符串，"类型"必须为 8-MMS 或 IECGOOSE，"描述"为该子网功能的描述，如图 2-83 所示。

3. 添加装置

选中左侧 SCL 树中"装置"选项，在右侧子网列表任意处，点击右键，选择"新建"可添加装置。添加后点击"浏览"选择 ICD 厂家提供的 ICD 文件，如图 2-84 所示。

然后点击"下一步"，显示校验结果，如图 2-85 所示。

校验正确后点击"下一步"，在"SCD 中的子网名称"选项中分别选择对应的"过程层

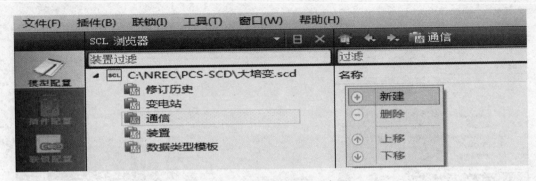

图 2-82　通信子网配置示意图

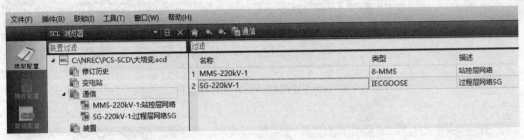

图 2-83　通信参数配置示意图

图 2-84　添加装置示意图

图 2-85　校验结果示意图

子网名词"和"站控层子网名称"。最后完成"新建装置"向导，如图 2-86 所示。

访问点添加原则：

对于站控层访问点（S1、P1、A1），应添加至 8-MMS 子网中的 Address 标签内；

对于过程层 GOOSE 访问点（G1），应添加至相应子网的 GSE 标签内；

对于过程层 SV 访问点（M1），应添加至相应子网的 SMV 标签内。

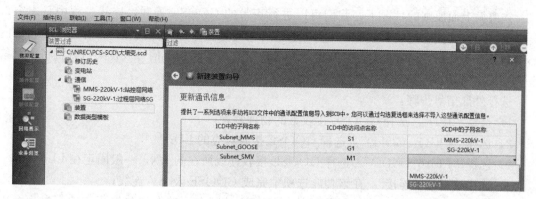

图 2-86　新建装置向导示意图

合并单元与智能终端的添加与测控装置类似，IED 设备新建好后，可以修改"数据集"
内的相关信息描述，如图 2-87 所示。

图 2-87　修改相关信息描述示意图

4. 配置虚端子连接关系

（1）虚端子连接关系-GOOSE。

在数字化变电站中（采用了 GOOSE），GOOSE 连线可理解为传统变电站中的硬电缆
接线，采集装置将其采集的信号（位置信号、机构信号、故障信号）以数据集的形式，通过
组播向外传输，接收方可能只要接受部分信号，那接收方如何知道接收哪些信号？那就是通
过 GOOSE 连线来告诉接受方收取什么信号。

在配置 GOOSE 连线时，连线原则为：

1）对于接收方，必须先添加外部信号，再加内部信号；

2）对于接收方，允许重复添加外部信号，但不建议该方式；

3）对于接受方，同一个内部信号不允许同时连两个外部信号，即同一内部信号不能重
复添加；

4）GOOSE 连线仅限连至 DA 一级。

外部信号和内部信号的类型必须一致：

1）即外部信号是单点（SPS），内部信号也必须是单点（SPS）；

2）外部信号是双点（DPS），内部信号也必须是双点（DPS）；

3）外部信号配置到 t，内部信号也必须配置到 t；

4）外部信号配置到 stVal 或者 general，内部信号必须配置到 stVal。

在遵循上面原则的情况下，我们可以进行正常的 GOOSE 连线，连线过程中日志窗口会有详细记录，如有连线不成功，可查看日志窗的记录。添加内部信号，鼠标拖曳时，该内部信号放到第几行，由拖曳时对象所处的位置决定，需要将内部信号放在某行，就将该对象拖至某行空白处，再松开，否则会产生错误连线。

选择外部信号步骤：

1）选择 "IED"：选择 GOOSE 接收方的物理装置；

2）选择 "PIGO：GOLD"：选择 GOOSE 接收对应的 LD；

3）选择 "LLN0：PIGO"：选择 GOOSE 接收连线所在的 LN，一般固定在 LLN0 中；

4）选择 "虚端子连接"：在该功能选项中完成 GOOSE 及 SV 连线；

5）选择 "外部信号"：将发送装置的 GOOSE 访问点下的发送数据集中的信息拖至中间窗口，按序排放，顺序可调，如图 2-88 所示。

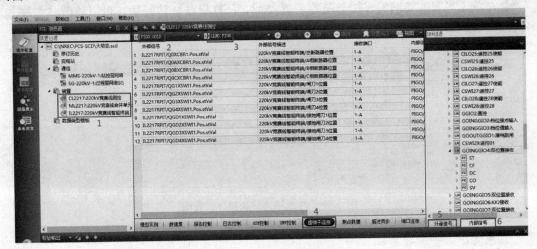

图 2-88　虚端子连接示意图

连接内部信号：

当外部信号选择完毕，就知道装置需要接收外部送来的信号，要通过 GOOSE 连线告知接收方，这样就完成信号的传递连接。

在接收装置中，从 GOOSE 访问点下的 LN→FC→DO 下，选择相应的 DA，将其拖至中间窗口中相应的外部信号所在的行，即完成外部信号与内部信号的连接，也即完成一个 GOOSE 连线。

图 2-89 所示连线，表示的含义就是：智能终端作为接收方，测控发送的遥控分闸信号（外部信号），传递给智能终端的遥控分闸接收，智能终端处理接收到的信号后，进行遥控分闸出口，控制断路器分闸。

（2）虚端子连接关系-SV。

在数字化变电站中（采用 9-2 点对点、9-2 组网、可配置 60044-8 采样方式），SMV 连线的作用类同于 GOOSE 连线，均理解为传统变电站中的硬电缆接线，合并单元将其采集的远端模块的采样值进行同步，而后以（电压、电流）数据集的形式，通过组播方式向外传输，接收方可根据需要只接受数据集中的部分信号，那接收方如何知道接收哪些信号？那就是通过 SMV 连线来告诉接收方收取哪个通道的信号。

图 2-89　GOOSE 连线示意图

在配置 SMV 连线时，有几项连线原则：

1）对于接收方，必须先添加外部信号，再加内部信号；

2）对于接收方，允许重复添加同一个外部信号，但不建议该方式；

3）对于接受方，同一个内部信号不允许同时连两个外部信号，即同一内部信号不能重复添加；

4）9-2 的点对点与组网方式，连线区别在于点对点方式需要连通道延时虚端子，组网方式不需要连通道延时；

5）SMV 连线，引用名可引用 DO，也可引用 DA，具体以装置支持的方式而定；

6）在遵循上面原则的情况下，我们可以进行正常的 SMV 连线，连线过程中日志窗口会有详细记录，如有连线不成功，可查看日志窗的记录。

添加内部信号，鼠标拖曳时，该内部信号放到第几行，由拖曳时对象所处的位置决定，需要将内部信号放在某行，就将该对象拖至某行空白处，再松开，否则可能会产生错误连线。

选择外部信号步骤：

1）选择 SMV 接收方的物理装置；

2）选择 SMV 接收对应的 LD（SVLD）；

3）选择 SMV 连线所在的 LN，一般固定值 LLN0 中；

4）选择 Inputs 选项，即虚端子连线；

5）选择外部信号；

6）将发送装置的 SMV 访问点下的发送数据集中的 FCDA 拖至中间窗口，按序排放，顺序可调，如图 2-90 所示。

连接内部信号：

当外部信号选择完毕，就知道了装置需要接收哪些采样值信号，但外部送来的信号，要通过 SMV 连线，告知接收方，外部送来的信号应该送给内部接收，这样就完成信号的传递连接。

图 2-90　SMV 连线示意图

在接收装置中，从 SMV 访问点下的 LD→LN→FC→DO 下，选择相应的 DA，将其拖至中间窗口中相应的外部信号所在的行，即完成外部信号与内部信号的连接，也即完成一个 SMV 连线。

如图 2-91 所示连线，表示的含义是：线路测控作为接收方，接收合并单元发送的测量电流、电压，测控装置将接收到的采样值做逻辑运算。

图 2-91　合并单元与测控连线示意图

（3）MMS/GOOSE/SV 控制块地址的通信子网设置。

1）MMS 通信子网设置。

选中左侧 SCL 树中"通信"选项，再点击"MMS-220kV-1：站控层网络"在右侧的配置中修改 IP 和子网掩码，应和已知条件一致，如图 2-92 所示。

2）GOOSE 通信子网设置。

每个 GOOSE 访问点参数中，我们只需按工程需要，修改组播地址、VLAN 标识、VLAN 优先级、应用标识、最小值、最大值几列内容即可，其余参数保持工具默认值即可。

组播地址 MAC-Address：GOOSE 组播地址，全站唯一，有效范围为 01-0C-CD-01-00-00～01-0C-CD-01-01-FF。

VLAN 标识 VLAN-ID：虚拟子网 ID 号，有效范围为 0～4095。

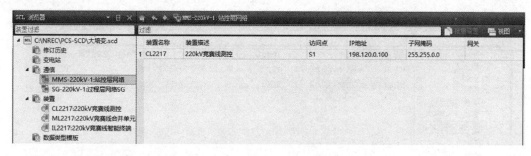

图 2-92　配置通信参数示意图

VLAN 优先级 VLAN-PRIORITY：VLAN 优先级，有效范围为 0～7，GOOSE 通信默认优先级为 4，数字大的优先级高。

应用标识 APPID：GOOSE 应用标识，全站唯一，工程习惯上填写为 MAC 地址后两段的组合。

最小值 MinTime：GOOSE 报文最短传输时间 T1，单位 ms。

最大值 MaxTime：GOOSE 报文最长传输时间 T0，单位 ms，如图 2-93 所示。

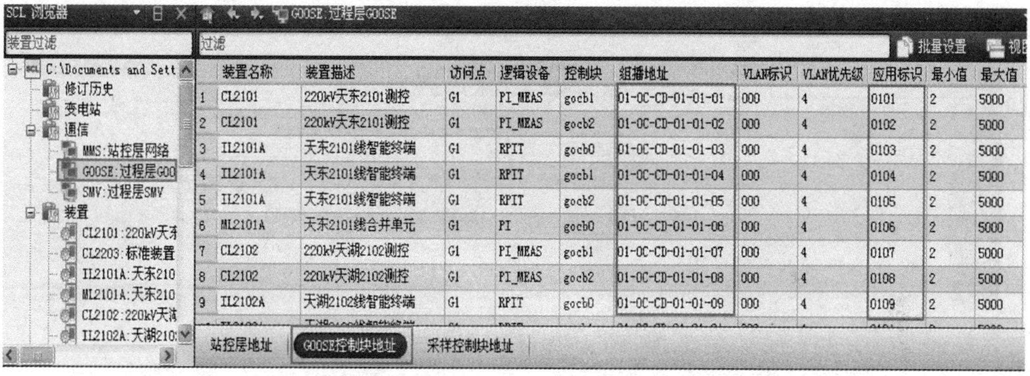

图 2-93　GOOSE 通信子网设置示意图

3）SMV 通信子网设置。

每个 SMV 访问点参数中，我们只需按工程需要，修改 MAC-Address、VLAN-ID、VLAN-PRIORITY、APPID 几列内容即可，其余参数保持工具默认值即可。

组播地址 MAC-Address：SMV 组播地址，全站唯一，有效范围为 01-0C-CD-04-00-00～01-0C-CD-04-01-FF；

VLAN 标识 VLAN-ID：虚拟子网 ID 号，有效范围为 0～4095；

VLAN 优先级 VLAN-PRIORITY：VLAN 优先级，有效范围 0～7，默认值为 4，数字大的等级高；

应用标识 APPID：SMV 应用标识，全站唯一，有效范围为 0x4000～0x7fff，工程习惯上填写为组播 MAC 地址后两段的组合，如图 2-94 所示。

（4）插件端口配置。

由于同时存在点对点与组网传输两种方式，为避免数据的无序发送及冗余接收，降低过程层 DSP 插件的负载，引入了"插件配置"功能，对过程层光口插件 NR1136、NR4138，

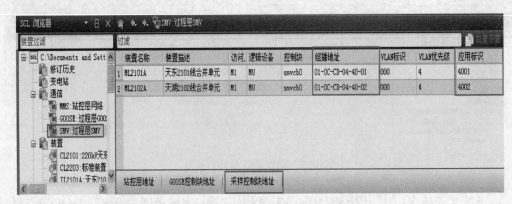

图 2-94 SMV 通信子网设置示意图

进行数据与光口的关联配置，数据按需发送。

1）测控插件端口配置。

选择"控制块"选项，待选板卡列表中将列出该装置所有的 GOOSE 及 SV 接收、发送控制块，根据全站信息流的配置，将不同的发送或接收控制块添加至左侧已选板卡中的 GOOSE 及 SMV 的 RX 或 TX 选项中，如图 2-95 所示。

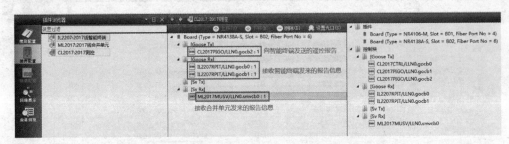

图 2-95 测控插件配置示意图

2）合并单元插件配置（见图 2-96）。

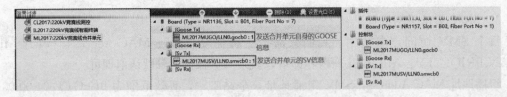

图 2-96 合并单元插件配置示意图

3）智能终端插件配置（见图 2-97）。

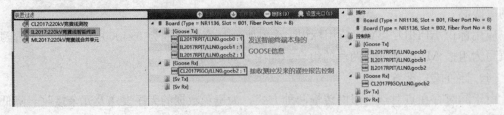

图 2-97 智能终端插件配置示意图

5. 配置文件的导出

CID 和 GOOSE 的导出：用批量导出 CID 及 uapc-goose 文件，如图 2-98 所示。

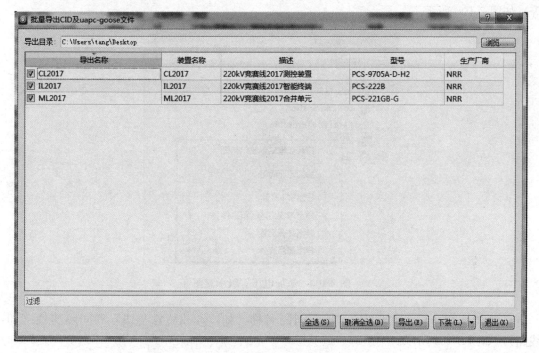

图 2-98   批量导出示意图

注意：

测控：导出的 goose. txt 及 device. cid 文件需下装至测控装置中。

智能终端：导出的 goose. txt 文件需下装至智能终端装置中。

合并单元：导出的 goose. txt 文件需下装至合并单元装置中。

智能终端、合并单元不能下装 cid 模型，否则将导致装置闭锁。

（三）南瑞科技 SCD 文件配置流程

1. 新建工程

在 NariConfigTool 中点击"文件"菜单"新建工程"，填写项目名称，点击"下一步"，依次完成新建工程，如图 2-99 所示。

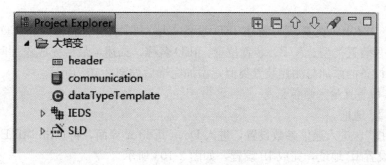

图 2-99   新建工程示意图

2. 添加电压等级及间隔

右键点击"IEDS",添加电压等级,同时选择所要添加的电压等级(如:66kV、220kV等)如图 2-100 所示。

图 2-100　添加电压等级示意图

右键点击 220kV,添加间隔,填写间隔名称(如:220kV 竞赛线)和间隔属性(如:线路),如图 2-101 所示。

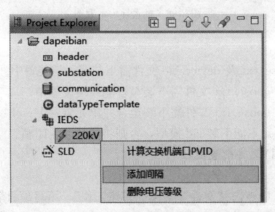

图 2-101　添加间隔示意图

右键点击"220kV 竞赛线"新建 IED 设备,填写厂家、功能描述、ICD 名称,点击"下一步",填写装置类型、A/B、装置位置、IED 名称、描述,最后完成添加间隔。合并单元与智能终端设备的添加与测控装置类似,添加完毕后如图 2-102 所示。

3. 对导入的装置输入通信信息

(1)修改 IP 地址。

点击"视图",进入通信参数设置,进入 DeviceEditor 界面,再点击"IP Editor",选择子网 MMS,设置 IP 地址,完成 IP 设置,如图 2-103 所示。

(2)修改 GOOSE 网 MAC 地址。

点击"视图",进入通信参数设置,进入 DeviceEditor 界面,再点击"GSE Editor",选

图 2-102　新建 IED 示意图

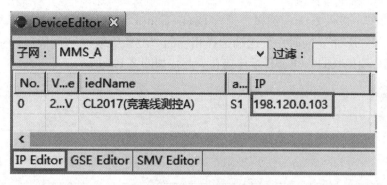

图 2-103　修改 IP 地址示意图

择子网 GOOSE，设置 MAC 地址，完成 MAC 地址、APPID、VLAN 标识、VLAN 优先级、最小值和最大值设置，如图 2-104 所示。

No.	Voltage	iedName	apName	IdInst	cbName	MAC-Address	APPID	V..Y	VL..ID	M..	MaxTime
0	220kV	CL2017(竞赛线测控A)	G1	PIGO	gocb1	01-0C-CD-01-00-01	1001	4	000	2	5000
1	220kV	CL2017(竞赛线测控A)	G1	PIGO	gocb2	01-0C-CD-01-00-02	1002	4	000	2	5000
2	220kV	CL2017(竞赛线测控A)	G1	PIGO	gocb3	01-0C-CD-01-00-03	1003	4	000	2	5000
3	220kV	CL2017(竞赛线测控A)	S1	CTRL	gocb	01-0C-CD-01-00-04	1004	4	000	2	5000
4	220kV	IL2017(竞赛线智能终端A)	G1	RPIT	gocb1	01-0C-CD-01-00-05	1005	4	000	2	5000
5	220kV	IL2017(竞赛线智能终端A)	G1	RPIT	gocb2	01-0C-CD-01-00-06	1006	4	000	2	5000
6	220kV	IL2017(竞赛线智能终端A)	G1	RPIT	gocb3	01-0C-CD-01-00-07	1007	4	000	2	5000
7	220kV	IL2017(竞赛线智能终端A)	G1	RPIT	gocb4	01-0C-CD-01-00-08	1008	4	000	2	5000
8	220kV	ML2017(竞赛线合并单元A)	G1	MUGO	gocb1	01-0C-CD-01-00-09	1009	4	000	2	5000
9	220kV	ML2017(竞赛线合并单元A)	G1	MUGO	gocb2	01-0C-CD-01-00-0A	100A	4	000	2	5000
10	220kV	ML2017(竞赛线合并单元A)	G1	MUGO	gocb3	01-0C-CD-01-00-0B	100B	4	000	2	5000

IP Editor　GSE Editor　SMV Editor

图 2-104　修改 GOOSE 网参数示意图

（3）修改 SV 网 MAC 地址。

点击"视图"，进入通信参数设置，进入 DeviceEditor 界面，再点击"SMV Editor"，选择子网 SV，设置 MAC 地址，完成 MAC 地址、APPID、VLAN 标识、VLAN 优先级设置，如图 2-105 所示。

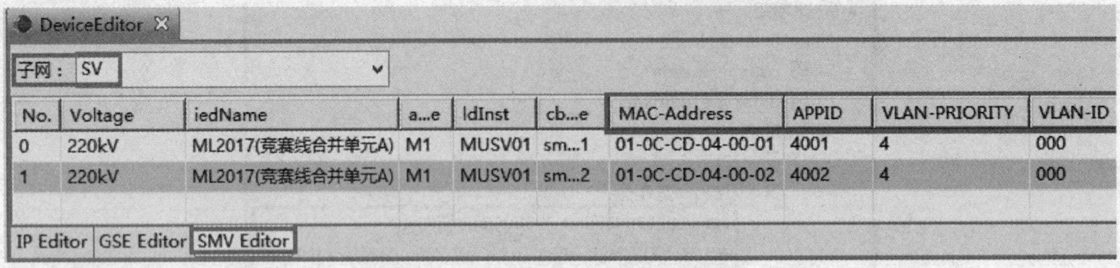

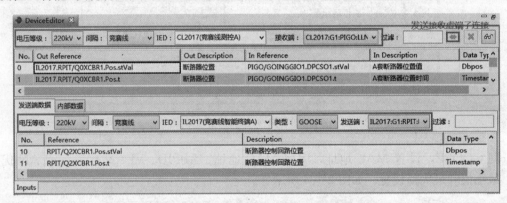

图 2-105　修改 SV 网参数示意图

4. 配置虚端子连接

（1）GOOSE 虚端子连接。

点击"视图"，进入 Inputs 编辑，进入 DeviceEditor 界面，在接收端选择相应"电压等级"、"间隔"和"IED"，同时在发送端选择相应的"电压等级"、"间隔"和"IED"，最后将测控、智能终端接收的 GOOSE 量连接在一起，如图 2-106 所示。

图 2-106　GOOSE 虚端子连接示意图

（2）SV 虚端子连接。

点击"视图"，进入 Inputs 编辑，进入 DeviceEditor 界面，在接收端选择相应"电压等级"、"间隔"和"IED"，同时在发送端选择相应的"电压等级"、"间隔"和"IED"，最后将测控、合并单元接收的 SV 量连接在一起，如图 2-107 所示。

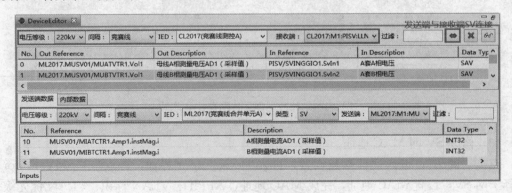

图 2-107　SV 虚端子连接示意图

5. goose.txt 和 sv.txt 配置

右键点击"竞赛线合并单元",选择"导入 SV 配置文件",导入对应交流板件的映射文件后,对 sv.txt 附属信息进行预配置,如图 2-108 所示。

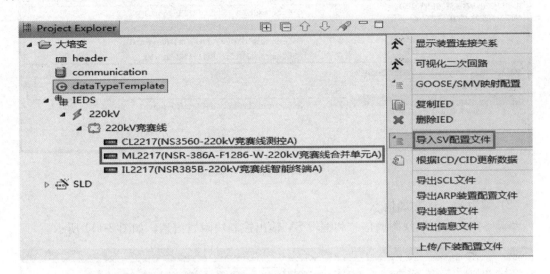

图 2-108 导入 SV 配置文件示意图

(1)编辑 goose.txt 附属信息。

1)编辑发送端口信息。

测控装置、合并单元和智能终端所有端口均发送 goose 信息,如图 2-109 所示。

图 2-109 编辑发送端口示意图

2)编辑接收端口信息。

goose 信息的接收,有测控装置和智能终端,如图 2-110 所示。

图 2-110　编辑接收端口示意图

（2）编辑 sv. txt 附属信息。

编辑 SV 输入控制块附属信息和编辑 SV 输出控制块附属信息，如图 2-111 所示。

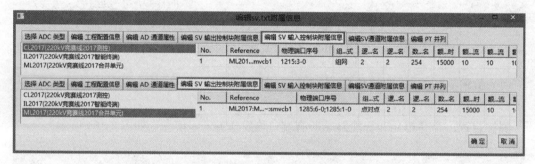

图 2-111　编辑 SV 输入、输出控制块附属信息示意图

第3章

数据通信网关机原理与实操技术

3.1 概 述

3.1.1 数据通信网关机定义

数据通信网关机（Data communication gateway），一种通信装置。实现变电站与调度、生产等主站系统之间的通信，为主站系统实现变电站监视控制，信息查询和远程浏览等功能提供数据、模型和图形的传输服务。

3.1.2 数据通信网关机主要功能

基于 IEC61850 标准的智能化变电站分为三层：过程层，间隔层和站控层。数据通信网关机位于站控层数据通信网关机对下通过站控层网络，采集各种遥测、遥信、保护信号等信息；对上通过电力调度数据网，与调度主站通信，向主站上送远动数据，并接受并执行主站下发的命令。

一、安全分区

数据通信网关机安全分区数据采集要求如下：

（1）Ⅰ区采集调控实时数据、保护信息、告警直传、远程浏览等信息；

（2）Ⅱ区采集保护录波文件、一次设备、二次设备在线监测、辅助设备等运行状态信息；

（3）Ⅲ区负责向管理信息大区传送厂（站）运行信息。

二、数据采集

数据采集应满足如下要求：

（1）实现电网运行的稳态及保护录波等数据的采集；

（2）实现一次设备、二次设备和辅助设备等运行状态数据的采集；

（3）直采数据的时标应取自数据源，数据源未带时标时，采用数据通信网关机接收到数据的时间作为时标；

（4）依照 DL/T 860 相关内容，根据业务数据重要性与实时性要求，支持设置间隔层设备运行数据的周期性上送、数据变化上送、品质变化上送及总召等方式；

（5）支持站控层双网冗余连接方式，冗余连接应使用同一个报告实例号。

三、数据处理

数据处理应支持逻辑运算与算术运算功能，支持时标和品质的运算处理、通信中断品质处理功能，应满足如下要求：

（1）支持遥信信号的"与、或、非"等运算；

（2）支持遥测信号的"加、减、乘、除"等运算；

（3）计算模式支持周期和触发两种方式；

（4）运算的数据源可重复使用，运算结果可作为其他运算的数据源；

（5）合成信号的时标为触发变化的信息点所带的时标；

（6）断路器、隔离开关位置类双点遥信参与合成计算时，参与量有不定态（00 或 11）则合成结果为不定态；

（7）具备将 DL/T 860 品质转换成 DL/T 634.5104 规约品质，映射规则见附录 B；

（8）合成信号的品质按照输入信号品质进行处理，合成规则见附录 C；

（9）初始化阶段间隔层装置通信中断，应将该装置直采的数据点品质置为 invalid（无效）；

（10）当与间隔层装置通信由正常到中断后，该间隔层装置直采数据的品质应在中断前品质基础上置上 questionable（可疑）位，通信恢复后，应对该装置进行全总召；

（11）事故总触发采用"或"逻辑，支持自动延时复归与触发复归两种方式，自动延时复归时间可配置；

（12）支持远动配置描述信息导入/导出功能；

（13）装置开机/重启时，应在完成站内数据初始化后，方可响应主站链接请求，应能正确判断并处理间隔层设备的通信中断或异常。

四、数据远传

（1）应支持向主站传输站内调控实时数据、保护信息、一次设备、二次设备状态监测信息、图模信息、转发点表等各类数据；

（2）应支持周期、突变或者响应总召的方式上送主站；

（3）应支持同一网口同时建立不少于 32 个主站通信链接，支持多通道分别状态监视；

（4）应支持与不同主站通信时实时转发库的独立性；

（5）对于 DL/T 634.5104 服务端同一端口号，当同一 IP 地址的客户端发起新的链接请求时，应能正确关闭原有链路，释放相关 Socket 链接资源，重新响应新的链接请求；

（6）对未配置的主站 IP 地址发来的链路请求应拒绝响应；

（7）应支持断路器、隔离开关等位置信息的单点遥信和双点遥信上送，双点遥信上送时应能正确反映位置不定状态；

（8）数据通信网关机重启后，不上送间隔层设备缓存的历史信息。

五、控制功能

1. 远方控制

远方控制功能要求如下：

（1）应支持主站遥控、遥调和设点、定值操作等远方控制，实现断路器和隔离开关分合闸、保护信号复归、软压板投退、变压器档位调节、保护定值区切换、保护定值修改等功能；

（2）应支持单点遥控、双点遥控等遥控类型，支持直接遥控、选择遥控等遥控方式；

（3）同一时间应只支持一个遥控操作任务，对另外的操作指令应作失败应答；

（4）装置重启、复归和切换时，不应重发、误发控制命令；

（5）对于来自调控主站遥控操作，应将其下发的遥控选择命令转发至相应间隔层设备，返回确认信息源应来自该间隔层 IED 装置；

（6）应具备远方控制操作全过程的日志记录功能；

（7）应具备远方控制报文全过程记录功能，存储格式参见附录 F；

（8）应支持远方顺序控制操作。

2. 顺序控制

远方顺序控制应满足以下要求：

（1）具备远方顺序控制命令转发、操作票调阅传输及异常信息传输功能；

（2）遵循 Q/GDW 11489 的要求。

六、时间同步

时间同步功能包括对时功能与时间同步状态在线监测功能要求如下：

（1）应能够接受主站端和变电站内的授时信号；

（2）应支持 IRIG-B 码或 SNTP 对时方式；

（3）对时方式应能设置优先级，优先采用站内时钟源；

（4）应具备守时功能；

（5）应能正确处理闰秒时间；

（6）应支持时间同步在线监测功能，支持基于 NTP 协议实现时间同步管理功能；

（7）应支持时间同步管理状态自检信息输出功能，自检信息应包括对时信号状态、对时服务状态和时间跳变侦测状态。

七、告警直传

告警直传要求如下：

（1）应能将监控系统的告警信息采用告警直传的方式上送主站；

（2）应满足 Q/GDW 11207 要求。

八、远程浏览

远程浏览要求如下：

（1）应能将监控系统的画面通过通信转发方式上送主站；

（2）宜支持历史曲线调阅；

（3）应满足 Q/GDW 11208 要求。

九、源端维护

源端维护功能要求如下：

（1）应支持主站召唤变电站 CIM/G 图形、CIM/E 电网模型、远动配置描述文件等源端维护文件；

（2）应支持主站下装远动配置描述文件；

（3）应能实现变电站图形、模型、远动配置描述文件等源端维护文件之间的信息映射。

十、冗余管理

两台数据通信网关机与主站通信连接时，冗余管理要求如下：

（1）应支持双主机工作模式和主备机热备工作模式；

（2）主备机热备工作模式运行时应具备双机数据同步措施，保证上送主站数据不漏发，主站已确认的数据不重发。

3.2 数据通信网关机的硬件结构及其功能

3.2.1 数据通信网关机总体结构

数据通信网关机总体结构如图 3-1 所示。在智能站中，间隔层设备通过过程层设备和网络采集一次设备的数据，如图中黑色箭头所示。然后通过站控层网络，将数据传递给监控主站和数据通信网关机的接入插件，接入插件对接入规约进行解析，获取数据，生成接入数据库，然后通过装置内部通信传递至远动插件生成远动数据库，然后按照远动规约打包报文上传调度主站，整个过程如图中绿色箭头所示，该过程传输的数据包括遥信、遥测、遥脉，统称为上行数据。遥控过程如图中红色箭头所示，调度主站下发命令到远动插件，解析生成远动数据，装置内部通信传递至接入数据库，然后接入插件向间隔层装置下发遥控令。

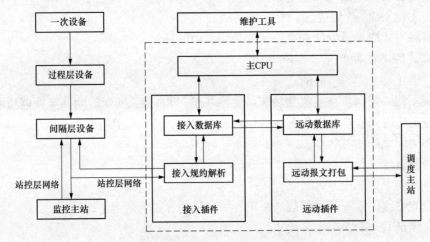

图 3-1 数据通信网关机总体结构

3.2.2 数据通信网关机插件介绍

（1）南瑞继保数据通信网关机结构图（见图 3-2）。

	NR1108A										NR1525D	NR1224A	NR1224A		NR1301A
	MON										IO	COM1	COM2		PWR
插槽号	01	02	03	04	05	06	07	08	09	10	11	12	13	14	15	P1

图 3-2 南瑞继保数据通信网关机插件示意图

装置背面的插件有：电源插件、MON（CPU）插件、COM 插件、I/O 插件等。

（2）北京四方数据通信网关机结构图（见图 3-3）。

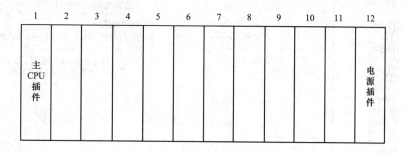

图 3-3　北京四方数据通信网关机插件示意图

CSC-1321 采用功能模块化设计思想，由不同插件完成不同的功能，组合实现装置所需功能。主要功能插件有主 CPU 插件 1 块、通信插件（以太网插件、串口插件）多块、辅助插件（开入开出插件、对时插件、级联插件、电源插件）和人机接口组件。后面板从左至右编号为 1～12。统一要求主 CPU 插件插在 1 号插槽，电源插件插在 12 号插槽，其余插件可根据实际情况安排位置。

（3）南瑞科技数据通信网关机结构图（见图 3-4）。

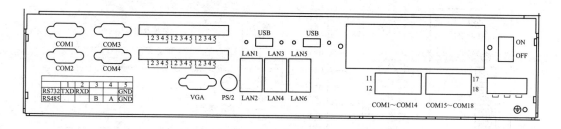

图 3-4　南瑞科技数据通信网关机插件示意图

装置背面的接口有电源接口，VGA 接口，DIO 接口，标准串口，网口，USB 接口等。

3.2.3　各板件的功能

一、南瑞继保插件介绍

（1）MON（CPU）板（见图 3-5）。

（2）I/O（开入、开出板）（见图 3-6）。

（3）COM 板（见图 3-7）。

（4）MDM 板（见图 3-8）。

（5）电源板（见图 3-9）。

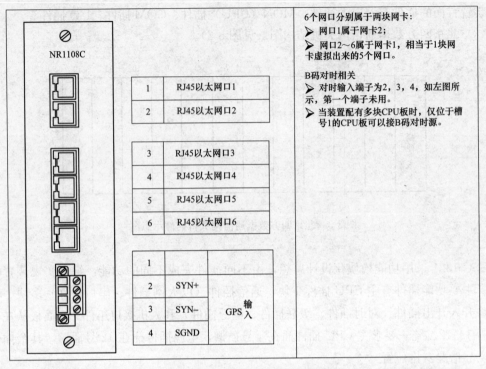

图 3-5　南瑞继保 MON 板介绍

6个网口分别属于两块网卡:

➢ 网口1属于网卡2;

➢ 网口2~6属于网卡1,相当于1块网卡虚拟出来的5个网口。

B码对时相关

➢ 对时输入端子为2,3,4,如左图所示,第一个端子未用。

➢ 当装置配有多块CPU板时,仅位于槽号1的CPU板可以接B码对时源。

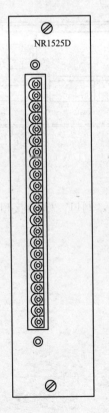

端子号	名称及用途
01	全站事故总(配置方法见《专题手册》)
02	
03	全站预告总
04	
05~06	开出3(预留)
07~08	开出4(预留)
09	维护开入(屏柜维护把手),为1时表示当前该装置处于维护状态,对外通信功能被中止,调度通道处于备用状态。仅当对上通道设为主备时生效,对上双主时此开入无效,不会切换通道
10	远方就地开入,用于接入屏柜远方就地把手,为1时表示允许调度远方遥控操作,为0时反之
11	对机闭锁开入,用于双机冗余逻辑的对机闭锁接点输入,为1时表示对机闭锁
12-21	普通开入4~13
22	开入公共负端

图 3-6　南瑞继保 I/O 板介绍

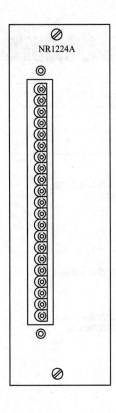

01	TX/A	
02	RX/B	RS–232/485
03	GND	
04	FGND	
05	TX/A	
06	RX/B	RS–232/485
07	GND	
08	FGND	
09	TX/A	
10	RX/B	RS–232/485
11	GND	
12	FGND	
13	TX/A	
14	RX/B	RS–232/485
15	GND	
16	FGND	
17	TX/A	
18	RX/B	
19	GND	RS–232/485 /422
20	FGND	
21	Y	
22	Z	

端子号	端子定义	说明
01	TX/A	串口1 (RS–232/485)
02	RX/B	
03	GND信号地	
04	FGND屏蔽地	
05～08	同串口1	串口2 (RS–232/485)
09～12	同串口1	串口3 (RS–232/485)
13～16	同串口1	串口4 (RS–232/485)
17	TX/A	串口5 采用RS–422 方式时，17、18、21、22分别为 RS–422的A、B、Y、Z。
18	RX/B	
19	GND	
20	FGND	
21	Y	
22	Z	

图 3-7　南瑞继保 COM 板介绍

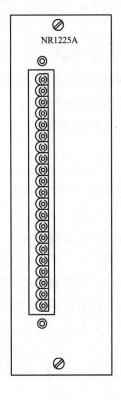

01	TX/A	
02	RX/B	RS–232/485
03	GND	
04	FGND	
05	TX/A	
06	RX/B	RS–232/485
07	GND	
08	TX+	
09	TX–	
10	RX+	MDM1
11	RX–	
12	GND	
13	TX+	
14	TX–	
15	RX+	MDM2
16	RX–	
17	GND	
18	TX+	
19	TX–	
20	RX+	MDM3
21	RX–	
22	GND	

端子号	用途	端口
01	TX/A	数字通道1 (RS–232/485)
02	RX/B	
03	GND信号地	
04	FGND屏蔽地	
05	TX/A	数字通道2 (RS–232/485)
06	RX/B	
07	GND	
08	TX+	模拟通道1
09	TX–	
10	RX+	
11	RX–	
12	GND	
13～17	同模拟通道1	模拟通道2
18～22	同模拟通道1	模拟通道3

图 3-8　南瑞继保 MDM 板介绍

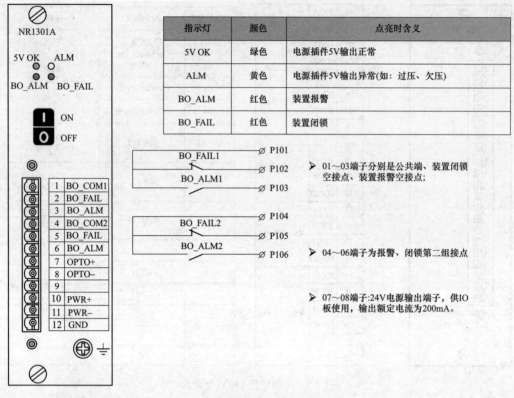

指示灯	颜色	点亮时含义
5V OK	绿色	电源插件5V输出正常
ALM	黄色	电源插件5V输出异常(如:过压、欠压)
BO_ALM	红色	装置报警
BO_FAIL	红色	装置闭锁

➤ 01~03端子分别是公共端、装置闭锁空接点、装置报警空接点;

➤ 04~06端子为报警、闭锁第二组接点

➤ 07~08端子:24V电源输出端子,供IO板使用,输出额定电流为200mA。

图 3-9　南瑞继保电源板介绍

二、北京四方插件介绍

当站内采用 61850 规约接入的时候,单独的一块-N 插件能够最多接入 60 台装置,因此需要根据实际站内装置的个数决定几块插件做接入,每个插件上采集哪些站内装置的数据。我们以两块插件做接入为例,同时配置一块 104 插件和 1 块 101 插件。假设现在的 CSC1321 插件分配如图 3-10 所示。插件 1 默认为主 CPU,插件 2、3 可分配为 61850 接入插件,插件 4 可分配为 104 远动插件,插件 5 为串口 101 远动。

1. 主 CPU 插件

主 CPU-N 插件具备以下对外通信端口:四个 10M/100M 自适应的电以太网;一个标准的 RS232 串行口;插件上具备一路 CAN 总线与 MMI 插件通信;插件上具备一路 CAN 总线与开入开出卡或对时插件等通信。作为管理插件,其管理网卡的地址是 192.188.234.1。

2. 以太网插件

以太网插件与主 CPU 插件具有同样的硬件配置,我们现场的 CSC1321 装置的第二块 CPU 作为接入插件,连接在站控层,用于采集各个测控及保护的信息。其管理网卡的地址是 192.188.234.2。

3. 远动插件

第三块 CPU 作为远动插件,连接在数据网交换机的 VLAN 端口内。其管理网卡的地址是 192.188.234.3。

图 3-10　北京四方 CSC1321 插件分配图

4．串口插件

串口插件用来进行串口远动规约通信。插件上具备六个标准 RS232/RS485 串口，每个串口的两种工作模式共用端子，通过对应的跳线进行选择，默认为 RS232 方式。每个串口对应一组（3 个）跳线，串口 n 标识为"JMPnA、JMPnB、JMPnC"，都跳到右侧为 RS232方式，都跳到左侧为 RS485 方式。插件上有 JMP 示意图指示跳线方法。每个串口都有 2 个收发指示灯。

5．对时插件

对时插件使用专为工业应用设计的 16 位 CPU 处理器。

插件上具备 GPS 串口对时、串口 10ms 秒脉冲对时、IRIG-B 脉冲对时、IRIG-B 电平对时方式，可通过跳线选择。

三、南瑞科技插件介绍

1．串口接口

串口 1 至串口 4 是 DB9 接口，如表 3-1 所示。

串口 5 至串口 10 是凤凰接口，如表 3-2 所示。

串口 1 至串口 10 示意图，如图 3-11 所示。

串口 5 至串口 18 是凤凰接口具体定义，如表 3-3 所示。

串口 5 至串口 18 示意图，如图 3-12 所示。

表 3-1   **DB9 接口定义**

	DB9	RS232 方式		RS232 方式	RS485 方式		RS422 方式
RS232 模块	1	DCD	RS232/485 混合模块	空	空	RS422 模块	空
	2	RXD		空	DATA+		TXD+
	3	TXD		空	DATA-		RXD+
	4	DTR		空	空		空
	5	GND		GND	GND		GND
	6	DSR		空	空		空
	7	RTS		TXD	空		RXD+
	8	CTS		RXD	空		TXD-
	9	DELL		空	空		空

表 3-2   **凤凰接口端子定义**

端子	RS232 方式	RS485 方式	RS422 方式
1	TXD	空	RXD+
2	RXD	空	TXD-
3	空	DATA-	RXD-
4	空	DATA+	TXD+
5	GND	GND	GND

COM1~COM4

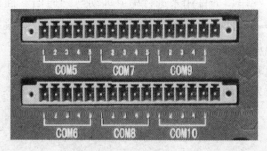

COM5~COM10

图 3-11   串口 1 至串口 10 示意图

表 3-3   **凤凰接口端子定义**

端子	RS232 方式	RS485 方式	RS422 方式
1	TXD	空	RXD+
2	RXD	空	TXD-
3	空	DATA-	RXD-
4	空	DATA+	TXD+
5	GND	GND	GND

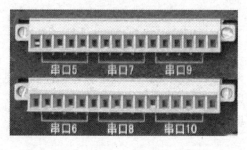
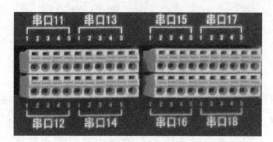

COM5～COM10　　　　　　　　　　　COM11～COM18

图 3-12　串口 5 至串口 18 示意图

2. 开入开出接口

提供 4 路继电器开出 8 路光电隔离输入，端子定义如表 3-4 所示。

开入开出接口布置如图 3-13 所示。

表 3-4　　　　　　　　　　　　　　　端子定义

端子	定义	备注	端子	定义	备注
1	开入 1		11	开出＋	开出 1
2	开入 2		12	公共端	
3	开入 3		13	开出＋	开出 2
4	开入 4		14	公共端	
5	开入 5		15	开出＋	开出 3
6	开入 6		16	公共端	
7	开入 7		17	开出＋	开出 4
8	开入 8		18	公共端	
9	24V＋		19	24V＋	
10	24V-GND		20	24V-GND	

3. 电源接板口

电源板目前有两种，一种是 220V 交直流通用，另外一种是用于 110V 直流。根据定购要求，装置出厂时已经安装好其中一种电源板，电源的对外接口在后背板上，为带保护地的 6 线电源端子（1×6 魏德米勒端子）。以 220V 交直流电源为例，其中两线为 220V＋，两线为 220V－，两线为 GND，如图 3-14 所示。

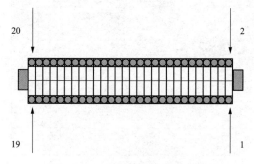
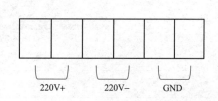

图 3-13　开入开出接口布置图　　　　　　图 3-14　电源板接口示意图

3.3 人 机 接 口

人机接口功能由专门的人机接口模块实现。人机接口模块将用户需要重点关注的信息提取出来，并通过点亮或者熄灭指示灯，或者把信息在液晶屏幕上显示等手段提供给用户。同时，用户可以通过键盘操作去查找需要了解的信息，如图 3-15 所示。

数据通信网关机装置外观应满足如下要求：

（1）装置面板布局按铭牌标识、指示灯等区域划分；

（2）对所有可能改变装置运行状态或行为的操作，具备确认提示机制，并设置相应的权限和操作密码。

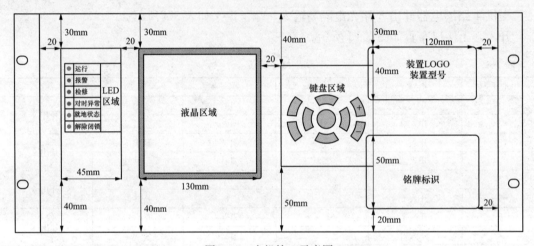

图 3-15　人机接口示意图

数据通信网关机机箱尺寸应符合 GB/T 19520.12 的规定，可采用 4U 整层机箱或 2U 整层机箱，采用 4U 整层机箱需配备液晶，采用 2U 整层机箱不配置液晶。

（1）南瑞继保数据通信网关机人机接口如图 3-16 所示。

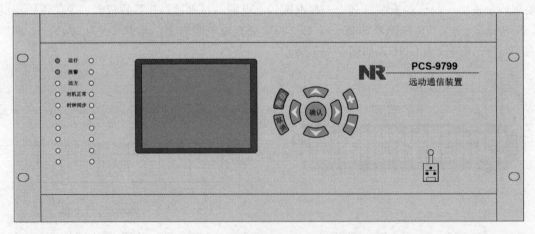

图 3-16　南瑞继保人机接口示意图

面板指示灯定义：

"运行"：点亮表示现在是处于运行状态，如果装置异常闭锁则熄灭。

"告警"：进程异常或者 CPU 板卡配置和组态不一致时、磁盘容量不足时常亮。

"远方"：远方/就地切换把手的位置为"远方"时常亮，"就地"时不亮。

"对机正常"：双机硬件互联线上信号正常并且双机通信心跳正常，常亮。

"时钟同步"：装置被对时成功，常亮。

（2）北京四方数据通信网关机人机接口如图 3-17 所示。

图 3-17　北京四方人机接口示意图

面板上各元件说明：

面板最左侧为一列 8 个指示灯，其中前 5 个有明确定义，后 3 个为预留。5 个指示灯的定义分别为：电源、告警、事故、通信中断、远程维护。

前面板带有一个 128×240 点阵（或 8 行×15 列）蓝屏液晶，并带有四方按键和三个功能键，可显示一定的本地信息，并提供部分信息的修改手段。三个功能键分布在四方按键的上下，上面一个为信号复归键，下面两个分别为"QUIT"和"SET"键。

（3）南瑞科技数据通信网关机人机接口如图 3-18 所示。

图 3-18　南瑞科技人机接口示意图

U 型号的数据通信网关机未配置液晶显示屏。前面板的 LED 灯对应串口的收发状态，一般而言，灯的数量与串口数量一致，对应关系是按序排列。某个串口的设备文件名是什么，可以通过串口测试工具，或者配置一个 cdt 的转发节点，结合点亮的 LED 发灯的序号来测试。

3.4　数据通信网关机配置及调试

3.4.1　南瑞继保数据通信网关机

使用南瑞继保的 PCS-COMM 通信装置组态与调试工具对数据通信网关机进行配置。

一、新建工程

从菜单"文件－新建工程"或快捷键（Ctrl＋N）打开工程向导，指定工程名和工程路径，如图 3-19 所示。

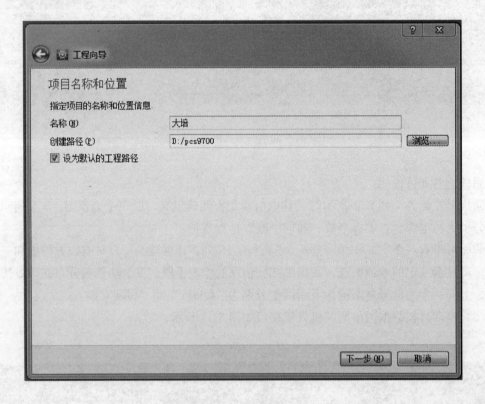

图 3-19　工程向导示意图

下一步后，弹窗，导入远动机需要的通信规约。包括 104、SNTP、61850，如图 3-20 所示。

从 SCD 文件导入工程，如图 3-21 所示。

图 3-20　导入通信规约示意图

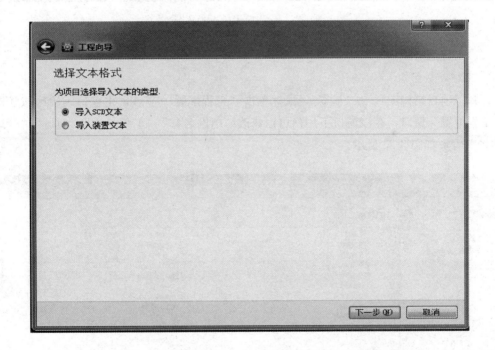

图 3-21　导入 SCD 文本示意图

找到已经做好的 SCD 文件，模型校验正确后，导入测控装置的模板，如图 3-22 所示。

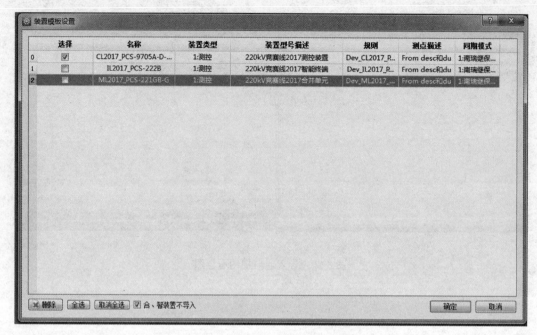

图 3-22　导入装置模板示意图

二、工程组态

1. 工程参数组态

打开"项目结构图"—"基本"，鼠标单击"工程配置"节点，主窗口编辑区域随即打开"工程配置"窗口，在该窗口下用户可以修改"电网名称""工程名称""时区""管理机 IP 地址"等，如图 3-23 所示。

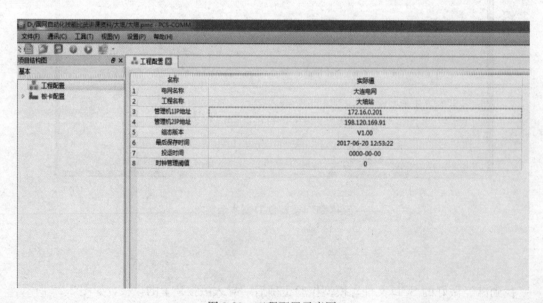

图 3-23　工程配置示意图

2. 对时配置

编辑内容主要包括以下几点：

（1）板卡：设置收时源所在的板卡地址。

（2）连接口或串口号：指定板卡下唯一的通信口（串口或以太网接口）。

（3）时钟源优先级：配置对时源的优先级，当工程中包含多个对时源时，必须正确配置对时源的优先级。

（4）对时模式：配置该时钟源的对时模式（绝对、相对、备用）。

如果需要远动机输出 SNTP 时间，需要设置如图 3-24 所示。

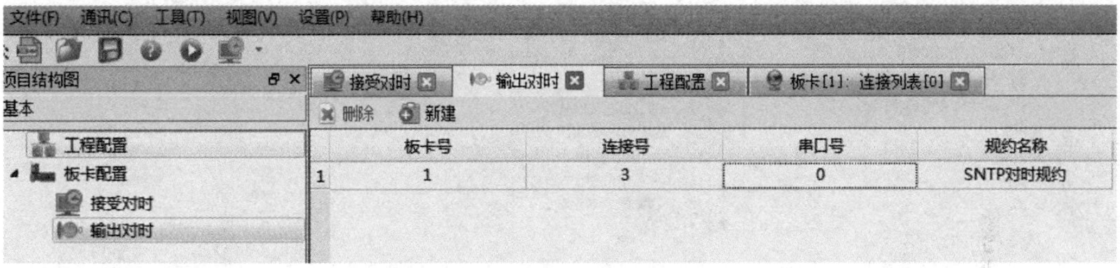

图 3-24　输出对时示意图

3. 数据库组态配置

工具的数据库组态主要是针对变电站的装置和间隔进行配置。装置的配置包含：（实）装置的配置、虚装置的配置、装置模型配置、逻辑信号装置配置以及 SCL 模型配置（IEC61850 装置）。间隔配置主要指配置变电站一次系统。

如果使用 SCD 导入，此处不需要进行配置。

4. 规约组态配置

配置规约库。端口号不需要配置，规约名称是选择出来的，通道名称需要自己命名，A网需要配置哪个规约走哪个网口，如图 3-25 所示。

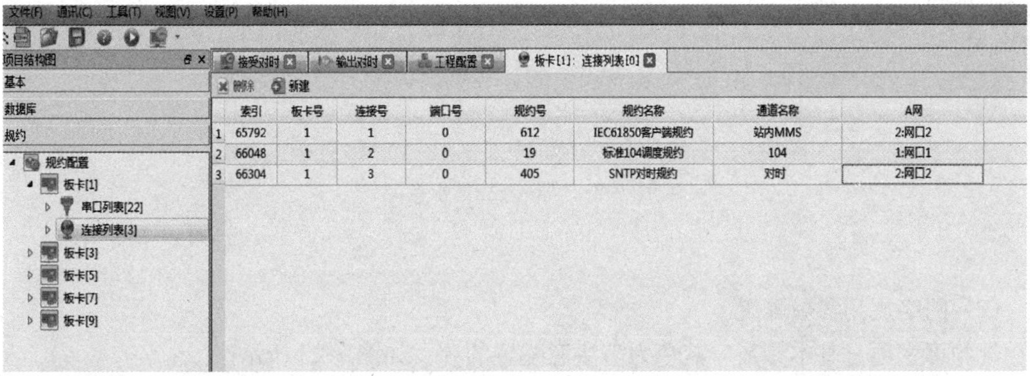

图 3-25　配置规约库示意图

具体的通信配置：

（1）mms—规约可变选项，如图 3-26 所示。

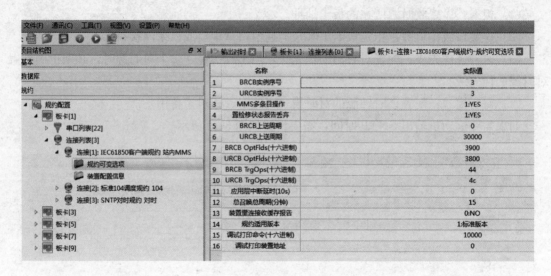

图 3-26　规约可变选项示意图

mms—装置配置信息，把 2017 测控装置右键—新增装置—导入 mms，如图 3-27 所示。

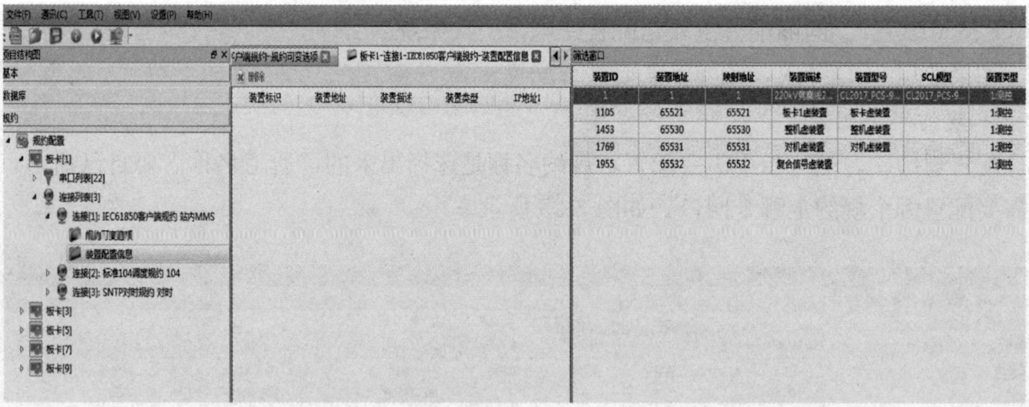

图 3-27　导入 mms 示意图

（2）网络规约参数配置。

规约可变项—基本参数—蓝色为需注意配置的项，如图 3-28 所示。

规约可变项—站召唤需配置项，如图 3-29 所示。

规约可变项—变化数据需配置项，如图 3-30 所示。

规约可变项—数据优先级可更改配置项从第 4 项开始，如图 3-31 所示。

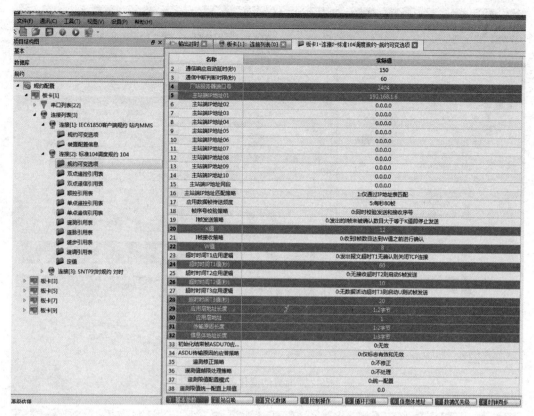

图 3-28 需配置的基本参数示意图

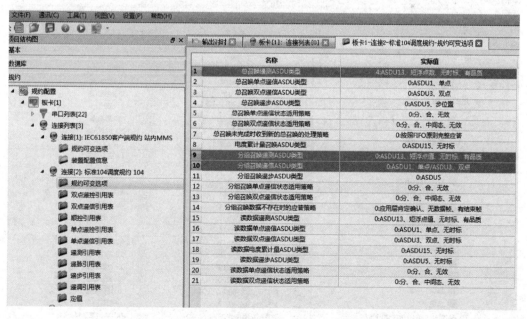

图 3-29 需配置的站召唤示意图

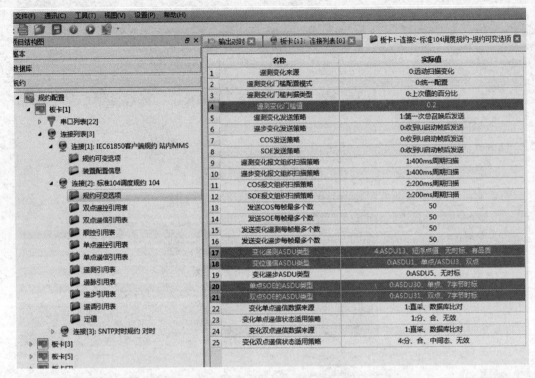

图 3-30 需配置的变化数据示意图

图 3-31 数据优先级示意图

规约设置好后，在双点遥信引用表、双点遥控引用表、遥测表内拖曳相应的点表，如图 3-32 所示。

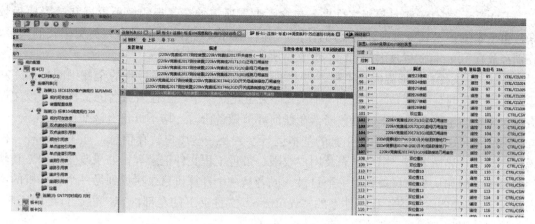

图 3-32　拖曳相应点表示意图

3.4.2　北京四方数据通信网关机

一、准备工作

开始进行远动调试工作时，需先确认 CSC1321 装置硬件是否正常，检查方法如下：

装置上电，电源灯亮。装置出厂时如未下配置，液晶应显示"四方欢迎你"或"请稍等"界面；如果下过配置，会有相应的插件通信状态、通道状态等显示。

通过前面板调试口连接装置，ping 装置内网 192.188.234.X，X 代表插件号（详细参见本文档的智能站远动系统调试手册概述），确认每块插件均能 ping 通，ftp 能够登录。

由于远动是综合自动化系统的一部分，可以共享监控已经完成的数据库，所以本文所讲解的制作方法是基于监控数据已经完成的条件下。

CSC1321 维护工具 \ applcation data 文件夹下，包含了模板数据、工程数据、运行参数、输出数据几个部分，如图 3-33 所示。

图 3-33　维护工具示意图

temp files 文件夹包含了通过维护工具生成的 CSC1321 运行数据，即装置运行所需的实际配置。执行输出打包后，工具将把数据输出到 temp files 文件夹下，以工程名命名的文件夹中。备份时必须备份该文件夹。

Template 文件夹工具模板文件夹。包含了配置所需的全部规约模板数据和装置模板数据，由于本维护工具提供中、英文两种界面，模板数据也相应提供了中、英文格式的模板，分别存放在 template 目录下的 ch 和 en 文件夹下。

projects 文件夹图形界面化工程。包含了工程配置数据及制作过程的全部中间数据。新建或还原工程时，维护工具会在 projects 文件夹下建立一个以工程名命名的文件夹，该文件夹下包含了该工程全部制作过程数据，在任何环节做备份时，均不可备份该文件夹。

runtime 文件夹包含了维护工具的基本运行参数及一些用户暂存信息，如工程路径、模板路径信息，界面语言、用户列表及用户权限、最近工程文件记录等，如果改变维护工具软件的目录（例如从一个目录到另一个目录、或者从一个计算机目录拷贝到另一个计算机的不同目录），需要删除维护工具软件下的"runtime"文件夹下的全部内容，再运行维护工具。否则该软件将出现无法正常输出打包等异常现象。

二、由 SCD 文件生成 61850 监控数据

远动是综自系统的一部分，远动的数据来源可以与监控共享，所以远动的 61850 监控数据可以由系统配置器经监控系统已有的 SCD 文件导入。

首先打开系统配置器，文件——打开工程——选择需要的 SCD 文件，如图 3-34 所示。

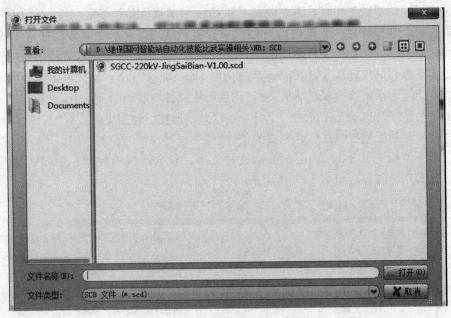

图 3-34　打开 SCD 文件示意图

然后在"工具"—"生成远动配置"弹窗如图 3-35 所示。

点击"非代理插件"，在其下方出现"非代理插件 1"把左侧窗口出现的测控装置拖拽到非代理插件下。保存路径需要自己选择，点选"远动格式"。会导出一个 61850CPU 文件夹，里面包含若干文件，如图 3-36 所示。

其中 61850cfg 内包含 csscfg.ini ，IED1 等一系列文件。如果有多个测控装置，那么就

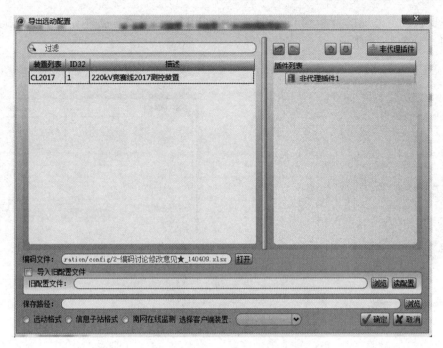

图 3-35 导出远动配置示意图

📁 61850cfg		2017/7/11 14:44	文件夹	
⊙ CL2017		2017/7/11 14:44	DAT 文件	46 KB
cpu.sys		2017/7/11 14:44	系统文件	1 KB
m61850.sys		2017/7/11 14:44	系统文件	1 KB

图 3-36 文件示意图

会有 IED1，IED2……

三、接入插件的配置

1321 软件用"新工程向导"，依照指示确定工程名，保存路径，其默认保存路径，如图 3-37 所示。

图 3-37 新工程向导示意图

下一步后，在出现的背板窗口分别点击主CPU，插件2，插件3配置其镜像类型为8247插件，如图3-38所示。

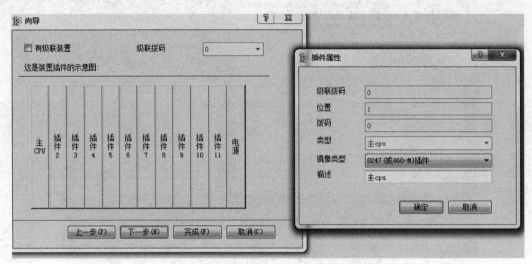

图3-38　选择插件类型示意图

所有需要用到的插件属性设置完毕后，下一步会出现弹窗显示刚才的所有配置，如图3-39所示。

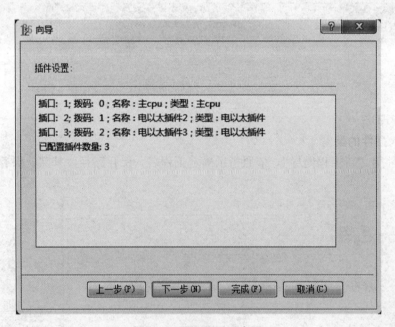

图3-39　配置展示示意图

下一步后点击完成，就完成了远动机的插件配置。在左侧的树出现"主CPU"、电以太网插件2、电以太网插件3。

主CPU主要对各分插件进行管理，并实现一些特殊功能，如果只是常规制作的话，需要设置的地方很少，大多采用默认设置即可。

电以太网插件 2 作为接入插件，需要配站内地址，如图 3-40 所示。

图 3-40 配置 IP 地址示意图

在电以太网插件 2 下的网卡处右键增加通道，设置通道名称为 61850，在窗口右侧设置该通道的"规约类型"是"接入规约"，在列表内选择"61850 接入"，如图 3-41 所示。

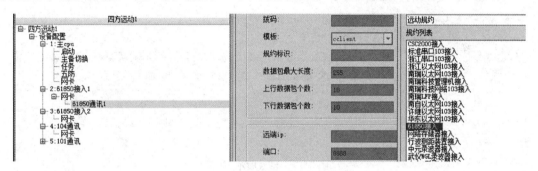

图 3-41 配置规约类型示意图

接下来是将该插件上的装置导进来，右键单击 61850 接入，出现图 3-42 所示界面。

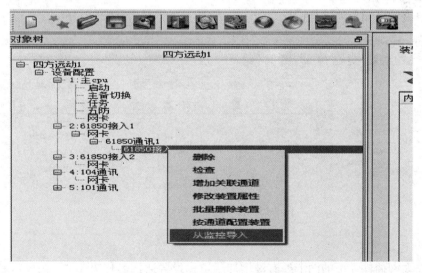

图 3-42 61850 接入示意图

在左侧树状目录下出现"61850 接入"，右键在下拉菜单内选择"从监控导入"，把系统配置器生成的 61850CPU 文件夹选中，单击确定后将导入插件 1 的装置，不管出现的错误提示,直到弹窗,如图 3-43 所示。

图 3-43 属性修改对话框示意图

需要把地区列增加内容,确定后就完成了测控装置内容的导入。设备导入成功后如图 3-44 所示,模板名称即装置实例化名称,服务器号即各个测控装置 IED 文件编号(十进制的),内部规约地址即远动点表中五字节 ID 的设备号,装置地址 1、2 即接入的各个装置的实际双网 IP 地址。

图 3-44 导入后示意图

四、远动插件的配置

1. 设置远动地址及掩码

根据给出的已知条件进行设置,如图 3-45 所示。本机 ip 是 192.168.1.6。

图 3-45 设置地址及掩码示意图

2. 增加远动通道

在电以太网插件 3 下的网卡处右键增加通道,设置通道名称为 104,在窗口右侧设置该通道的"规约类型"是"远动规约",在列表内选择"104 网络规约",如图 3-46 所示。

在出现的弹窗内配置,如图 3-47 所示。

图 3-46　增加远动通道示意图

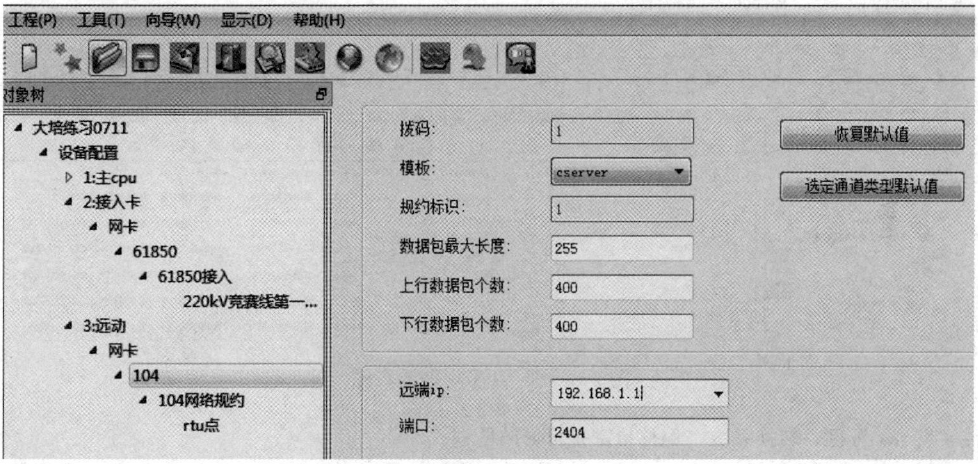

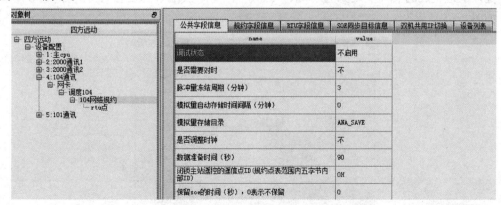

图 3-47　配置相关参数示意图

配置完成后，在左侧树的"104 网络规约"可以设置 104 规约的一些传输规则。单击 104 网络规约，在右面的窗口可以看到公共字段信息、规约字段现象和 RTU 字段信息等，如图 3-48 所示。

图 3-48　104 网络规约示意图

3. 配置四遥点表

点击"rtu 点"可以进行四遥表的设置。在右侧选中点增加即可。

遥信表的设置，如图 3-49 所示。

图 3-49　配置遥信表示意图

注：增加的点需要人工修改点号。

遥测表的设置，如图 3-50 所示。

图 3-50　配置遥测表示意图

注：点号、死区，转换系数、偏移量都是可修改的列。

遥控表同上述两表的做法。

全部远动做好后，保存工程，默认的路径在 1321 软件所在路径下的 application data/project/文件夹名。

五、工程下装

把该工程生成的文件下装到远动机，"工具"—"下装配置到装置"，弹窗内超级用户登录，如图 3-51 所示。

图 3-51　登录维护工具示意图

注：维护工具 1320-tools-new 需要登录才能进行配置下装和上载、模板管理等功能，默认登录级别是超级用户，用户名为 sifang，密码 8888。

确定后自动跳转到 ftp 的登录界面，如图 3-52 所示。

图 3-52　输入相关登录信息示意图

注 1：通过 FTP 和 telnet 对 CSC1321 装置的各插件进行访问的用户名为 target，密码 12345678。各插件内网 IP 地址 ＝192.188.234.X，X 为该插件所在的插槽位置。主 CPU 是 192.188.234.1，接入插件是 192.188.234.2，远动插件是192.188.234.3，当下装配置到远动机时，需要选主 CPU，即 192.188.234.1。

注 2：镜像文件需要下装到 tffs0a 或者 ata0a 目录下，如果二者都存在，只下装到 ata0a 目录下。

注 3：路径根据镜像类型不同自动生成，不需修改。

实现 61850 通信还需要用 ftp 工具把 61850 通信有关的文件夹 61850cfg 下装到接入插件的 tffs0a/下如图 3-53 所示。此时 ftp 连接的 IP 是 192.188.234.2。

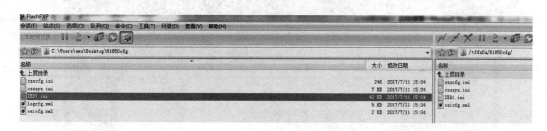

图 3-53　利用 ftp 工具示意图

检查 61850cfg 文件是否上传完整。

其次生成通信子系统文件。需要 telnet 登录插件，使用 cssGenfiles 命令输出 csssys.ini 文件，修改其实例号（fstInst）为 3 或 5（双机时分别为 3、5，不能重复），管理任务数（mgrNum）为 1（－N 插件可适当放大，建议不超过 5），文件生成后存在/tffs0a 目录下，需要将其 FTP 至/tffs0a/61850cfg 下，如图 3-54 所示。

3.4.3　南瑞科技数据通信网关机

南瑞科技的数据网关机与后台机是一体化设计，除了网络参数不同外，数据库配置基本一致，四遥参数设置可以参考后台机的遥信表（1090）、遥测表（1091）。

一、系统参数设置

NT＿engine.ini 文件配置，如图 3-55 所示。

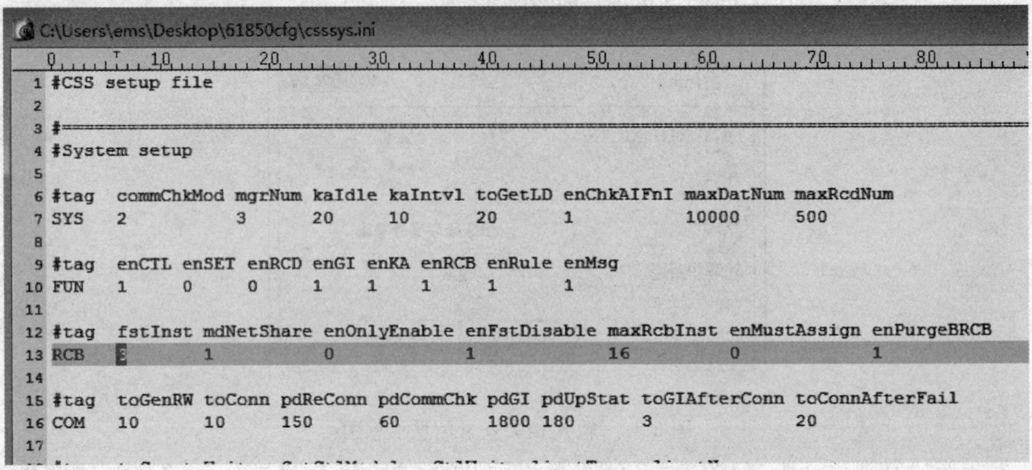

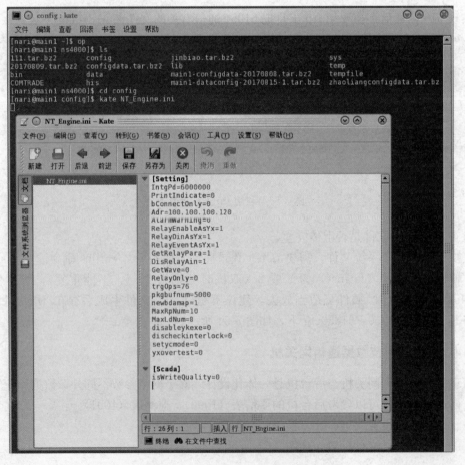

图 3-54　修改 csssys. ini 文件示意图

注：61850cfg 里主要包括四类和 61850 通信相关的文件，IEDxx. ini 文件是装置的 IED 文件，csscfg 文件是和下面装置通信的装置列表目录，osicfg. xml 是通信子系统相关的文件，csssys. ini 文件是通信子系统文件，前三个是从监控后台导出的时候自带的，以监控输出的为准，后者 csssys. ini 文件在之后的新建站中必须使用自己手动生成。

图 3-55　NT＿Engine 文件示意图

其中比较重要的参数有：

bConnectolny＝0，单连标记，置"1"时用于调试；

MaxRpNum＝15，Scd 中 IED 最大的 Rp 数；

MaxLdNum＝15，Scd 中 IED 最大的 Ld 数；

Disableykexe＝0，置"1"时禁止遥控。

sys＿setting 配置，如图 3-56 所示。

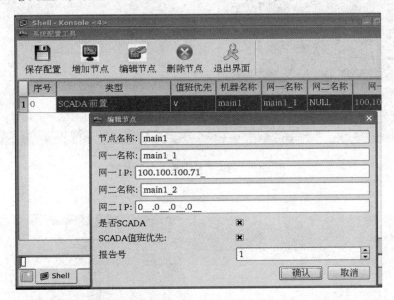

图 3-56　sys＿setting 示意图

sys＿setting 里面的地址需要与实际网卡保持一致，否则本机状态为 STOP。

报告号冲突、报告号过大：均可导致使能失败，正常范围 1-16。

修改方法：可以直接在后台机节点表 106 域直接进行修改保存，修改后需要重启 engine. exe 程序；也可以退出监控软件在 sys＿setting 里面修改。

建议：在 sys＿setting 里面修改，避免出现其他问题。

二、前置参数设置

打开一个终端，输入 bin，输入 frcfg，系统弹出界，如图 3-57 所示。

其中，TCPserver 为发送装置（IP 设置为对侧节点 IP 地址）报文的模式，一般用来实现远动机向对侧发送数据，对应选择的 lpd 规约应该是 s 开头的。TCPclient 为接收装置（IP 设置为对侧节点 IP 地址）报文模式，对侧节点 IP 地址填写所连接服务器的装置 IP，对应 lpd 规约为 r 开头的名称。对侧和本侧节点端口号按说明进行填写，点击"OK"，如图 3-58 所示。

串口类通信设置，选择串口规约，设置容量转发等与 104 一致。其中串口通信 com1 为服务器的相应一个串口，其中 com1 应该改为 ttyS1 或者 ttyM1 之类的格式，串口名称以目录/dev/下的设备文件名为准。通信速率和其他设置则根据现场提供的信息进行相应的设置，点击"OK"即可，如图 3-59 所示。

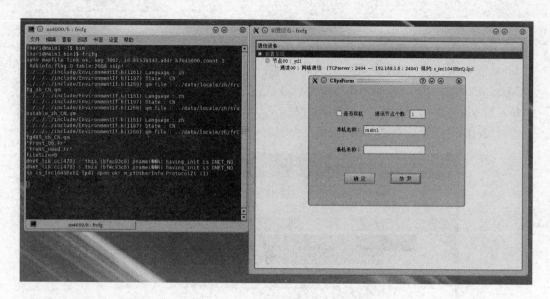

图 3-57　前置系统参数设置示意图

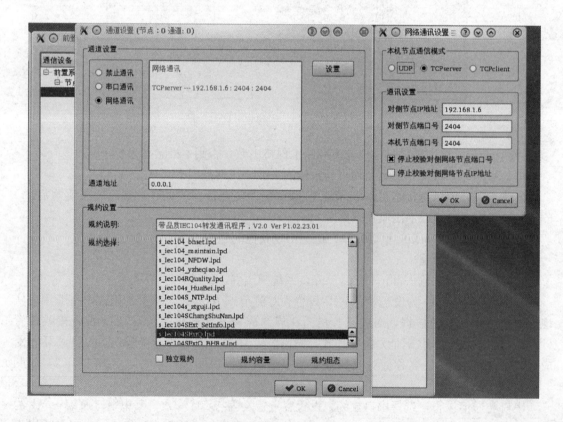

图 3-58　通道设置示意图

完成规约配置后可点击"OK"确认，进行远动选点工作，如图 3-60 所示。

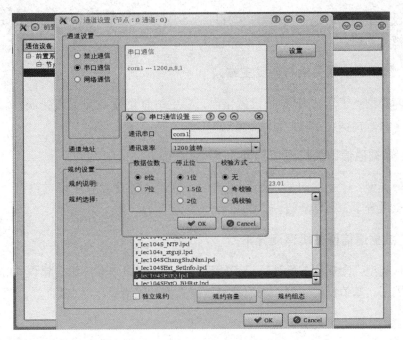

图 3-59　串口通信设置示意图

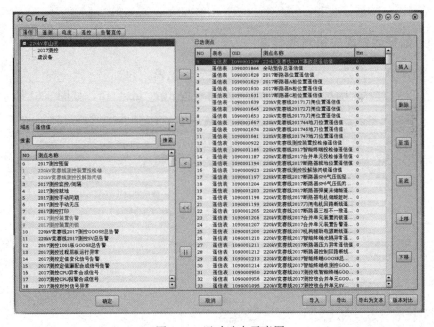

图 3-60　远动选点示意图

3.5　故　障　排　查

3.5.1　数据通信网关机与测控通信中断

常见故障类型：①通信网关机对下插件配置的网络地址与装置非同一网段；②通信网关

机与后台机设置了相同的报告实例号；③报告实例号数值过大，超出允许范围。④通信模块文件损坏或被人为修改。

3.5.2 数据通信网关机与调度主站

常见故障类型：①厂站 IP 地址设置错误；②主站前置 IP 地址设置错误；③装置内服务器端，客户端设置错误；④104 端口 2404 设置错误。

3.5.3 数据通信网关机遥信异常

常见故障类型：①遥信起始地址设置错误；②遥信转发表顺序设置错误；③遥信点取反；③遥信点设置了 10s 自复归。

3.5.4 数据通信网关机遥测异常

常见故障类型：①遥测起始地址设置错误；②遥测转发表顺序设置错误；③遥测点标度系数、参比因子、基值设置错误；④遥测点数据类型设置错误（浮点数）。

3.5.5 数据通信网关机遥控异常

常见故障类型：①遥控起始地址设置错误；②遥控转发表顺序设置错误；③104RTU 链路地址设置错误；④遥控使能。

3.5.6 数据通信网关机对时异常

操作系统时间设置内 sntp 对时源 IP 地址设置不正确。

sntpgps. sys 设置正确对时源 IP 地址，重启进程 ntp _ gps _ qt，如图 3-61 所示。

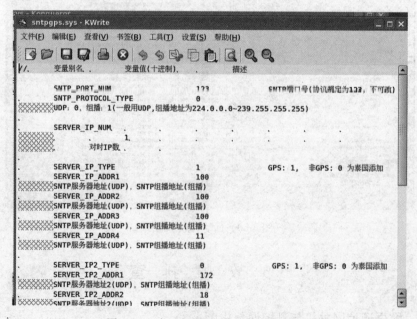

图 3-61 对 sntpgps. sys 正确配置示意图

第4章

后台机原理及实操技术

如今各个行业都在不断地朝着自动化方向发展。自动化（Automation）是指机器设备、系统或过程（生产、管理过程）在没有人或较少人的直接参与下，按照人的要求，经过自动检测、信息处理、分析判断、操纵控制，实现预期的目标的过程。

随着我国电力事业的飞速发展，电力系统中的变电运行设备在整个电力系统中都起着至关重要的作用。而变电运行系统中的后台监控系统在自动化技术普及的今天更是起着重要的管理作用，在目前我国新建变电系统中，基本都是综合自动化变电站。而传统的常规变电站也在逐步改造成自动化的变电站。同时，老式变电站中的集中控屏系统也被监控系统的后台管理系统所取代。

目前，后台监控系统广泛运用于各个电压等级的变电站，如计算机、计算机网络、自动化控制、电子通信等技术。后台监控系统自动化程度高，可靠性高，人机对话良好，信息传送完整、全面、错误率低。随着变电站自动化程度的加深和监控技术的改进，变电站后台监控系统在电力系统的运行中起着举足轻重的作用。

如今的变电站逐渐向无人值守的方向发展。若想实现无人值守，其中最为重要的部分就是变电站的后台监控系统。无人值守要求变电站后台监测要稳定、可靠，远程传输数据、操作信息准确无误。要想真正地实现可靠的遥控、遥测、遥调、遥信，在后台监控系统选用性能较好设备的同时，还需配备具有一定知识水平的运行、维护、管理人员。只有这样，既保证变电站安全可靠运行，又保证电网安全、经济运行。从世界的范围来看，后台监控系统还处于不断更新、改造的阶段，还没有相关的统一方案。目前，各厂家的监控软件也存在着多样化。

本章介绍如何有效的通过异常分析、处理方法，掌握监控系统四遥常见的异常现象及处理方法。通过举例说明几个不同厂家的监控软件，高效解决后台监控系统异常问题，探索更加完善的解决方案，保障电力系统安全稳定、高效可靠运行。

4.1 后台机原理

变电站后台机监控系统属于站控层网络，负责收集变电站测控装置采集到的所有遥测、遥信信息，并提供图形界面让变电站运行人员能监视、遥控操作变电站一次设备。

变电站断路器量、模拟量信号通过高压设备的二次部分（断路器、隔离开关辅助节点，电压互感器、电流互感器二次线路）传入相应合并单元、智能终端，经过合并单元、智能终端处理后通过光纤传输到测控装置、保护装置，测控装置、保护装置通过交换机连入以太网供后台、五防机提取，后台、五防机通过自身软件将各模拟量、断路器量、保护信息进行整合、处理，形成人机界面；同样，要实现远方控制，由人控制后台或五防机通过权限确认发出指令，通过以太网、通信机将指令发给测控或保护装置，测控或保护装置对指令进行确认、执行，从而能实现一次设备操作（断路器、隔离开关、中地刀）、辅助设备操作、保护定值更改、功能控制字更改、安全五防、模拟操作等控制功能。

220kV 及以上电压等级变电站应全站使用北斗或 GPS 对时，这样才能与电厂、调度统一时间，有利于具体运行的操作和管理，并为故障或事故后分析提供统一时间基准。

4.1.1　后台监控系统的实际运行

后台计算机应为一主用、一备用的运行模式，主机、备机都能独立的完成所有后台工作。运行人员日常巡视应重视后台、通信装置的运行状态。

一、主机选择问题

目前在一些变电站，由于后台监控机大量使用商用机、家用机和其他计算机，已经出现后台监控机损坏而不能正常运行的情况。后台监控机应选择工控机，由于后台监控机要求时实运行，处理的数据量比较大，响应速度快，而且处在强电磁环境，所以，一般普通计算机无法满足要求，在选择时应选择高性能工控机。高性能工控机能够在强电磁环境工作，抗干扰性能强，能够时实运行，硬件设备工作稳定性好，能够满足变电站后台监控系统安全稳定运行的要求。

二、后台监控系统电源问题

某些变电站仍然是用一般的交流电源为后台监控机供电，这样是极其不稳妥的，遇到全站的失压、自用电失电的时候，后台将失去电源导致瘫痪。这是对事故的处理、供电的恢复非常不利的。后台监控机应可靠接入电池容量足够的不间断供电的电源（UPS），全天候24h运行，这样才能保证后台在任何时候都能正常运行。

三、一次设备操作及五防

一次设备操作是后台系统的重要功能之一，通过后台计算机操作人员能通过自身权限远程操作一次设备，包括断路器的合、切隔离开关的推拉、变压器有载断路器的调档等操作。

许多变电站都配有五防机，操作人员在操作之前，需在五防机上模拟整个一次操作过程，五防机通过五防逻辑，判断操作人员的操作顺序是否有不符合安全规程的地方；然后进行真正的操作，整个操作过程在五防机的监控之下，操作人应完全按照先前通过五防逻辑的操作步骤进行，否则五防机拒绝继续操作，从而保证了操作的正确性。

四、监控、报警

监控后台在正常运行时应显示全站所有主要模拟量和断路器量的信息，包括母线电压、功率因数、各进线、支路、母联的电流、有载调压档位、变电站主接线图及运行方式图形表示等主要信息。

通过对保护装置、测控装置和后台本身的一些断路器、模拟量的定值设置，监控系统会根据变电站断路器、模拟量及其他量的变化通过后台向值班人员报警。报警应有音响、闪光等明显提示，报警信息应准确、完整、明确，报警应分级别，不同紧急程度用不同的闪光和音响。值班员应保持后台机音响的正常，交接班时应试验音响。

五、权限管理

由于当今的 220kV 站都采用远程微机操作，操作人只需在后台计算机上操作即可实现操作，后台功能的丰富甚至能使人在后台机上就能直接查询、修改保护装置的定值和其他参数，此功能应对运行值班人员禁用。这样的情况对于变电站的权限管理就显得尤为重要。有些变电站权限管理混乱，操作断路器都不需要密码，甚至管理员密码都是路人皆知，这是非常危险的。针对这方面的问题，要重视权限管理，一人一账户，密码只有自己知道，工程师、继保人员、运行人员的权限应有严格的划分。

六、备份与还原

1. 北京四方

备份：

（1）找到根目录下"csc2100＿home"文件夹下的"project"和"config"文件夹。

（2）拷贝这两个文件夹或是用"tar"命令压缩，放到指定目录。

还原：

（1）首先确认已关闭 csc2000-V2 系统，以在终端运行"scadaexit"，进程就会逐步退出。

（2）打开备份存放的目录，拷贝"project"和"config"文件夹，粘贴到根目录下"csc2100＿home"文件夹下，在弹出的覆盖提示时确认即可。

2. 国电南瑞

备份：

（1）控制台上选择"系统备份"菜单，出现如图 4-1 所示。

（2）选择相应需要备份的对象，点击"备份"，在弹出的路径选择对话框里选择合适的路径。默认应选择参数库数据，参数库中包含了程序的版本信息，因此备份了参数库的同时也就备份了系统程序。备份程序将在此路径下新建一个当前时间相关 nbkp＿yyyymmddhhmmss 的目录进行备份。

注意需要选择工程目录以外的路径进行备份，这里假设备份的路径是自己创建的一个备份路径/home/nari/bakup/，则生成的 nbkp＿yyyymmddh-hmmss 文件夹在/home/nari/bakup/目录下。

（3）将获得的备份文件或目录（nbkp＿yyyym-mddhhmmss）整体打包拷入 U 盘带回。或者使用发 ftp 工具将备份从机器上下载到笔记本带回。

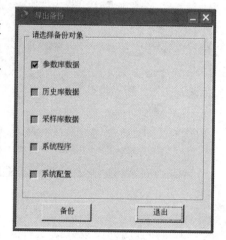

图 4-1　选择备份对象

还原：

（1）导入备份前必须先停运系统，如有需要请做好原系统备份。

（2）控制台上选择"系统还原"菜单，输入密码"naritech"之后，进入相应备份路径，点击之前备份文件夹 nbkp＿yyyymmddhhmmss，点击"Choose"，会出现如图 4-2 所示的界面。

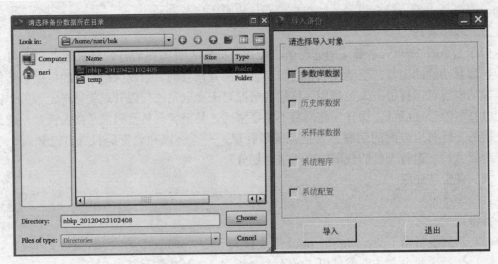

图 4-2   选择导入对象

（3）选择相应需要导入恢复的对象，点击"导入"，在弹出的覆盖提示时确认即可，在覆盖前置数据时，如果是后台数据往远动机恢复时，选择 NO。

3. 南瑞继保

备份：

（1）启动终端终端，输入"backup"命令，如图 4-3 所示。选择"系统备份工具"。

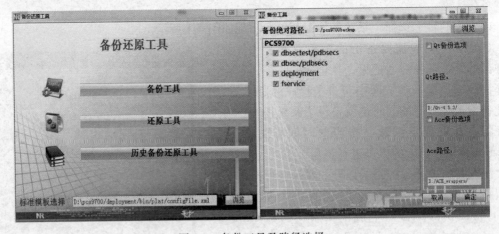

图 4-3   备份工具及路径选择

（2）等一段时间搜集数据以后接下来的界面选择要备份的目录，选择需要备份的目录（一般默认即可），确定以后会在 d：\pcs9700backup 下产生以时间命名的文件夹。

文件夹内包含以下几个文件：

backup_version 版本信息

pcs9700 deployment 下除 bin、etc、language 和 dbupdate 之外的其他文件夹

pcs9700.bin deployment 下 bin、etc/i18n etc/i18n-zh、language 文件夹

pcs9700.db dbsec 和 dbsectest 文件夹

pcs9700. etc deployment 下 etc 配置文件

pcs9700. fs fservice 文件夹

pcs9700. update deployment 下 update 文件夹，对运行没有影响

sophicDir. txt 备份的目录说明文档，安装时需要

还原：

（1）首先确认已关闭 pcs9700 系统，以在终端运行"sophic_stop"，接下来的界面输入"y"，进程就会逐步退出。

（2）在终端运行"backup"，选择"还原工具"。

（3）通过浏览来选择还原的文件，接着选定还原的方式（带节点信息还原、不带节点信息还原、自定义还原），最后点击下一步开始还原。如图 4-4 所示。

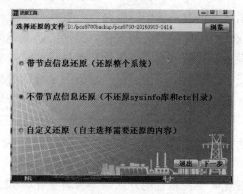

· 带节点信息还原：现场机器恢复时完整的数据还原。

· 不带节点信息还原：一般用在笔记本和现场服务器之间互相导数据。

· 自定义还原：可以任意选择需还原的内容。

注意：

（1）还原工具离线运行。

图 4-4 系统还原

（2）有多台机器的话先把主机网线拔掉，还原好确认正常后再把别的机器网线都拔掉，用还原好的机器接到现场网络。

4.1.2 后台监控系统的基本功能

后台监控主机是以实时库为核心的架构，其他模块如通信、历史、组态工具、VQC、拓扑、报警等都是通过实时库的接口访问实时库，实现各功能模块间的数据交换和共享。

实时数据库是在内存缓冲区保存电力系统运行的基本数据和实时数据，以提高系统的响应速度和处理能力，在各应用服务器下装实体，为其他客户端提供数据访问服务。其结构图如图 4-5 所示。

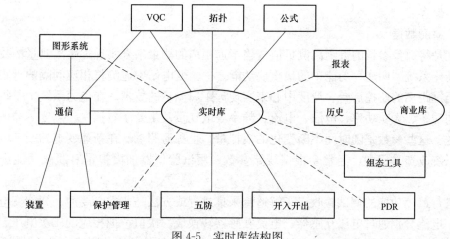

图 4-5 实时库结构图

目前调度自动化系统中后台监控系统的主要功能有遥测、遥信、遥控和遥调。

一、遥信数据

遥信是指远动通信数据的开入量，它是变电站设备的状态信号。设备的状态信号含变电站中断路器位置信号、隔离开关位置信号、继电保护动作信号、告警信号，以及一些运行状态信号，如厂站设备事故总信号、设备运行故障信号等。通常用1个或2个二进制位表示。

在电力系统的运行中，断路器的闭合或断开，直接关系到电网的结构，因此，它是电网调度运行监视中十分重要的信息，是需要实时监控的信号。

为了分析系统事故，遥信信号动作的先后顺序及准确的时间也成为自动化系统一个重要指标。电力系统中的断路器位置状态一般很少变化，一旦电力系统发生故障造成断路器动作或者产生保护状态的变化，必须快速准确采集遥信状态，以利于事故的处理。因此，自动化设备对遥信信息的采集处理就显得非常重要，并体现在快速和准确两个方面。

监控后台遥信数据异常原因及分析处理：

（1）遥信数据不刷新可分三种情况分别分析：

1）如果一个测控装置的所有遥信都不刷新，可查看监控后台与此测控装置间的通信是否正常，如通信中断，解决通信中断问题，如通信正常，可查看此测控装置是否有遥信电源。

2）如果只是单个或部分遥信不刷新，可查看测控装置的开入量，检查该遥信信号发生变化时测控装置的开入量是否有变化。如无变化，可检查采集遥信的相关装置的遥信节点状态是否正确，相应节点可通过遥信信息表，相关设备回路图纸查到，节点状态可看装置采集的状态，也可以通过万用表量节点确定；如有变化，则检查监控后台是否人工置数，如设置人工置数，那么遥信不会实时刷新，解除人工置数即可。

3）检查是否投入检修压板，装置检修压板的投入状态时，该装置的遥信信号被封锁。

（2）遥信值与实际值相反。遥信采集一般使用常开接点，当某一采集接点使用动断接点时，会出现遥信值与实际值相反的现象，可将该遥信参数中的取反项选中，或将采集接点改为常开接点使遥信状态与实际一致。

（3）遥信错位有两种情况，首先检查测控装置上的遥信电缆是否接错端子，接错就将其改正；其次，是遥信点关联错误，改正后保存。

（4）遥信名称错误可先确定遥信状态与实际一致，之后可以在遥信定义表中进行遥信名称修改，保存。

二、遥测数据

遥测是将对象参量的近距离测量值传输至远距离的测量站来实现远距离测量的技术。遥测是自动化系统"四遥"功能中的最重要功能之一。变电站中遥测将相应间隔的近距离测量值传输至远距离的监控后台、调度中心来实现远距离测量的技术。在电力系统中是指将厂站端的有功功率、无功功率、电压、电流、频率等电气量及主变压器挡位、温度等非电气量远距离传送。这些参数是随时间不断变化的模拟量，也称遥测量。在新建变电站或变电站综合自动化系统改造过程中，经常会根据线路参数，用试验仪器加模拟量对遥测功能进行调试验收。

要进行遥测功能的调试验收，了解遥测采集过程或方法是非常必要的。智能变电站的一次电压、电流分别通过电压互感器、电流互感器转换成二次值，把相应的二次电压、电流送入合并单元，合并单元采集电压、电流后通过光纤传送给测控装置，测控装置通过装置内设置的参数计算出一次值，通过网线直接将一次值传到监控后台，监控后台将接收到的值正确显示。

由上述可知，唯有保证电压互感器、电流互感器回路接线正确、合并单元到测控装置间、测控装置到后台监控系统间的通信正常、后台监控系统图库正确，遥测方能正确显示。换而言之，必须首先保证合并单元采集的二次电压、电流值正确，后台监控系统的遥测方可能正确。

监控员可以通过后台机监控系统的不同界面之间切换来监视调控实时数据。

主画面需要显示遥测信息，包括线路间隔的 I、P、Q 以及母线的三相电压以及变压器的档位值和一些必要的其他遥测信息，如图 4-6 所示。

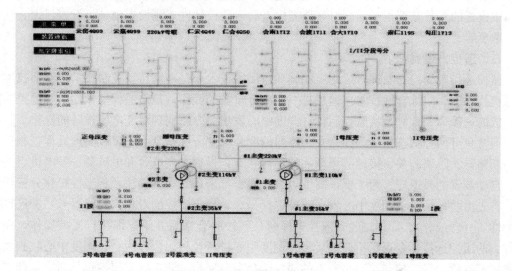

图 4-6　主画面

点击相关间隔可以进入间隔分图，如图 4-7 所示。

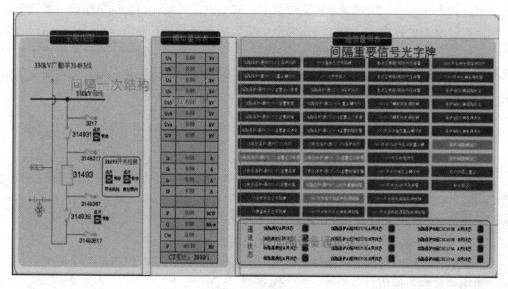

图 4-7　间隔分图

一个间隔分图,需要展示该间隔接线图,包含了间隔拓扑和各种断路器、隔离开关位置状态、间隔遥测信息、光字牌告警和压板状态。

监控后台遥测数据异常原因及分析处理:

(1)遥测数据不刷新可分两种情况。首先,如果一个测控装置的所有遥测都不刷新,可查看后台与此装置通信是否正常,如通信中断,解决通信中断的问题;其次,如果只是单个或部分遥测不刷新,可查看后台有没有人工置数,如果人工置数,那么遥测不会实时刷新,解除人工置数即可,在后台实时数据检索界面可以查看到装置上送的遥测是否刷新。

(2)监控后台的遥测数据异常首先可以查看测控装置上送的遥测是否正确,在后台实时数据检索界面的节点遥测可以查到装置上送的原始值,如原始值正确,那么就查看后台遥测界面中设置的系数是否正确。同时,还需检查后台监控软件遥测设置中是否设置封锁、残差值、取反等。

三、遥控、遥调

遥控是指对受控对象进行远距离控制和监测的技术,是利用自动控制技术、通信技术和计算机技术的一门综合性技术。遥控是一项十分重要的操作,是由遥控操作性质和遥控对象等组成的遥控命令。它是从监控后台、调度中心发出命令以实现对变电所设备的操作。这种命令通常只有两种状态指令,如命令断路器的"合"、"分"指令。它可以实现远程控制变电站内断路器、隔离开关、接地隔离开关的运行状态,投切补偿电容和电抗器、发电机组的启停、自动装置的投退等。为了保证高度可靠,通常都采用返送校核法,将遥控操作分三步完成,首先由监控后台、调度中心发送遥控选择命令,指定遥控的对象(断路器号)和遥控操作的性质(合或分)。厂站端收到遥控选择命令经校验合格后并不立即执行遥控操作,而是将收到的遥控选择命令返送给监控后台、调度中心进行校核。监控后台、调度中心收到返送的遥控信息后,经校核如与原来所发的遥控选择命令完全一致,就发遥控执行命令,即"遥控—返校—执行"。厂站端只有在收到遥控执行命令后才执行相应的遥控操作。

遥调(遥调信息)一般是指远方设定及调整所控设备的工作参数、标准参数等。遥调是监控后台、调度中心给厂站端发布的调节命令,实质上是厂站端设备的自动调节器设置整定值,因而这种遥调也称设定命令。设定命令中应包括调节对象号及设定数值。厂站端收到设定命令经检验合格后,将设定数值部分输出锁存。一般认为对遥调的可靠性的要求不如对遥控那样高,因而遥调大多不进行返送校核。在遥调过程中,如遇变化遥信,遥调命令应自动取消。

(一)遥控操作

1. 北京四方

直接左键单击设备,即可进行遥控操作,遥控之前必须要满足如下的条件:

(1)该节点是操作员站,如不是则按"开始→应用模块→系统管理→节点管理→节点应用程序设置"展开设置节点为"操作员站"。

(2)该设备已经匹配了遥控和遥信。

(3)该节点必须容许遥控,通过硬节点来闭锁。

(4)该遥控点所对应的逻辑闭锁遥信通过验证(可选)。即在组态工具中配置的遥控表中的逻辑闭锁点的遥信所对应的值为1,则该遥控点不能遥控。

(5)控点所在装置允许远方控制。

（6）通过了五防逻辑校验（可选）。

只有当上述的条件均满足后，可以出现遥控操作的对话框，如图 4-8 所示：

图 4-8　北京四方遥控操作界面

2. 国电南瑞

（1）首先以拥有遥控操作权限的用户登录到 NS3000 系统。

（2）在画面上右键单击要遥控的断路器或隔离开关，弹出操作菜单，选择遥控合或遥控分。

（3）在本机或其他机器上由监护员对同一断路器进行相同的操作，操作前输入用户名及其口令。

（4）遥控操作的画面弹出调度编号对话框，输入调度编号。

（5）出现遥控对话框，发用遥控选择命令。

（6）选择返校正确，发遥控执行命令。

（7）遥控执行命令发出后，等待遥信变位。

3. 南瑞继保

（1）在断路器隔离开关设备上点击鼠标左键，在弹出的设备属性对话框中选择"遥控"图标进行遥控；也可以用鼠标的右键快捷方式直接选择该对象遥控。

（2）在遥控对话框中，先输入调度编号 →点击"遥控选择"→输入操作人和监护人密码。

注：遥控的操作人和监护人不能是同一个人。

（3）如果正确的话，会在控制信息中显示"遥控选择成功"。选择成功后，"遥控选择"按钮位置会变成"遥控执行"按钮，点击执行。

其遥控界面如图 4-9 所示。

可能出现的错误及对应原因：

（1）遥控调度编号不匹配。

→输入的调度编号和要操作的设备编号不一致。

（2）密码正确但无权限。

→联系系统管理员，赋予相应权限或请更高权限的人员操作。

（3）遥控失败，操作人/监护人校验失败。

→密码输入错误，更正后重新输入。

（4）遥控选择超时。

→有可能测控屏上相应把手打在"就地"位置。

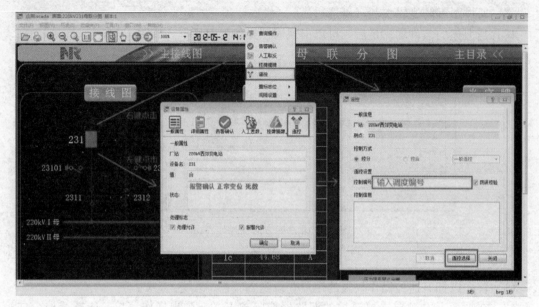

图 4-9   南瑞继保遥控操作界面

（5）五防校验超时。

→五防机上没有许可该操作。

（6）遥控执行超时。

→可能出口压板没有投入；操作电源没有给，机构操作把手打在"就地"；机构辅助接点故障；控分控合回路接反；遥控执行时间设置过短等。

（二）监控后台遥控数据异常原因及分析处理

（1）遥控选择不成功的原因分析：

1）装置有逻辑闭锁，在不满足条件时，禁止遥控，检查逻辑，使之正确，并满足条件。

2）装置面板有远方/就地切换按钮，在就地位置时，远方不能进行遥控，打到远方位置即可。

3）后台与装置通信中断，遥控指令不能发送到装置造成遥控选择不成功，解决通信中断问题即可。

4）后台遥控操作一般要与五防微机装置通信进行防误闭锁逻辑判断，如果五防校验没有通过，遥控选择将会失败，此时应检查五防微机的相关设置和参数是否正确。另外，后台与五防微机装置的通信中断，也会造成遥控选择失败。

（2）遥控执行不成功的原因分析：

1）判断测控装置有没有执行，一般测控装置都会有相应指示，在面板上有遥合、遥分指示，如未执行，可查通信，如装置执行了，但无遥信返回，可查看相应遥控出口压板有没有投入，或者设备实际已动作，而辅助节点状态未送上来。如以上情况都排除了，可查看测控装置出口到一次设备控制回路是否正常。

2）遥控相关遥信即遥控点判断遥信。在遥控操作前，以该遥信点判断可以进行遥控动作；在执行遥控操作后，系统通过对其对应遥信点的变化情况来判断遥控操作是否成功。所有遥控点必须定义该属性，否则无法执行遥控操作。遥控点的判断遥信定义错误，将造成遥控操作后，系统提示遥控执行不成功。

4.1.3　后台监控系统的通信原理

（1）IEC61850 是目前关于变电站通信网络和系统的最先进国际标准，我国许多电力企业都将全面使用 IEC61850 标准，可以有效降低变电站数据采集成本和维护费用，进而充分利用系统资源，提高变电站数据的可靠性，促进电力企业陆续推出很多符合 IEC61850 标准的产品。

（2）IEC61850 标准的主要内容包括含义完整的信息模式、通信模式等建模步骤，它是为了实现将功能先分解然后再组合的过程。IEC61850 标准为了实现不同厂家的 IED 之间的互操作性，通过标准的信息分层、面向对象的自我描述、数据对象统一建立模式以及通信服务映射等技术建立数据采集处理的无缝通信系统，而这种无缝通信系统广泛应用于变电站遥控数据的采集和处理过程，不仅加快了遥测数据采集和处理速度和效率，而且提高了变电站数据库的完整性、可靠性、互操作性、稳定性和信息可扩充性。

（3）IEC61850 标准的面向对象的自我描述特征是指利用面向对象的、面向应用开发的自我描述方式来采集处理数据信息，具体地说是指在数据源就对监控对象本身进行自我描述，使得接收方收到的数据都带有自我说明，不需要再对数据进行对应及标度转换等工作，使得不同设备之间、不同厂址之间实现数据接入互操作性，从而简化了对遥测数据的采集处理和维护过程，提高变电站遥信、遥测数据采集的速度。

4.2　故　障　排　查

自动化技术的发展是随着计算机的控制技术的发展以及保证电网安全、紧急、稳定、可靠运行密切相关。在调试和维护过程中，监控系统常遇到的一些问题，其中包括四遥异常引起的异常现象。通过后台监控系统四遥的常见异常及简单的处理分析，掌握监控系统四遥的常见异常现象及处理方法。

4.2.1　后台机监控软件无法启动

一、后台机操作系统以非正常用户登录

故障现象：后台机启动后进入桌面，桌面没有监控启动菜单，监控软件无法启动。

故障处理步骤和方法：

（1）在后台桌面右键菜单中启动终端。

（2）查看终端中显示的用户名，发现用非正常用户登录，注销用户，再以规定的用户登录系统，如 ems、app、nari 用户登录，如图 4-10 和图 4-11 所示。

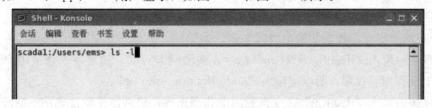

图 4-10　南瑞科技启动终端界面

图 4-11　南瑞继保启动终端界面

（3）检查是否正常登录，登录正常后即可启动监控软件，故障消除。

二、后台机网线插错网卡

故障现象：后台机监控软件无法启动。

故障处理步骤和方法：

（1）桌面右键启动终端，输入"ping 空格 ip 地址"命令查看网络是否连通。

（2）网络连通，数据包丢包率为 0，在终端输入"ifconfig"命令查看网卡状态，如图 4-12 所示。

（3）发现 running 的网卡状态信息，可以判断哪个网卡连接的网线。

（4）将网线挪到规定的网口上，核对 running 的网卡信息正确，启动监控软件成功，故障消除。

```
[root@localhost ~]# ifconfig
eth0      Link encap:Ethernet  HWaddr 00:50:56:8E:47:EE
          inet addr:192.168.1.118  Bcast:192.168.1.255  Mask:255.255.255.0
          inet6 addr: fe80::250:56ff:fe8e:47ee/64 Scope:Link
          UP BROADCAST RUNNING MULTICAST  MTU:1500  Metric:1
          RX packets:3327005 errors:0 dropped:0 overruns:0 frame:0
          TX packets:131478 errors:0 dropped:0 overruns:0 carrier:0
          collisions:0 txqueuelen:1000
          RX bytes:759499594 (724.3 MiB)  TX bytes:10064162 (9.5 MiB)

lo        Link encap:Local Loopback
          inet addr:127.0.0.1  Mask:255.0.0.0
          inet6 addr: ::1/128 Scope:Host
          UP LOOPBACK RUNNING  MTU:16436  Metric:1
          RX packets:38610316 errors:0 dropped:0 overruns:0 frame:0
```

图 4-12　查看网卡状态界面

三、后台机网卡未激活

故障现象：后台机无法启动监控软件。

故障处理步骤和方法：

（1）桌面右键启动终端，输入"ifconfig"命令查看网卡状态。

（2）发现终端里看不到所使用的网卡信息，可以确定该网卡已被禁用。输入"ifconfig-a"显示所有网卡信息，找到使用中的网卡名，如 eth0。

（3）终端内输入"ifconfig eth0 up"命令，激活网卡 eth0。如果系统登录用户为非超级用户，由于没有相应权限，所以应输入"sudo ifconfig eth0 up"。

（4）终端内输入"ifconfig"命令查看网卡状态正确，启动监控软件成功，故障消除。

四、后台机监控软件安装目录名称不正确

故障现象：后台机无法启动监控软件。

故障处理步骤和方法：

（1）检查监控系统软件的安装目录，发现目录名称不正确。

（2）将文件夹名称修改为正确的目录名称，如 CSC ＿ 2100home、NS4000、PCS9700 等。

（3）再次启动监控程序，监控启动正常，故障消除。

五、监控系统的主机名不是 SCADA1

故障现象：后台机无法启动监控软件。

故障处理步骤和方法：

1．北京四方

（1）开启终端输入"install"命令，点击下一步，设置系统文件 config. sys，检查监控系统的主数据库服务器名、主服务器机器名、本机机器名。

（2）修改成正确的主数据库服务器名、主服务器机器名、本机机器名，设置后确定，一直点击下一步，最后安装。

（3）再次启动监控程序，监控启动正常，故障消除。如图 4-13 所示。

2．国电南瑞

（1）开启终端输入"bin"命令，回车再输入"STOP"命令彻底关闭监控系统。

（2）接着输入"sys ＿ setting"命令，检查后台监控系统的节点名称。

（3）修改正确后，点击确定，输入密码"naritech"保存设置。如图 4-14 所示。

（4）输入"./start"命令，启动监控软件，后台机监控系统正常启动，故障消除。

图 4-13　设置正确的主数据库服务名

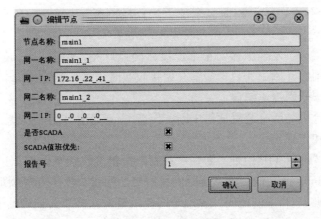

图 4-14　检查节点名称

3. 南瑞继保

（1）在终端中输入 "vi/etc/hosts.ini" 命令，用 vi 编辑器打开 hosts 配置文件。

（2）按一下 "i" 开始编辑，修改监控系统的主机名称。修改完按两次 "Esc"，再输入 "：wq" 命令保存退出。如图 4-15 所示。

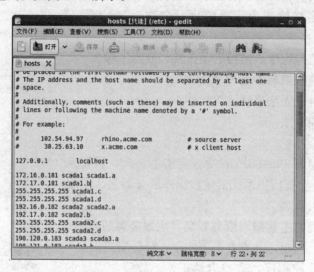

图 4-15 修改 hosts 文件配置

（3）再次启动监控程序，监控启动正常，故障消除。

4.2.2 后台机通信中断

一、后台机网线虚接

故障现象：后台机系统正常启动，后台画面不刷新、告警实时框内无任何装置的有效变位或告警信息、链路通信中断。

故障处理步骤和方法：

（1）终端输入 "ping（IP 地址）" 命令观察数据包接收状态；或者观察后台机主机箱网线接口灯的状态。

（2）发现 ping 不通，显示数据包全部丢失；或网线接口灯未亮，表示物理连接存在异常。

（3）检查网线接口，发现虚接，正常连接后网口灯亮，也可以 ping 通，等待 1～2min后台机通信恢复，画面开始刷新，告警框开始接收实时信息，消除故障。

二、后台机网卡子网掩码错误

故障现象：后台机与所有装置通信中断，但能 ping 通所有测控装置。

故障处理方法和步骤：

（1）终端输入 "ping（IP 地址）" 命令观察数据包接收状态。

（2）发现可以 ping 通其他装置，排除网线虚接、网线头没压好等物理连接错误的可能。

（3）检查后台机 IP 和子网掩码，发现子网掩码错误，修改为正确的子网掩码。

（4）修改正确后，后台机通信恢复正常，故障消除。

三、后台机网卡 IP 地址设置错误

故障现象：后台机无法启动监控软件。

故障处理步骤和方法：

（1）桌面右键启动终端，输入"ping 格（IP 地址）"命令查看网络是否连通。

（2）网络连通，数据包丢包率为 0，在终端输入"ifconfig"命令查看网卡状态。

（3）发现网卡 running 状态正常，但是 IP 设置错误。

（4）在终端中输入"vi/etc/sysconfig/network-scripts/ifcfg-eth0"命令，用 vi 编辑器打开网卡 eth0 配置文件，如图 4-16 所示。

图 4-16　修改 eth0 配置文件

（5）按一下"i"开始编辑，修改 IP 地址、子网掩码、网关、DNS 等。修改完按两次"Esc"，再输入"：wq"命令保存退出。

（6）Linux 下修改网络设置后无需重启计算机，只需要重新启动相关的设置选项即可。网络设置修改之后，终端内输入"service network restart"命令，重新启动网络设置。

（7）启动后台监控软件成功，故障消除。

四、监控软件的主机 IP 地址错误

故障现象：后台机无法启动监控软件。

故障处理步骤和方法：

1. 北京四方

（1）开启终端输入"install"命令，检查监控系统的主服务器 IP 和本机 IP 地址。

（2）修改成正确的主服务器 IP 和本机 IP 地址，设置后确定，完成安装。

（3）再次启动监控程序，监控启动正常，故障消除。

2. 国电南瑞

（1）开启终端输入"bin"命令，回车再输入"STOP"命令彻底关闭监控系统。

（2）接着输入"sys _ setting"命令，检查监控系统的网一 IP、网二 IP 地址。

（3）修改正确后，点击确定，输入密码"naritech"保存设置。

（4）输入"./start"命令，启动监控软件，后台机监控系统正常启动，故障消除。

3. 南瑞继保

（1）在终端中输入"vi/etc/hosts. ini"命令，用 vi 编辑器打开 hosts 配置文件。

（2）按一下"i"开始编辑，修改监控系统的 IP 地址。修改完按两次"Esc"，再输入
"：wq"命令保存退出。

（3）再次启动监控程序，监控启动正常，故障消除。

五、后台机的报告实例号不合理或与远动的报告实例号相同

故障现象：后台机监控系统画面不刷新、告警窗无任何变位信息和实时告警信息、通信
中断。

故障处理步骤和方法：

1. 北京四方

（1）查找后台机监控系统的报告实例号相关文件（Linux 操作系统为例），文件路径为
主目录下"project/61850cfg/csscfg.ini"。如图 4-17 所示：

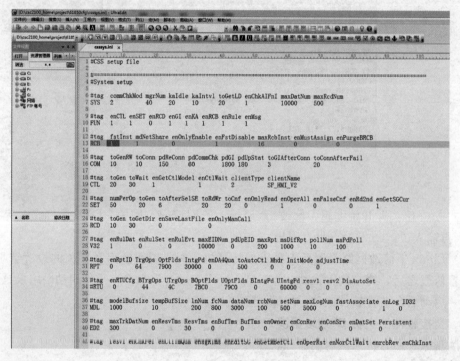

图 4-17　查看实例号

（2）打开 csscfg.ini 文件，检查 fstInst 下的数字是否合理（如 1～16 范围内），且与其
他设备的报告实例号是否冲突，导致某设备占用了应由后台机使用的报告实例号，使后台通
信中断。

（3）将后台机的报告实例号改成合理数，重启监控系统，后台机通信正常，故障消除。

2. 国电南瑞

（1）开启终端输入"bin"命令，回车再输入"STOP"命令彻底关闭监控系统。

（2）接着输入"sys_setting"命令，检查监控主机 61850 报告号是否合理（如 1～16
范围内），且与其他设备的报告实例号是否冲突，导致某设备占用了应由后台机使用的报告
实例号，使后台通信中断。

（3）将后台机的报告实例号改成不同于远动实例号的合理数，点击确定，输入密码

"naritech"保存设置。

（4）输入"./start"命令，启动监控软件，后台机监控系统通信正常，故障消除。

3. 南瑞继保

（1）查找后台机监控系统的报告实例号相关通信文件，文件路径为主目录下"pcs9700/deployment/etc/fe/inst. ini"。

（2）打开 inst. ini 文件，检查文件内报告实例号是否与远动实例号冲突，先通则通，后通则不通。

（3）将后台机的报告实例号修改为正确的实例号，重启后台机通信正常，故障消除。

六、后台机的监控系统报告无法突变上送

故障现象：后台画面数据刷新较慢，疑似通信故障。

故障处理步骤和方法：

1. 北京四方

（1）查找后台机监控系统的报告实例号相关文件（Linux 操作系统为例），文件路径为主目录下"project/61850cfg/csscfg. ini"。

（2）打开 csscfg. ini 文件，检查 TrgOps 下的数字是否合理，该数字代表报告控制块的上送方式。

（3）将该数字改为 64，保存文件。后台机监控系统遥测遥信开始突变上送，恢复正常，故障消除。

TrgOps：

0	1	2	3	|	4	5	6	7	十六进制（H）	说明
0	1	0	0	|	0	0	0	0	40	数据变化
0	0	1	0	|	0	0	0	0	20	品质变化
0	0	0	1	|	0	0	0	0	10	数据刷新
0	0	0	0	|	1	0	0	0	08	周期
0	0	0	0	|	0	1	0	0	04	总召

（注：每个厂家的后台机监控系统报告控制块设置并不相同。）

2. 国电南瑞

（1）查找后台机监控系统的报告控制块设置相关文件（Linux 操作系统为例），文件路径为"/ns3000/config/NT _ Engine.ini"，打开 NT _ Engine.ini 文件。

（2）检查 TrgOps 的值是否合理，该数字代表报告控制块的上送方式。

（3）将该数字改为 76，保存文件。后台机监控系统遥测遥信开始突变上送，恢复正常，故障消除。如图 4-18 所示。

3. 南瑞继保

（1）通过控制台，点击"开始—维护程序—数据库组态"打开数据库组态工具。

（2）解锁数据库组态工具界面后，按"数据库—操作—报告控制块"顺序打开报告控制块设置对话框，检查 BRCB 和 URCB 设置中的触发条件。

（3）勾选"数据发生变化（dchg）"、"响应总召"和"周期上送（period）"选项。BRCB 和 URCB 标签必须分别"确认"。后台机监控系统遥测遥信开始突变上送，恢复正常，故障消除。如图 4-19 所示。

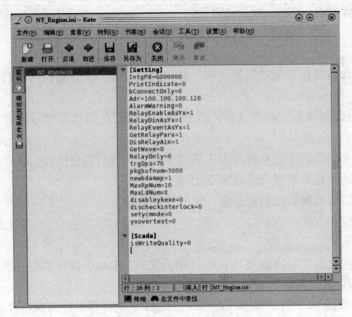

图 4-18 查看报告控制块相关配置

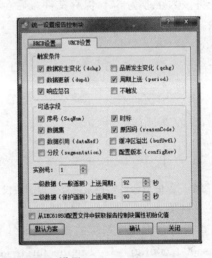

图 4-19 查看 BRCB 和 URCB 设置

4.2.3 遥信相关故障

一、后台机某遥信设置人工置数

故障现象：某遥信信号实际动作时，在后台显示的此遥信值不符合现场实际状态，遥信数据不再刷新。

故障处理步骤和方法：

1. 北京四方

（1）在实时监控画面中设备上点右键，在弹出菜单中选择遥信置位，出现遥信置位的界面。

（2）如果此遥信的状态（如断路器位置）有四态，则会出现四个图符，不同的图符对应不同的遥信状态。点"取消遥信置位"，即恢复到原来的状态。

（3）检查后台显示的遥信点是否与实际一致，故障消除。如图4-20所示：

2. 国电南瑞

（1）点击控制台系统配置（第一个图标），单击"系统组态"打开数据库组态工具。如图4-21所示。

（2）数据库组态工具页面中选择"变电站—量测类—遥信表"，在相关遥信信号的域中找到第60项"人工置数"选项，检查是否勾上"√"，将"√"改为"×"。

图4-20　遥信置位界面

图4-21　系统组态界面

（3）检查后台显示的遥信点是否与实际一致，故障消除。

3. 南瑞继保

（1）在实时监控画面中用鼠标双击该遥信点对应的图标，将弹出"遥信操作"的对话框。

（2）检查对话框中的状态，发现有"人工置数"的红色字样，表示处于选中状态。点击上方"人工置数"选项下拉菜单中的"取消置数"，输入密码，取消人工置数的状态。如图4-22所示。

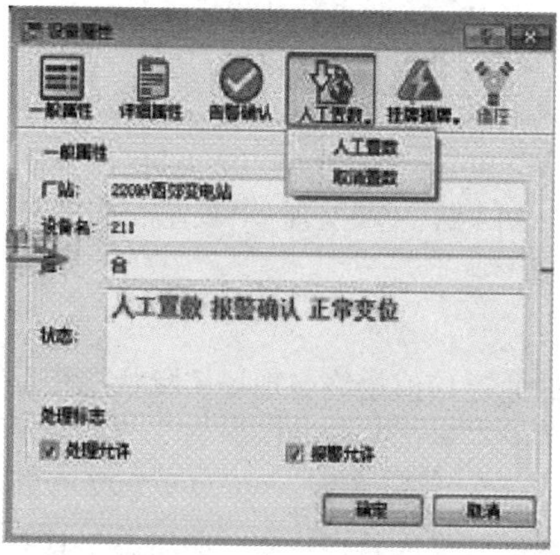

（3）核对该遥信信号状态与实际状态是否一致，确实一致，故障消除。

二、后台机某遥信设置封锁

故障现象：某遥信信号实际动作时，在后台显示的此遥信值不符合现场实际状态，没有任何变化。

图4-22　人工置数界面

故障处理步骤和方法：

1. 北京四方

（1）打开实时库组态工具，依照"开始—应用模块—数据库管理—实时库组态工具"顺序打开。

（2）打开"相关间隔—遥信量"界面，检查有关信号的"标志"项下"扫描使能"是否被勾上"√"。

（3）选中"扫描使能"，后台显示的遥信点与实际一致，故障消除。如图4-23所示。

2. 国电南瑞

（1）点击控制台系统配置（第一个图标），单击"系统组态"打开数据库组态工具。

（2）数据库组态工具页面中选择"变电站—量测类—遥信表"，在相关遥信信号的域中找到第36项"被封锁"选项，检查是否勾上"√"，将"√"改为"×"。

（3）检查后台显示的遥信点是否与实际一致，故障消除。

3. 南瑞继保

（1）通过控制台，点击"开始—维护程序—数据库组态"打开数据库组态工具。

（2）依次选择"采集点配置—厂站分支—变电站—间隔—装置测点—遥信"，进入相关遥信界面，找到异常遥信点，检查"允许标记"选项下"处理允许"是否被勾上"√"。

（3）选中"处理允许"标记，核对该遥信信号状态与实际状态是否一致，确实一致，故障消除。如图4-24所示。

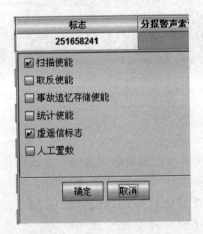

图4-23 检查扫描使能界面

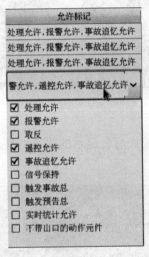

图4-24 检查处理允许设置界面

三、后台机某遥信设置取反

故障现象：某遥信信号实际动作时，在后台显示的此遥信值始终与现场实际状态相反。

故障处理步骤和方法：

1. 北京四方

（1）打开实时库组态工具，依照"开始—应用模块—数据库管理—实时库组态工具"顺序打开。

（2）打开"相关间隔—遥信量"界面，检查有关信号的"标志"项下"取反使能"是否被勾上"√"。

（3）将"取反使能"勾掉，后台显示的遥信点与实际一致，故障消除。

2. 国电南瑞

（1）点击控制台系统配置（第一个图标），单击"系统组态"打开数据库组态工具。

（2）数据库组态工具页面中选择"变电站—量测类—遥信表"，在相关遥信信号的域中找到第71项"置反"选项，检查是否勾上"√"，将"√"改为"×"。

（3）检查后台显示的遥信点是否与实际一致，故障消除。

3. 南瑞继保

（1）通过控制台，点击"开始—维护程序—数据库组态"打开数据库组态工具。

（2）依次选择"采集点配置—厂站分支—变电站—间隔—装置测点—遥信"，进入相关遥信界面，找到异常遥信点，检查"允许标记"选项下"取反"是否被勾上"√"。

（3）取消"取反"标记，核对该遥信信号状态与实际状态是否一致，确实一致，故障消除。

四、后台机监控画面隔离开关定义错误

故障现象：

某隔离开关发生变位时，在后台画面显示发生变位的是其他隔离开关。

故障处理步骤和方法：

1. 北京四方

（1）打开图形编辑界面，依照"开始—应用模块—图形系统—图形编辑"顺序打开。

（2）进入图形编辑界面，打开主界面图，双击相关隔离开关，检查关联该隔离开关图元的遥信点是否正确。

（3）关联正确的遥信点，点击保存，同样的方法改间隔分图中的该隔离开关关联遥信点。核对后台画面中隔离开关变位是否与实际一致，故障消除。如图4-25所示：

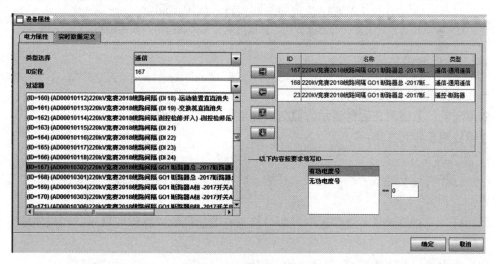

图4-25 遥信点关联界面

2. 国电南瑞

（1）点击控制台系统配置（第一个图标），单击"图形编辑"打开图形编辑界面。

（2）进入图形编辑界面，打开主界面图，双击相关隔离开关，选择连接数据库，最后打开前景数据选择—标准对话框，检查关联该隔离开关图元的遥信点是否正确。

（3）关联正确的遥信点，点击保存，同样的方法改间隔分图中的该隔离开关关联遥信点。核对后台画面中隔离开关变位是否与实际一致，故障消除。如图 4-26 所示。

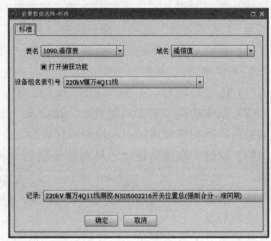

图 4-26 关联正确的遥信点界面

3. 南瑞继保

（1）通过控制台，点击"开始—维护程序—图形组态"打开图形组态工具。

（2）进入图形编辑界面，打开主界面图，双击相关隔离开关，检查关联该隔离开关图元的遥信点是否正确。

（3）关联正确的遥信点，点击保存，同样的方法改间隔分图中的该隔离开关关联遥信点。核对后台画面中隔离开关变位是否与实际一致，故障消除。

（注：光字牌、压板等定义错误的修改方法与修改隔离开关关联遥信点方法相同。）

4.2.4 遥测相关故障

一、后台机某遥测设置封锁

故障现象：某遥测在后台显示的值与实际值不符，不实时更新。

故障处理步骤和方法：

1. 北京四方

（1）打开实时库组态工具，依照"开始—应用模块—数据库管理—实时库组态工具"顺序打开。

（2）打开"相关间隔—遥测量"界面，检查有关信号的"标志"项下"扫描使能"是否被勾上"√"。

（3）选中"扫描使能"，后台显示的遥测值与实际值确实一致，故障消除。

2. 国电南瑞

（1）点击控制台系统配置（第一个图标），单击"系统组态"打开数据库组态工具。

（2）数据库组态工具页面中选择"变电站—量测类—遥测表"，在相关遥测点的域中找到第 111 项"人工封锁"选项，检查其选择状态。

（3）将"人工封锁"选项状态的"√"改为"×"，检查后台显示的遥测值，发现与实际确实一致，故障消除。

3. 南瑞继保

（1）通过控制台，点击"开始—维护程序—数据库组态"打开数据库组态工具。

（2）依次选择"采集点配置—厂站分支—变电站—间隔—装置测点—遥测"，进入相关遥测界面，找到异常遥测点，检查"允许标记"选项下"处理允许"的状态。

（3）勾上"处理允许"标记"√"，核对后台显示的遥测值，发现与实际确实一致，故障消除。

二、后台机某遥测死区设置过大

故障现象：某遥测在后台显示的值与实际值不符，实时库原始值不刷新。

故障处理步骤和方法：

1. 北京四方

（1）打开实时库组态工具，依照"开始—应用模块—数据库管理—实时库组态工具"顺序打开。

（2）打开"相关间隔—遥测量"界面，检查有关遥测点的"死区"一项。原始值要大于死区值，后台机才能接收到原始值，死区值不宜设置过大。

（3）将"死区"值改为 0，保存后检查后台显示的遥测值与实际值确实一致，故障消除。

2. 国电南瑞

（1）点击控制台系统配置（第一个图标），单击"系统组态"打开数据库组态工具。

（2）数据库组态工具页面中选择"变电站—量测类—遥测表"，在相关遥测点的域中找到第 20～23 项，原始值只有在"有效上限"、"有效下限"之间的范围内，后台机才能接收到原始值。

（3）将上限值改为默认值 50000，下限值改为默认值 −50000，保存后检查后台显示的遥测值，发现与实际确实一致，故障消除。

3. 南瑞继保

（1）通过控制台，点击"开始—维护程序—数据库组态"打开数据库组态工具。

（2）依次选择"采集点配置—厂站分支—变电站—间隔—装置测点—遥测"，进入相关遥测界面，找到异常遥测点，检查"死区"的值。原始值要大于死区值，后台机才能接收到原始值，死区值不宜设置过大。

（3）将"死区"值改为 0，保存后检查后台显示的遥测值与实际值确实一致，故障消除。

三、后台机某遥测设置了人工置数

故障现象：某遥测在后台显示的值与实际值不符，遥测值始终是一个固定值。

故障处理步骤和方法：

1. 北京四方

（1）打开后台实时监控画面，进入异常遥测值相关的间隔分图。

（2）一般设置了人工置数的遥测值颜色会不同于其他正常遥测值。检查间隔分图内的遥测值一栏是否有特殊颜色的遥测值。

（3）发现有人工置数的遥测值，在相关遥测值上点击右键，在弹出菜单中选择遥测设

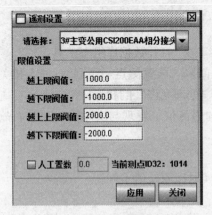

图 4-27　遥测设置界面

置，出现遥测设置的界面，如图 4-27 所示。

（4）将"人工置数"前面按钮的"√"去掉，修改后点"应用"按钮即可。检查后台显示的遥测值，发现与实际确实一致，故障消除。

2. 国电南瑞

（1）点击控制台系统配置（第一个图标），单击"系统组态"打开数据库组态工具。

（2）数据库组态工具页面中选择"变电站—量测类—遥测表"，在相关遥测点的域中找到第 134 项"人工置数"，检查该选项状态是否勾上"√"。

（3）将"人工置数"的"√"修改为"×"，保存刷新数据库后检查后台显示的遥测值，发现与实际确实一致，故障消除。

3. 南瑞继保

（1）打开后台实时监控画面，进入异常遥测值相关的间隔分图。

（2）检查间隔分图内的遥测值一栏是否有特殊颜色的遥测值。人工置数的遥测值会以明亮的浅蓝色标注。

（3）发现有人工置数的遥测值，在相关遥测值上点击左键，在弹出属性菜单中选择"人工置数"，出现下拉菜单"取消置数"。点击"取消置数"弹出输入密码界面，使用有权限的用户名，输入相应密码后点击确定。取消人工置数后检查后台显示的遥测值，发现与实际确实一致，故障消除。

四、后台机某遥测设置的系数不对

故障现象：某遥测在后台显示的值与实际值不符。

故障处理步骤和方法：

1. 北京四方

（1）打开实时库组态工具，依照"开始—应用模块—数据库管理—实时库组态工具"顺序打开。

（2）打开"相关间隔—遥测量"界面，检查有关遥测点的"系数"一项。

（3）一般测控都是直接上送一次值，将"系数"值直接改为 1 即可，保存后检查后台显示的遥测值与实际值确实一致，故障消除。

2. 国电南瑞

（1）点击控制台系统配置（第一个图标），单击"系统组态"打开数据库组态工具。

（2）数据库组态工具页面中选择"变电站—量测类—遥测表"，检查相关遥测点记录中的域 16 之后为标度系数 a、参比因子 b、基值 c，假设 scada 系统上送的值值为 x，最终的数据库显示的遥测值为 y，则对应关系为 $y = a \times x/b + c$。一般一、二次变比系数都在测控装置上处理了，不需要在后台配置。在老站改造时可能有系数配置。

（3）将"标度系数"、"参比因子"改为 1，保存并刷新后检查后台显示的遥测值，发现与实际确实一致，故障消除。

3. 南瑞继保

（1）通过控制台，点击"开始—维护程序—数据库组态"打开数据库组态工具。

（2）依次选择"采集点配置—厂站分支—变电站—间隔—装置测点—遥测"，进入相关遥测界面，找到异常遥测点，检查"系数"的值。

（3）将"系数"值改为 1，保存后检查后台显示的遥测值与实际值确实一致，故障消除。

五、后台机某遥测设置的偏移量非 0

故障现象：某遥测在后台显示的值与实际值不符。

故障处理步骤和方法：

1. 北京四方

（1）打开实时库组态工具，依照"开始—应用模块—数据库管理—实时库组态工具"顺序打开。

（2）打开"相关间隔—遥测量"界面，检查有关遥测点的"偏移量"一项。

（3）将"偏移量"值改为 0 即可，保存后检查后台显示的遥测值与实际值确实一致，故障消除。

2. 国电南瑞

（1）点击控制台系统配置（第一个图标），单击"系统组态"打开数据库组态工具。

（2）数据库组态工具页面中选择"变电站—量测类—遥测表"，检查相关遥测点记录中的域中第 24 项"残差"值。

（3）将"残差"值改为 0，保存并刷新后检查后台显示的遥测值，发现与实际确实一致，故障消除。

3. 南瑞继保

（1）通过控制台，点击"开始—维护程序—数据库组态"打开数据库组态工具。

（2）依次选择"采集点配置—厂站分支—变电站—间隔—装置测点—遥测"，进入相关遥测界面，找到异常遥测点，检查"校正值"和"残差"的值。

（3）将"校正值"和"残差"值改为 0，保存后检查后台显示的遥测值与实际值确实一致，故障消除。

六、后台机监控画面遥测定义错误

故障现象：某遥测在后台显示的值与实际值不符。

故障处理步骤和方法：

1. 北京四方

（1）打开图形编辑界面，依照"开始—应用模块—图形系统—图形编辑"顺序打开。

（2）进入图形编辑界面，打开间隔分图，双击相关异常遥测点的数值，检查关联该遥测值的遥测点是否正确。

（3）关联正确的遥测点，点击保存。核对后台画面中遥测值刷新是否与实际一致，故障消除。

2. 国电南瑞

（1）点击控制台系统配置（第一个图标），单击"图形编辑"打开图形编辑界面。

（2）进入图形编辑界面，打开间隔分图，双击相关遥测值，选择联接数据库，最后打开前景数据选择—标准对话框，检查关联该隔离开关图元的遥信点是否正确。

（3）关联正确的遥测点，点击保存。核对后台画面中遥测值刷新是否与实际一致，故障消除。

3. 南瑞继保

（1）通过控制台，点击"开始—维护程序—图形组态"打开图形组态工具。

（2）进入图形编辑界面，打开间隔分图，双击相关遥测值，检查关联该遥测值的遥测点是否正确。

（3）关联正确的遥测点，点击保存。核对后台画面中遥测值刷新是否与实际一致，故障消除。

七、后台机监控画面遥测小数点前位定值过少

故障现象：某遥测在后台显示的值出现 FFFF。

故障处理步骤和方法：

1. 北京四方

（1）打开图形编辑界面，依照"开始—应用模块—图形系统—图形编辑"顺序打开。

（2）进入图形编辑界面，打开间隔分图，双击相关异常遥测点的数值，检查关联该遥测值的整数位定值是否过小。

（3）将整数位定值修改为 4，并保存。后台画面中遥测值刷新是否与实际一致，故障消除。如图 4-28 所示。

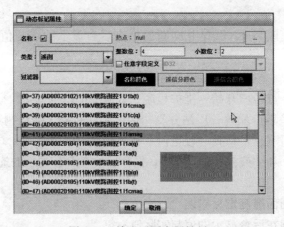

图 4-28　检查遥测点属性界面

2. 国电南瑞

（1）点击控制台系统配置（第一个图标），单击"图形编辑"打开图形编辑界面。

（2）进入图形编辑界面，打开间隔分图，双击相关异常遥测点的数值，检查关联该遥测值的小数点前位定值。

（3）增加整数的位数，点击保存。核对后台画面中遥测值刷新是否与实际一致，故障消除。

3. 南瑞继保

（1）通过控制台，点击"开始—维护程序—图形组态"打开图形组态工具。

（2）进入图形编辑界面，打开间隔分图，双击相关异常遥测点的数值，检查关联该遥测

值的小数点前位定值"格式"。

（3）将该定值改为"f5.2"，点击保存。格式 f5.2 表示，显示两位小数点，至于显示几个整数位以格子大小为准，比如档位不需要小数点，则格式设置 f5.0。核对后台画面中遥测值刷新是否与实际一致，故障消除。

4.2.5　遥控相关故障

一、后台机设置了挂牌

故障现象：点击断路器或隔离开关进行遥控时异常，提示当前间隔挂牌，无法遥控。

故障处理步骤和方法：

1. 北京四方

（1）打开实时监控画面，检查断路器的挂牌情况。

（2）右键断路器，选择"设备挂牌"，在弹出的对话框中右侧选择已挂的牌，点击摘牌，牌就会回到左侧框中，表示该设备已摘牌。

（3）进行遥控操作，发现遥控正常，故障消除。如图 4-29 所示。

2. 国电南瑞

（1）打开实时监控画面，检查断路器的挂牌情况。

（2）右键断路器，选择"设备挂牌"，在弹出的对话框中右侧选择已挂的牌，点击摘牌，牌就会回到左侧框中，表示该设备已摘牌。

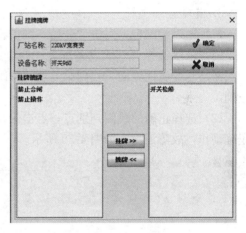

图 4-29　设备挂牌界面

（4）进行遥控操作，发现遥控正常，故障消除。

3. 南瑞继保

（1）打开实时监控画面，检查断路器的挂牌情况。

（2）点击需要挂牌摘牌的设备对象，在弹出的属性窗口中选择挂牌或者摘牌，选择操作人名称，输入密码，选择要摘的牌点击"＜"就可以看到其从右边的框中消失了。

（3）进行遥控操作，发现遥控正常，故障消除。

二、后台机监控画面遥控关联错误或未关联

故障现象：在后台对某断路器或隔离开关进行遥控操作，但该断路器未动作而其他设备动作。

故障处理步骤和方法：

1. 北京四方

（1）打开图形编辑界面，依照"开始—应用模块—图形系统—图形编辑"顺序打开。

（2）进入图形编辑界面，打开间隔分图，双击相关断路器遥控点，检查关联该断路器的遥控点是否正确。

（3）关联正确的遥控点，点击保存。再次进行遥控操作，断路器或隔离开关正确动作，故障消除。

2. 国电南瑞

（1）点击控制台系统配置（第一个图标），单击"系统组态"打开数据库组态工具界面。

（2）数据库组态工具页面中选择"变电站——一次设备类—断路器表"，在相关断路器名的域中找到第 104 项"控制 REF"，检查该选项控制点是否正确。

（3）数据库组态工具页面中选择"变电站—量测类—遥信表"，找到相关遥信点的域中第 28 项"接线端子信息"，如 "CL2017. CTRL/CBAutoCSWI1. Pos. stVal"，复制中间的部分 "CBAutoCSWI1"，粘贴到"变电站——一次设备类—断路器表"中的相关断路器的 104 项"控制 REF"处。

（4）修改完毕后点击保存、刷新。再次进行遥控操作，断路器或隔离开关正确动作，故障消除。

3. 南瑞继保

（1）通过控制台，点击"开始—维护程序—数据库组态"打开数据库组态工具。

（2）依次选择"一次设备配置—变电站—电压等级—220kV—间隔—断路器号"，进入相关断路器的属性界面，找到第 6 项"跳闸判别点"，检查断路器跳闸点关联的遥信点是否正确。

（3）选择正确的跳闸判别点，点击保存并发布。再次进行遥控操作，断路器或隔离开关正确动作，故障消除。如图 4-30 所示。

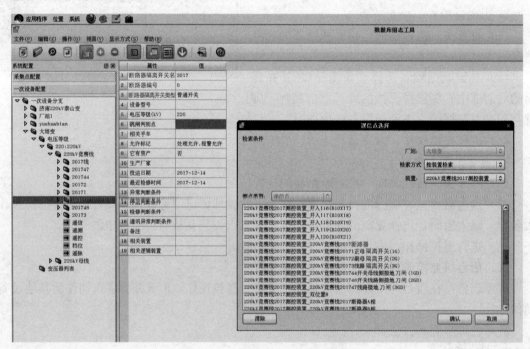

图 4-30　检查跳闸判别点界面

三、后台机设置了用户无遥控权限

故障现象：在后台对某断路器或隔离开关进行遥控操作，提示该用户无遥控权限。

故障处理步骤和方法：

1. 北京四方

（1）V2 监控的菜单可以从左下角的"开始"按钮打开，监控系统操作所属功能均在此处。依次按"开始—应用模块—系统管理—用户管理"顺序进入用户管理界面。

（2）用户管理界面内选择"用户组设置"项，选择相应用户组，点击"监控运行窗口"，选上"遥控操作"，绿灯亮起表明权限已开启。如图 4-31 所示。

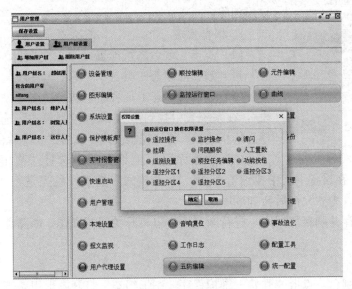

图 4-31　设置权限界面

（3）进行断路器、隔离开关遥控操作，断路器、隔离开关正确动作，故障消除。

2. 国电南瑞

（1）打开数据库组态工具，依次打开"变电站—系统类—用户名表"，进入用户管理界面。

（2）用户管理界面内选择相应用户名，选择遥控选项，勾上"√"设定用户的遥控权限。

（3）进行断路器、隔离开关遥控操作，断路器、隔离开关正确动作，故障消除。

3. 南瑞继保

（1）通过控制台，点击"开始—维护程序—用户管理"进入权限管理程序。

（2）校色按"域"来分，选择"域—MMI—角色"界面内"角色功能二维表"，在遥控选项上勾上"√"设定用户的遥控权限。

（3）进行断路器、隔离开关遥控操作，断路器、隔离开关正确动作，故障消除。

（注：其他相关权限类，如"人工置数"、"挂牌"、"操作员"和"监护员"等与遥控权限的设置操作类似。）

四、后台机画面禁止遥控

故障现象：在后台对某断路器或隔离开关进行遥控操作，提示"画面禁止遥控"。

故障处理步骤和方法：

1. 北京四方

（1）打开图形编辑界面，依照"开始—应用模块—图形系统—图形编辑"顺序打开。

图 4-32　检查图形属性界面

（2）进入图形编辑界面，打开间隔分图，点击最底部快捷键中的"图形属性"。主界面图是禁止遥控的，检查该图类型是否为主界面图。如图 4-32 所示。

（3）将该图形属性改为间隔分图，保存画面文件。进行断路器、隔离开关遥控操作，断路器、隔离开关正确动作，故障消除。

2. 国电南瑞

（1）点击控制台系统配置（第一个图标），单击"系统组态"打开数据库组态工具。

（2）数据库组态工具页面中选择"变电站—系统类—系统表"，在系统表中找到第 76 项"控制模式"选项，检查是否选择为禁止遥控，将"控制模式"改为"允许后台和调度遥控"。

（3）数据库组态工具页面中选择"变电站— 一次设备类—设备组表"，在设备组表中找到第 15 项"控制模式"选项，检查是否选择为禁止遥控，将"控制模式"改为"允许后台和调度遥控"。

（4）点击保存并刷新数据库。进行断路器、隔离开关遥控操作，断路器、隔离开关正确动作，故障消除。

3. 南瑞继保

（1）通过控制台，点击"开始—维护程序—图形组态"打开图形组态工具。

（2）进入图形编辑界面，打开间隔分图，右键空白处选择"属性"。

（3）在弹出的对话框里的"基本属性"选项下，取消勾选"禁止遥控"。如图 4-33 所示。

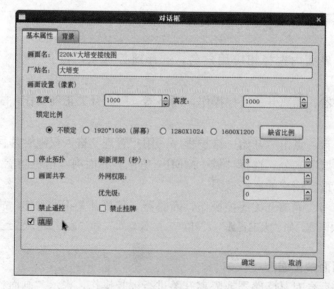

图 4-33　检查禁止遥控界面

（4）关掉对话框，保存画面并发布草稿。进行断路器、隔离开关遥控操作，断路器、隔离开关正确动作，故障消除。

五、后台机画面断路器或隔离开关存在人工置数

故障现象：在后台对某断路器或隔离开关进行遥控操作，提示"遥信人工置数，不能遥控"。

故障处理步骤和方法：

1. 北京四方

（1）在实时监控画面中设备上点右键，在弹出菜单中选择遥信置位，出现遥信置位的界面。

（2）如果此遥信的状态（如断路器位置）有四态，则会出现四个图符，不同的图符对应不同的遥信状态。点"取消遥信置位"，即恢复到原来的状态。

（3）核对该遥信信号状态与实际状态是否一致，确实一致。进行断路器、隔离开关遥控操作，断路器、隔离开关正确动作，故障消除。

2. 国电南瑞

（1）点击控制台系统配置（第一个图标），单击"系统组态"打开数据库组态工具。

（2）数据库组态工具页面中选择"变电站—量测类—遥信表"，在相关遥信信号的域中找到第 60 项"人工置数"选项，检查是否勾上"√"，将"√"改为"×"。

（3）核对该遥信信号状态与实际状态是否一致，确实一致。进行断路器、隔离开关遥控操作，断路器、隔离开关正确动作，故障消除。

3. 南瑞继保

（1）在实时监控画面中用鼠标双击该遥信点对应的图标，将弹出"遥信操作"的对话框。

（2）检查对话框中的状态，发现有"人工置数"的红色字样，表示处于选中状态。点击上方"人工置数"选项下拉菜单中的"取消置数"，取消人工置数的状态。

（3）核对该遥信信号状态与实际状态是否一致，确实一致。进行断路器、隔离开关遥控操作，断路器、隔离开关正确动作，故障消除。

六、后台机遥控不需校验调度编号

故障现象：在后台对某断路器或隔离开关进行遥控操作，不经过调度编号验证，即可分合断路器或隔离开关。

故障处理步骤和方法：

1. 北京四方

（1）打开系统设置界面，依照"开始—应用模块—系统管理—系统设置"顺序打开。

（2）点击"遥控属性"选项，勾选"需要编号验证"一项，点击"确定"。

（3）进行断路器、隔离开关遥控操作，断路器、隔离开关经调度编号验证后正确动作，故障消除。如图 4-34 所示。

2. 国电南瑞

（1）数据库组态工具页面中选择"变电站—系统类—系统表"，打开系统表页面。

（2）在系统表中找到第 42 项"遥控使用设备编号"选项，检查是否使用设备编号。

（3）将"遥控使用设备编号"一项勾选中，点击保存后刷新数据库。

（4）进行断路器、隔离开关遥控操作，断路器、隔离开关经设备编号验证后正确动作，故障消除。

3. 南瑞继保

（1）通过控制台，点击"开始—维护程序—系统设置"权限校验，输入密码，点击确定

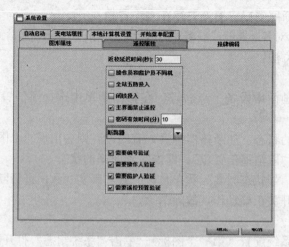

图 4-34　检查需要编号验证界面

打开系统设置界面。

（2）在"scada 设置"选项下"遥控设置"中，勾选"遥控校验调度编号"一项，点击"应用"，在点击"确定"。如图 4-35 所示。

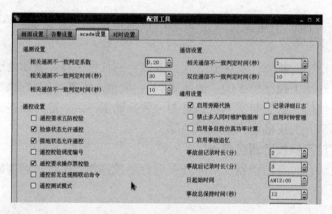

图 4-35　遥控校验调度编号设置

（3）进行断路器、隔离开关遥控操作，断路器、隔离开关经调度编号验证后正确动作，故障消除。

七、断路器或隔离开关的调度编号不正确

故障现象：在后台对某断路器或隔离开关进行遥控操作，提示显示"编号输入不正确"。

故障处理步骤和方法：

1. 北京四方

（1）打开实时库组态工具，依照"开始—应用模块—数据库管理—实时库组态工具"顺序打开。

（2）打开"相关间隔—遥控量"界面，检查有关断路器、隔离开关的"双编号"项下的调度编号是否正确。

（3）将"调度编号"修改正确，依次点击保存、刷新、发布。进行断路器、隔离开关遥控操作，断路器、隔离开关经调度编号验证后正确动作，故障消除。

2.国电南瑞

（1）点击控制台系统配置（第一个图标），单击"系统组态"打开数据库组态工具。

（2）数据库组态工具页面中选择"变电站—依次设备类—断路器表（隔离开关表）"，在相关断路器（隔离开关）的域中找到第 3 项"调度编号"选项，检查调度编号是否正确。

（3）将"调度编号"修改正确，点击保存后刷新数据库。进行断路器、隔离开关遥控操作，断路器、隔离开关经调度编号验证后正确动作，故障消除。

3.南瑞继保

（1）通过控制台，点击"开始—维护程序—数据库组态"打开数据库组态工具。

（2）依次选择"采集点配置—厂站分支—变电站—间隔—装置测点—遥控"，进入相关遥控界面，检查有关断路器、隔离开关的"调度编号"是否正确。

（3）将"调度编号"修改正确，点击保存并发布。进行断路器、隔离开关遥控操作，断路器、隔离开关经调度编号验证后正确动作，故障消除。

八、后台机未投五防功能

故障现象：在后台对某断路器进行遥控操作，不经过五防逻辑验证，可随意分合隔离隔离开关或接地隔离开关。

故障处理步骤和方法：

1.北京四方

（1）打开系统设置界面，依照"开始—应用模块—系统管理—系统设置"顺序打开。

（2）点击"变电站属性"选项，勾选"五防一体化投入"一项。

（3）点击"遥控属性"选项，勾选"全站五防投入"一项，点击"确定"。

（4）打开节点管理界面，依照"开始—应用模块—系统管理—节点管理"顺序打开。

（5）选择"节点应用程序设置"选项，勾选"本机属性设置"下的"五防工作站"一项，点击"保存设置"。

（6）选择"节点管理"选项，点击"保存到数据库"，重新启动后台监控系统。

（7）进行断路器、隔离开关遥控操作，断路器、隔离开关经五防逻辑验证后正确动作，故障消除。

2.国电南瑞

（1）数据库组态工具页面中选择"变电站—系统类—系统表"，打开系统表页面。

（2）在系统表中找到第 50 项"五防系统投入"选项，检查五防投入状态。

（3）将"五防系统投入"一项勾选中，点击保存后刷新数据库。

（4）进行断路器、隔离开关遥控操作，断路器、隔离开关经五防逻辑验证后正确动作，故障消除。

3.南瑞继保

（1）通过控制台，点击"开始—维护程序—系统设置"权限校验，输入密码，点击确定打开系统设置界面。

（2）在"scada 设置"选项下"遥控设置"中，勾选"遥控要求五防校验"一项，点击"应用"，在点击"确定"。

（3）进行断路器、隔离开关遥控操作，断路器、隔离开关经五防逻辑验证后正确动作，故障消除。

九、后台机五防逻辑不合格

故障现象：在后台对某断路器进行遥控操作，提示显示相应的逻辑不合格，遥控选择失败，无法遥控。

故障处理步骤和方法：

1. 北京四方

（1）打开五防编辑界面，依照"开始—应用模块—数据库管理—五防编辑"顺序打开。

（2）进入五防编辑界面，选择"间隔信息"选项下相应间隔的"一次设备"，根据不合格内容，检查相关五防逻辑进行编辑修改。

（3）修改完毕后点击"保存五防库信息"保存五防逻辑。进行断路器、隔离开关遥控操作，断路器、隔离开关正确动作，故障消除。

2. 国电南瑞

（1）在控制台上点击五防闭锁规则，或在终端中输入/home/nari/ns4000/bin/wfManager即可启动五防编辑界面。

（2）在"专用规则"选项下点开左边的树状，选中变电站下相关间隔的设备，在右边的规则信息选择合适的项，在右下方的参数信息选择合适的逻辑。

（3）定义规则参数时，选中一个参数，鼠标双击设备对象处，则弹出数据定义框图，选择一个遥信后，确定后可设置条件，设置完毕后点"确定"即可。规则参数也可选用遥测值。如图 4-36 所示。

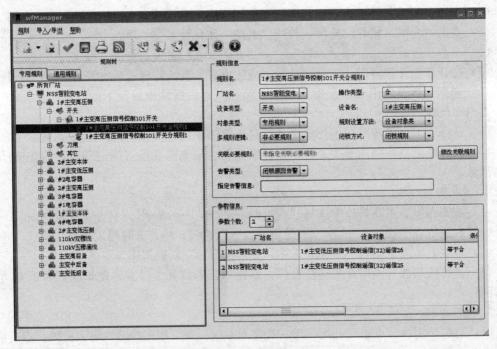

图 4-36　五防编辑界面

（4）修改完毕后先点击"编译" ✔ 再点击"网络保存" 🖫 保存五防逻辑。进行断路器、隔离开关遥控操作，断路器、隔离开关正确动作，故障消除。

3. 南瑞继保

（1）通过控制台，点击"开始—维护程序—数据库组态"打开数据库组态工具。

（2）依次选择"采集点配置—厂站分支—变电站—间隔—装置测点—遥控"，进入相关遥控属性界面，根据不合格内容检查相关五防逻辑。

（3）检查相关"合规则"或"分规则"进行修改，保存并发布。进行断路器、隔离开关遥控操作，断路器、隔离开关正确动作，故障消除。

4.2.6　拓扑类故障

一、后台画面一次设备间的连接线出现断点

故障现象：母线电压有实时变化的数值后部分设备和拓扑连接线显示不带电。

故障处理步骤和方法：

1. 北京四方

（1）打开图形编辑界面，依照"开始—应用模块—图形系统—图形编辑"顺序打开。

（2）进入图形编辑界面，打开主界面图，使用图形工具中的"显示端子"，检查连接线是否有断点，断点中间有正方形框。

（3）重新连接好连接线，右键画面空白处点击"重新创建图形连接"，再右键画面空白处点击"形成拓扑连接"。如图 4-37 所示。

（4）保存图形文件，回到实时监控画面，设备与连接线显示带电色，故障消除。

2. 国电南瑞

（1）点击控制台系统配置（第一个图标），单击"图形编辑"打开图形编辑界面。

（2）进入图形编辑界面，打开主界面图，检查连接线是否有断点。

（3）重新连接好连接线，保存图形文件，回到实时监控画面，设备与连接线显示带电色，故障消除。

图 4-37　重新创建图形连接界面

3. 南瑞继保

（1）通过控制台，点击"开始—维护程序—图形组态"打开图形组态工具。

（2）进入图形编辑界面，打开主界面图，检查连接线是否有断点。

（3）重新连接好连接线，保存图形文件，回到实时监控画面，设备与连接线显示带电色，故障消除。

二、后台拓扑进程未启动

故障现象：母线电压有实时变化的数值后所有设备和拓扑连接线显示不带电。

故障处理步骤和方法：

1. 北京四方

（1）打开节点管理界面，依照"开始—应用模块—系统管理—节点管理"顺序打开。

（2）选择"节点应用程序设置"选项，"拓扑服务"选择到"工作"，点击"保存设置"。如图 4-38 所示。

（3）选择"节点管理"选项，点击"保存到数据库"，重新启动后台监控系统。

（4）打开实时监控画面，设备与连接线显示带电色，故障消除。

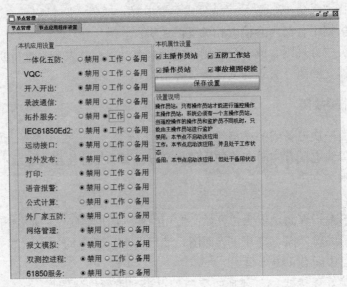

图 4-38 启动拓扑服务界面

2. 国电南瑞

（1）每次重新进行节点入库操作后，需要重新启动拓扑带电计算程序 topserver。在后台机桌面右键启动终端，输入"bin"命令后回车，再输入"sudo pkill topserver"命令，关闭拓扑带电计算程序。

（2）待拓扑带电计算程序停止运行后，在后台机桌面右键启动终端，输入"bin"命令后回车，再输入"topserver"命令，重新启动拓扑带电计算程序。

（3）打开实时监控画面，设备与连接线显示带电色，故障消除。

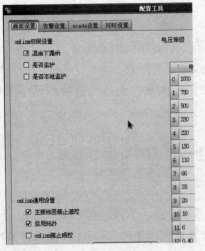

图 4-39 启用拓扑界面

3. 南瑞继保

（1）通过控制台，点击"开始—维护程序—系统设置"权限校验，输入密码，点击确定打开系统设置界面。

（2）在"画面设置"选项下勾选"启用拓扑"一项，点击"应用"，在点击"确定"。如图 4-39 所示。

（3）通过控制台，点击"开始—维护程序—图形组态"打开图形组态工具。

（4）进入图形编辑界面，打开主界面图，右键空白处选择"属性"。

（5）在弹出的对话框里的"基本属性"选项下，取消勾选"停止拓扑"。

（6）关掉对话框，保存画面并发布草稿。打开实时监控画面，设备与连接线显示带电色，故障消除。

第5章

测控装置原理与实操技术

测控装置是变电站自动化系统间隔层的核心设备，主要完成变电站一次系统电压、电流、功率、频率等各种电气参数测量（遥测），一、二次设备状态信号采集（遥信）。接受调度主站或变电站监控系统操作员工作站下发的对断路器、隔离开关、变压器分接头等设备的控制命令（遥控、遥调），并通过联闭锁等逻辑控制手段保障操作控制的安全性。同时还要完成数据处理分析，生成事件顺序记录等功能。

智能变电站测控装置既支持模拟量采样，又支持数字采样。数字量输入接口协议为IEC61850-9-2，接口数量满足与多个 MU 直接连接的需要。装置跳合闸命令和其他信号输出，既支持传统硬接点方式，也支持 GOOSE 输出方式。

5.1 四方 CSI-200E 测控装置

5.1.1 原理及结构介绍

一、装置外观

CSI-200 系列数字式综合测量控制装置在智能站中广泛使用，可用于间隔测控或母线及公用测控等多种场合，面板外观前后分别如图 5-1、图 5-2 所示。

图 5-1 装置前面板

前面板打开后如图 5-3 所示，可见插件纵向插入，包含电源板、管理板（MASTER）、SV 板（测量 CPU 组合 SV 插件）、GOOSE 板以及可选配的硬接点开入板。根据不同的应用场合，插件配置有两种组合。

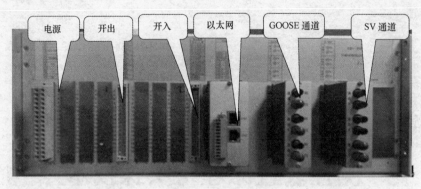

图 5-2　装置背板

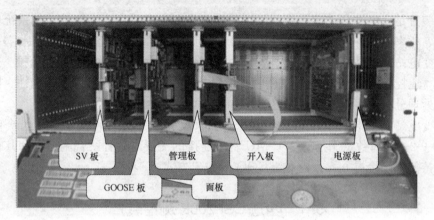

图 5-3　前面板打开后照片

（1）配置 1：SV+GOOSE。SV 插件可配 0～2 块，GOOSE 插件可配 0～3 块。

（2）配置 2：SV 与 GOOSE 合一。配置一块 SVGO 合一插件。

二、组网方式

变电站内过程层与间隔层间数据信息的采集方式大概有以下四种：

（1）SV、GO 点对点方式

SV 或 GOOSE 信息直接通过光纤从合并单元或智能终端传输到测控装置，不经过交换机，如图 5-4 所示。

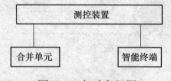

图 5-4　点对点组网

（2）SV、GO 单网方式

SV 或 GOOSE 信息通过一个交换机传输到测控装置，如图 5-5 所示。

（3）SV、GO 同源独立双网

来自同一个源的 SV 或 GOOSE 信息分别通过两个交换机（A、B 冗余配置）到测控

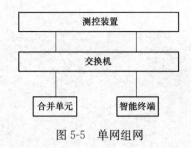

图 5-5　单网组网

装置，由于 SV、GOOSE 报文来源于同一台采集装置，所以我们称之为同源，如图 5-6 所示。

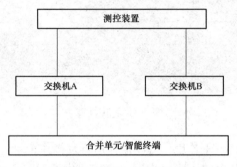

图 5-6　同源独立双网组网

（4）SV、GO 异源独立双网

同一间隔不同源的 SV 或 GOOSE 信息分别通过两个交换机（A、B）到测控装置，在测控装置中根据品质等判据进行 SV 数据切换或 GOOSE 单、双遥信点的合并上送，如图 5-7 所示。

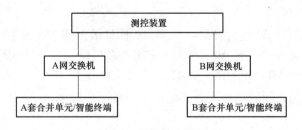

图 5-7　异源独立双网

这种组网方式常用在 220kV 及以上变电站中，合并单元、智能终端双套配置，测控装置也配置双套分别采集两套设备的信息，由于信息来源不同，所以称之为异源。

现场应用中最常见的变电站网络结构还是 SV 组单网，GOOSE 组双网。

三、装置插件

1. 管理插件（MASTER）

管理插件是整个装置的核心模块，负责报文的转发与组织，可以编程逻辑管理各个插件，具有存储 SOE 操作记录等信息的功能。负责与监控后台、数据网关机等客户端通信，采用差分式电 B 码对时方式。管理人机接口可显示装置配置、主接线图、PLC 等，如图 5-8

所示。

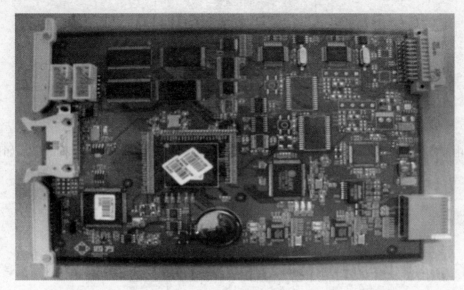

图 5-8　管理插件

板件上配有大容量 FLASH 芯片，可以保存运行及操作记录，确保装置掉电后数据不丢失，便于事故分析。内部包含嵌入式以太网，直接提供 2 路光及电以太网接口，提供 LON网、RS485 接口（103 规约）。

2. SV 插件

SV 插件提供 A、B、C 三组光以太网接口与合并单元装置或者 SV 组网交换机相连，用于接收 SV 采样数据。同时计算电压、电流有效值，有功功率，无功功率，频率，功率因数等，并上传管理插件。装置能够接入符合 IEC61850-9-2 规约的 SV 报文，采样频率必须为4000 点/秒，如图 5-9 所示。

实体插件可创建虚拟 AI 进行分区，每个 SV 插件最多建 3 个虚拟交流 AI。对于电压、电流来自不同合并单元 MU 的情况，若要计算功率必须保证数据订阅到同一块虚拟 AI 上，并且来自各个合并单元 MU 的数据，其参数"大 CT 变比""大 PT 变比"要求一致。

需要特别注意的是，同期功能所需的电压必须在同一块虚拟 AI 并且只能在第一块虚拟AI 上。

SV 插件每块网口的使用与变电站网络结构的数据采集方式有关：站内 SV 测量为单网时，采用 A 口，其他口不可用；组独立双网时，采用 A、B 口，其他口不可用；点对点不组网时，A、B、C 口均可以。

3. GOOSE 插件

GOOSE 板取代了常规装置的开入开出插件的功能，完成装置的 GOOSE 信息映射，包括 GOOSE 发布和订阅。GOOSE 插件提供 A、B、C 三组光以太网接口与智能操作箱或GOOSE 组网交换机连接，用于遥信量的采集：包括断路器、隔离开关的位置信息，操作箱及保护装置的告警信息等；也可用于主站遥控断路器、隔离开关及复归操作箱等，如图 5-10所示。

一个 GOOSE 插件可以对应多个虚开入板，存在映射关系，多块虚开入板可以对应同一

图 5-9　SV 插件

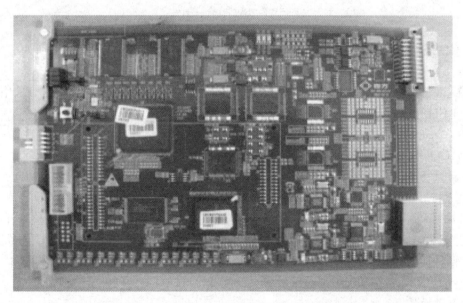

图 5-10　GOOSE 插件

个 GOOSE 插件，但一块虚开入板只能对应一个 GOOSE 插件。单个装置的任意虚端子需要订阅至同一个 GOOSE 插件。

GOOSE 插件每块网口的使用也与变电站网络结构的数据采集方式有关：站内 GOOSE 采集为单网时，采用 A 口，B、C 口可以为点对点；组独立双网时，网口采用 A、B 口，C 口可以为点对点；点对点不组网时，A、B、C 口均可以。

4. SV/GOOSE 合一插件

SVGO 合一插件与 SV 插件硬件是一样的，集成了单纯的 SV 和 GOOSE 插件功能，能

143

够进行 SV 报文接收、遥测数据计算以及 GOOSE 报文的发布、订阅。可支持组网和点对点方式，如图 5-11 所示。

图 5-11　SVGO 合一插件

SVGO 插件要求必须至少有一个网口接收 SV 信息，具体每块网口的使用如下：

（1）SV（或 SVGO）组单网时，网口采用 A 口，B、C 口不能用；

（2）SV（或 SVGO）组独立双网时（其中一个组网口可无 SV 信息），网口采用 A、B 口，C 口不能用；

（3）SV（或 SVGO、GOOSE）点对点不组网时，A、B、C 口均可以；

（4）GOOSE 组独立双网时，网口采用 A、B 口，C 口可做 SV 点对点。

5. 开入插件

数字量输入模块的功能包括：断路器量输入（单位置或双位置遥信），BCD 码或二进制输入，脉冲量输入等。开入插件在智能站中的功能弱化，主要接入测控装置的检修开入量。

数字量输入模块分为两种，一种带 CPU 的称为基本 DI 板，一种不带 CPU 的称为扩展 DI 板。两种板配置开入数量相同，均为 24 路，分为四组，各组路数依次为 8，4，8，4，每组有一个公共端，各组功能可通过配置表灵活配置，这样可避免硬件资源浪费。

6. 电源插件

直流 220V 或 110V 电压输入经抗干扰滤波回路后，利用逆变原理输出本装置需要的直流电压即 5V，±12V，24V(1) 和 24V(2)。四组电压均不共地，采用浮地方式，同外壳不相连。

各输出电压系统用途：

（1）5V 为用于各处理器系统的工作电源；

（2）±12V 为用于模拟系统的工作电源；

（3）24V(1) 为用于驱动开出继电器的电源，装置内部使用。

CSI-200EA 装置的电源插件 c16、a16 为直流消失信号输出端子。

四、装置菜单界面

1. 人机对话 MMI

人机对话界面点亮后正常轮循主接线图、测量值及压板状态。有主动上送信息，比如遥控信息，通信中断等信息时立即弹窗显示，如图 5-12 所示。

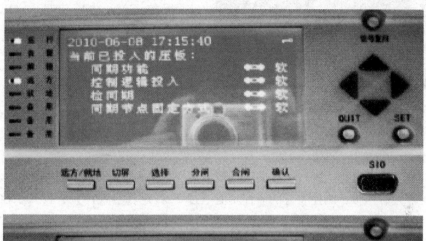

图 5-12　人机对话界面

按键可进行常规操作；quit 和 set 按键分别表示退出和进入。下排应急按键供高级用户就地分合断路器、隔离开关。RS232 接口用于和装置通信下传装置配置、逻辑用。

指示灯有运行、告警、解锁、远方、就地五个：

（1）运行灯：装置运行正常时绿色长亮，如果熄灭，可能为电源、管理板或者 MMI 液晶故障；

（2）告警灯：当装置出现 SV、GOOSE 通信中断等告警时点亮；

（3）解锁灯：应急按键进入解锁状态或者解锁开入为正电时点亮，此状态下，装置遥控逻辑屏蔽间隔五防，供用户在例如装置间通信中断等情况时能够紧急合闸；

（4）远方灯：对应应急按键的远方，用于显示操作权限状态。

（5）就地灯：对应应急按键的就地，用于显示操作权限状态。

2. 装置一级菜单

装置一级菜单如图 5-13 所示。

（1）设置：投退压板，设置日期，修改液晶自动熄灭时间等。

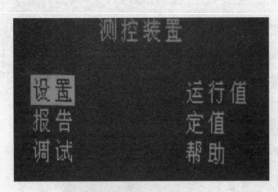

图 5-13　一级菜单

（2）运行值：显示测控采集到的交流量、直流量、开入量信息，另外相位、谐波信息也在此查看。

（3）报告菜单：报告菜单显示操作记录，遥控记录，告警信息，SOE 等内容，记录的内容无法删除。

（4）定值菜单：主要用于设置开入定值、同期定值、调压定值。

（5）调试菜单：可以进行开出传送操作，开出 GOOSE 信号，只有测试时用，正常运行站不允许操作此菜单。

3. 压板设置菜单

（1）分接头调节压板：进行有载调压，调节主变分接头，需要投入此压板。

（2）控制逻辑压板：测控装置的遥控功能通过 PLC 逻辑实现，只有投入了控制逻辑压板 PLC 逻辑才生效，退出压板后，无法遥控断路器、隔离开关。

4. 运行值菜单

（1）有效值：显示电压、电流、有功、无功等遥测值信息，需要注意，测控装置显示的和上送主站的遥测量都是一次值，合并单元送上来是多少，测控直接转发，不设置系数。

（2）开入量：开入量菜单显示装置本身开入插件接入的硬开入状态，例如检修信号。

（3）谐波量：谐波量菜单可以查看电压、电流最多 13 次谐波。

（4）相位菜单：显示电压、电流的角度，其中角度都是以电压 A 相为 0°基准。

（5）通信状态：通信状态菜单可以查看间隔层 GOOSE、过程层 GOOSE、和 SV 通信状态。

5. 扩展主菜单

同时按住 quit 和 set 按键进入扩展主菜单，如图 5-14 所示。

图 5-14　扩展主菜单

其中：

（1）IP 地址：目前四方设备均为 172.20. x. x 网段；

（2）设置 CPU：根据装置实际插件配置；

（3）规约设置：设置装置规约，投入 61850 规约，才能和主站进行 MMS 通信。

（4）越限定值：也称为遥测变化死区，一般默认，单位为百分比，即 0.2 为 0.2%；

5.1.2　装置调试

（1）配置文件的下装：测控装置的配置文件需要从 SCD 文件中导出并下装到装置。在 SCD 组态工具中点击菜单"导出"中"导出虚端子配置"，如图 5-15 所示。

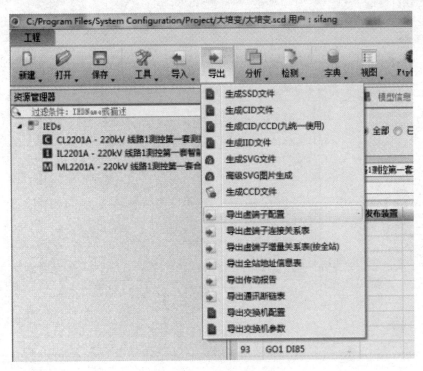

图 5-15　导出虚端子配置

根据类型和组网方式勾选相应选项，可导出相应文件，如图 5-16 所示。

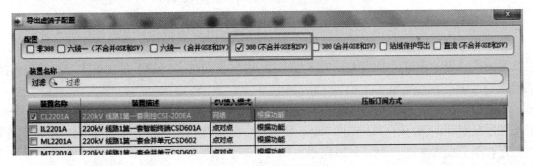

图 5-16　勾选相应选项

测控装置需要下载的配置文件有：

1）XXXX_M1.ini。

2）XXXX_G1.ini。

3）XXXX_S1.cid。

4) sys_go_XXXX.cfg。

配置文件下装方法：用串口线将电脑与测控装置面板的 console 调试口直连，使用 FTP 工具传输文件，如图 5-17 所示。

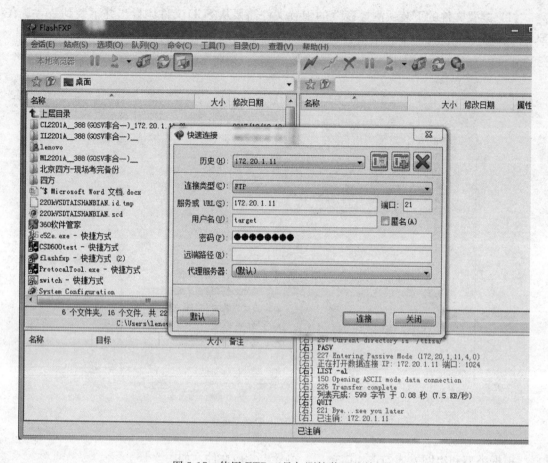

图 5-17　使用 FTP 工具与测控装置连接

打开 FlashFXP 软件，点击工具栏"快速连接"按钮，在配置菜单中"服务或 URL"栏填写测控装置的调试口 IP 地址，端口为 21，用户名 target，密码 12345678，即可与测控装置成功连接。

软件工作左侧版面显示电脑菜单，右侧版面显示测控装置文件菜单。在左侧选中 4 个所需文件后复制到右侧/tffsa/目录下，即下装成功。需要注意的是一定要先删除原配置文件，以免存在多个配置文件，如图 5-18 所示。

（2）配置文件导出：同样使用该软件进行逆操作。

5.1.3　故障排查

一、通信故障类

（1）故障现象 1：后台机与测控装置通信中断，后台画面不刷新或者告警实时框内无任何装置的有效变位或告警信息。

148

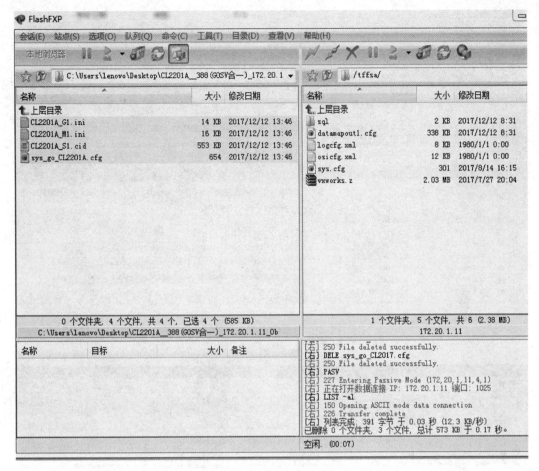

图 5-18　下装配置文件

原因①：使用 ping 命令发现通信不通，或者检查交换机上的灯有异常，可能为网线虚接。

处理方法：将测控装置后网线或者交换机连测控装置侧网线接好。

原因②：测控装置 IP 地址设置错误。

处理方法：设置正确的分配地址，不需要重启。

原因③：测控装置 61850 规约未投入。

处理方法：将 61850 规约投入，装置出厂默认投入，不需要重启。

（2）故障现象 2：测控装置显示 SV 或 GOOSE 断链告警。

原因①：交换机上的灯不亮，可能为网线虚接、网口收发接反或不成对。

处理方法：将相关网线接好并确认收发正确。

原因②：SCD 文件中配置错误：测控装置"报文订阅光口"错误；虚端子测控装置输出选择错误；控制块残缺，导致相应的装置不发布该数据集，显示 GO/SV 断链。

处理方法：在 SCD 文件中按照文档和实际测控装置光口接线，设置正确 Vport（默认所有控制块全部从测控 1 口进装置），如图 5-19 所示：

检查并正确连接虚端子，如图 5-20 所示。

149

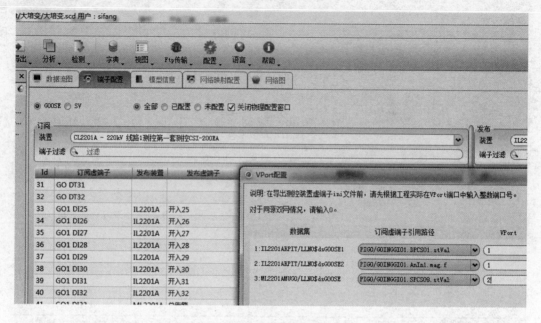

图 5-19　正确设置 VPORT

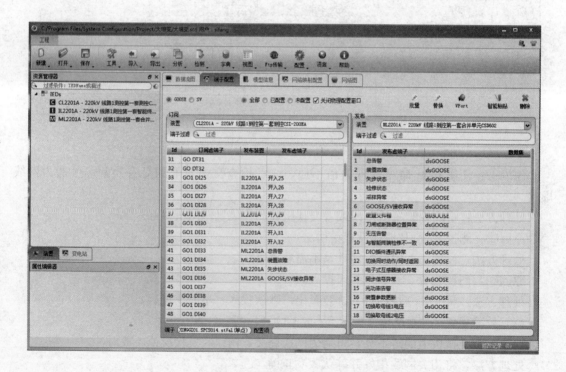

图 5-20　正确连接虚端子

添加 G1/M1 下的控制块，并配置 MAC 地址等参数。重新导出装置配置并下装。

原因③：相应的装置下载 .ini 文件与 SCD 不符合。

处理方法：重新导出装置配置并下装，需要重启装置。

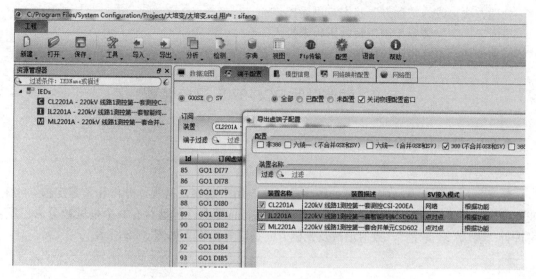

图 5-21　重新导出并下装配置文件

原因④：交换机配置错误：VLAN 划分不正确；光口设置镜像模式或关闭。

处理方法：正确设置交换机配置，不用端口镜像。

二、遥测故障类

故障现象：测控装置遥测不对或者无有效值显示。

原因①：合并单元 CFG 文件变比或极性配置错误。

处理方法：根据 CT 一次值设置变比，极性值设为 0，重新下载给合并单元，需要重启装置。

原因②：SCD 文件中虚端子连线错误。

处理方法：修改虚端子连线并重新下装，重启装置。

原因③：测控装置参数错误：交流 CPU 未投入或交流插件跳线设置错误。

处理方法：重新设置测控装置参数，投入 CPU；交流插件设置为 0110 模式。

三、遥信故障类

故障现象：测控装置告警断路器位置不对应。

原因①：测控装置和智能终端检修状态不一致。

处理方法：检修压板状态应保持一致。

原因②：SCD 文件中遥信虚端子连线错误。

处理方法：修改为正确连线。

原因③：智能终端中定值设置了长时间。

处理方法：修改智能终端开入时间。

四、遥控故障类

故障现象：遥控选择操作失败。

原因①：测控装置投入检修状态。

处理方法：退出检修压板

原因②：测控装置面板选择"就地"状态。

处理方法：改为"远方"状态，可遥控。

原因③：测控装置控制逻辑软压板未投入。

处理方法：正确投入软压板。

5.2　南瑞继保 PCS-9705 测控装置

5.2.1　原理及结构介绍

一、装置结构

装置配置一块 320×240 点阵的液晶显示器，用于观察，监视，分析和整定定值。当有变位报告和告警信息时，相应的报文就会显示在液晶屏上。键盘共有 9 个按键被分为三组，可进行"确认"、"取消"、数值增减及光标方向移动等操作。如图 5-22 所示。

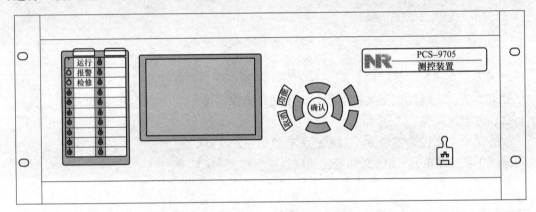

图 5-22　PCS-9705 测控装置前面板

面板左侧共有 20 个 LED 指示灯，分为两列（从上到下编号依次为 LED01～LED20）。其中"运行"灯为绿色，装置上电启动后，装置正常运行时，"运行"灯应始终处于点亮状态，只有发生严重故障时（如芯片损坏，定值校验错误等），"运行"指示灯才会熄灭，装置被闭锁；"报警"灯为黄色，装置上电启动后，正常运行时，"报警"指示灯应不亮。当装置发生报警信号时，该信号指示灯被点亮，当异常情况消失后，该信号灯自动熄灭；"检修"灯为黄色，装置"置检修"投入时，"检修"指示灯亮，表明装置目前处于检修状态。"置检修"退出后，该信号灯熄灭；其余指示灯为备用。

装置背板图如图 5-23 所示。其中，CPU 模块完成采样，保护的运算以及装置的管理功能，包括事件记录、录波、打印、定值管理等功能。光耦输入模块（BI）提供断路器量输入功能断路器量输入，经由 24V/30V/48V/110V/125V/220V 光耦。断路器量输出继电器模块（BO 模块）包含所有出口和接点。电源模块（PWR）将 250V/220V/125V/110V 直流变换成装置内部需要的电压，还包含远方信号、中央信号和事件记录和异常信号等各类信号接点。人机接口模块（HMI）由液晶、键盘、信号指示灯和调试串口组成，方便用户与装置间进行人机对话。

二、装置定值及参数配置

参数整定包括测控定值、软压板、装置设置、通信参数等，以下分别介绍。

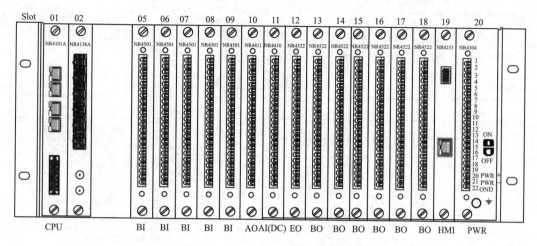

图 5-23　PCS-9705 测控装置背板

1. 设备参数定值

设备参数定值主要用于设定和运行系统相关的参数，如电压互感器参数、电流互感器参数等。

设备参数定值列表，如表 5-1 所示。

表 5-1　　　　　　　　　　　　　　设备参数定值列表

序号	定值	定值范围	步长	单位	默认值
1	测量侧 CT 额定一次值	1～50000	1	A	1000
2	测量侧 CT 额定二次值	1～5	1	A	5
3	零序 CT 额定一次值	1～50000	1	A	1000
4	零序 CT 额定二次值	1～5	1	A	5
5	测量侧 PT 额定一次值	1～1000	0.01	kV	220
6	测量侧 PT 额定二次值	1～120	0.001	V	100
7	同期侧 PT 额定一次值	1～1000	0.01	kV	127
8	同期侧 PT 额定二次值	1～120	0.001	V	57.73
9	外接零序 PT 一次值	1～1000	0.01	kV	127
10	外接零序 PT 二次值	1～120	0.001	V	57.73
11	母联电流一次值	1～50000	1	A	1000
12	母联电流二次值	1～5	1	A	5

（1）①/①额定值：该定值应按实际情况整定。同期侧 PT 按照实际接入额定值整定。

（2）外接零序①一次值/二次值：零序电压自产为 0 时生效，零序测量电压一次值二次值按照"外接零序 PT 一次值"和"外接零序①二次值"定值计算，零序过压报警门槛和零序电压溢出根据外接零序 PT 二次值来判。零序电压自产为 1 时，零序测量电压一次值二次值按照"测量侧①一次值"和"测量侧 PT 二次值"定值计算，零序过压报警门槛和零序电压溢出根据测量相电压来判。

2. 公用通信参数

公用通信参数用于设置监控系统公共通信相关的参数，与站控层通信方式无关。

公用通信参数定值列表，如表 5-2 所示。

表 5-2   公用通信参数定值列表

序 号	定 值	定 值 范 围
1	A 网 IP 地址	000.000.000.000 −255.255.255.255
2	A 网子网掩码	000.000.000.000 −255.255.255.255
3	B 网 IP 地址	000.000.000.000 −255.255.255.255
4	B 网子网掩码	000.000.000.000 −255.255.255.255
5	B 网使能	0~1
6	C 网 IP 地址	000.000.000.000 −255.255.255.255
7	C 网子网掩码	000.000.000.000 −255.255.255.255
8	C 网使能	0~1
9	网关	000.000.000.000 −255.255.255.255
10	时钟同步阈值	0~FFFFFFFF
11	SNTP 服务器地址	000.000.000.000 −255.255.255.255
12	外部时钟源模式	0~3

（1）外部时钟源：0 为硬对时；1 为软对时；2 为扩展板对时；3 为无对时。

（2）时钟同步阈值当对时信号恢复时，如对时信号与本地时间存在较大偏差，则难以有效判断偏差来自本地守时偏差，还是由于对时信号存在"跳变"，此时若自动恢复则存在较大风险。应具有一个可整定参数，控制允许对时信号恢复时，允许自动恢复同步时钟差阈值。当定值设置为 0 时，时钟恢复后不判钟差。时钟同步阈值只对硬对时起作用。

3. 61850 通信参数

61850 通信参数用于设置监控系统 61850 通信相关的参数。

61850 通信参数定值列表，如表 5-3 所示。

表 5-3   61850 通信参数定值列表

序 号	定 值	定值范围	步 长	默认值
1	IED 名称			TEMPLATE
2	IEC61850 双网模式	0~2	2	1
3	测试模式使能	0~1	1	0
4	遥控关联遥信	0~1	1	0

续表

序　号	定　值	定值范围	步　长	默认值
5	缓存报告使能	0～1	1	0
6	品质变化上送使能	0～1	1	0
7	站控层 GOOSE 双网使能	0～1	1	0
8	站控层 GOOSE 管理报文使能	0～1	1	0
9	过程层 GOOSE 双网使能	0～1	1	1
10	过程层 GOOSE 混网使能	0～1	1	0
11	SV_B 网使能	0～1	1	1
12	GMRP 使能	0～1	1	0
13	遥测时标使能	0～1	1	0
14	电压死区定值	0.00～100.00	0.01	0.2
15	有功死区定值	0.00～100.00	0.01	0.2
16	无功死区定值	0.00～100.00	0.01	0.2
17	功率因数死区定值	0.00～100.00	0.01	0.2
18	频率死区定值	0.00～100.00	0.01	0.2

（1）IEC61850 双网模式：0 为 KEMA_Mode，1 为南瑞继保模式，2 为国网 396 模式，除非现场需要双网热备用，一般情况下设为国网 396 模式。

（2）测试模式使能：定值设为 1，装置投检修后，可以正常响应远方下发带检修品质的遥控令，并正常出口；设为 0 装置检修状态下，不响应远方遥控。

（3）遥控关联遥信：整为 1 时，61850 遥控操作需要判断相关位置的状态，控分时，断路器隔离开关位置必须在合位才能进行控分操作；控合时，断路器隔离开关位置必须在分为才能进行控合操作。

（4）缓存报告使能：整为 1 时，61850 客户端使能后，重连时会按照 61850 标准第二版方式自动上送历史报告。现场实际运行时建议不投入此参数。

（5）品质变化上送使能：整为 1 时，并且在 61850 客户端使能品质变化上送（qChg），才能实现品质变化的主动上送。

（6）站控层 GOOSE 管理报文使能。当装置需要和 RCS（61850）测控进行跨间隔联锁时，该定值需要投入。

（7）过程层 GOOSE 混网使能：0 为退出；1 为使能

GOOSE 接收中部分控制块双网接收数据，部分控制块单网接收数据的情况下使用。

（8）GMRP 使能：0 为退出；1 为使能

数字化站需要使用 GMRP 功能时投入，该功能需要交换机支持。

4. 功能定值

功能定值列表，如表 5-4 所示。

表 5-4　　　　　　　　　　　　　　　　　功能定值列表

序号	参数名称	定值范围	默认值
1	零漂抑制门槛	[0：100]	0.2%
2	投零序过压报警	[0：1]	0
3	零序过压报警门槛	[0：100]	10.00%
4	低电压报警	[0：1]	0
5	低电压报警门槛	[0：100]	10.00%
6	测量 CT 接线方式	[0：1]	0
7	零序电压自产	[0：1]	0
8	零序电流自产	[0：1]	0
9	CT 极性	[+：−]	+
10	投 PT 断线报警	[0：1]	0
11	投 CT 异常报警	[0：1]	0

（1）测量 CT 接线方式：该定值为 0 时，三相 CT 均为外接方式；该定值为 1 时，B 相电流为自产。

（2）CT 极性：A 型装置该定值为 1 时，三相电流为反接模式，程序内部自动将采样电流反转 180°计算。

5. 同期定值

同期定值列表，如表 5-5 所示。

表 5-5　　　　　　　　　　　　　　　　　同期定值列表

序号	参数名称	定值范围	默认值
1	准同期模式	[0：1]	1
2	低压闭锁定值	[0：100]	80
3	高压闭锁定值	[120：180]	130
4	压差闭锁定值	[0：100]	10
5	频差闭锁定值	[0：3]	0.5
6	滑差闭锁定值	[0：2]	2.00
7	角差闭锁定值	[0.1：180]	30
8	无压模式	[1：7]	7
9	PT 断线闭锁检无压	[0：1]	1
10	PT 断线闭锁检同期	[0：1]	1
11	同期复归时间	[5000：300000]	5000
12	角差补偿值	[0：360]	0
13	同期电压类型	[0：5]	0
14	无压百分比	[0：100]	30
15	有压百分比	[0：100]	80
16	断路器合闸时间	[20：1000]	80

（1）准同期模式：主要用于区分检同期的典型应用场合。当该定值为 1 时，无论角差闭锁定值设置为多少，检同期角差小于 1°时方能检同期合闸成功；当该定值为 0 时，检同期角差小于角差闭锁定值时能检同期合闸成功。在电厂使用时，该定值必须投入。

（2）无压百分比：无压定值以额定电压为参考。检无压合闸时，电压小于本定值视为无压。

（3）有压百分比：有压定值以额定电压为参考。检无压合闸时，电压大于本定值视为有压。

（4）压差闭锁定值：当参与检同期判别的两个电压的差值大于本定值时，不允许合闸。

（5）频差闭锁定值：当参与检同期判别的两个电压的频率差值大于该定值时，不允许合闸。

（6）滑差闭锁定值：当参与检同期判别的两个电压的频差加速度值大于该定值时，不允许合闸。

（7）角差闭锁定值：当参与检合环判别的两个电压的相位角度差值大于该定值时，不允许合闸。检同期合闸时，准同期模式退出，参与检同期判别的两个电压的相位角度差值大于该定值时，不允许合闸，准同期模式投入，角差闭锁定值固定为 1°。

（8）同期复归时：判别同期条件的最长时间。同期条件不满足持续到超出此时间长度后，不再判断同期条件是否满足，直接判断为同期失败。

（9）无压模式：1 为同期侧无压，测量侧无压；2 为同期侧有压，测量侧无压；3 为同期侧无压，测量侧有压；4 为测量侧无压；5 为同期侧无压；6 为一侧有压，另一侧无压；7 为任何一侧无压。

（10）断路器合闸时间：断路器接收到合闸脉冲到合上断路器的时间。

（11）检同期角差补偿值：检同期或者检合环的时候，将测量侧电压的相角加上"检同期角差补偿值"后再与同期侧电压的相角比较，判断同期条件是否满足。

（12）同期电压类型，如表 5-6 所示。

表 5-6　　　　　　　　　同期电压类型

同期电压类型	对应的同期电压类型
0	U_a
1	U_b
2	U_c
3	U_{ab}
4	U_{bc}
5	U_{ca}

6. 软压板

软压板定值列表，如表 5-7 所示。

表 5-7   软压板定值列表

序号	定值	定值范围	默认值
1	外间隔退出软压板	0~1	0
2	出口使能软压板	0~1	1
3	检同期软压板	0~1	0
4	检无压软压板	0~1	0
5	检合环软压板	0~1	0

（1）外间隔退出软压板：61850 跨间隔联锁时，退掉参与装置联锁的外间隔信号，此时外间隔信号不参与联锁逻辑。

（2）出口使能软压板：该定值投入，遥控成功后遥控硬节点和 GOOSE 均正常出口；该定值退出，遥控成功后仅返回遥控成功报文，硬节点和 GOOSE 均不出口。

（3）检合环软压板：检合环软压板投入时，检同期软压板不允许投入；此时，发普通遥控合闸令或者手合同期时，会进行检合环合闸判断。合环，就是将电力系统中的发电厂、变电站间的输电线路从辐射运行转换为环式运行或形成环式连接（也有称：同频同期）。

5.2.2　装置调试

（1）添加测控装置：点击"装置"选项卡，在左侧空白页面上鼠标右键，点击新建，如图 5-24 所示。

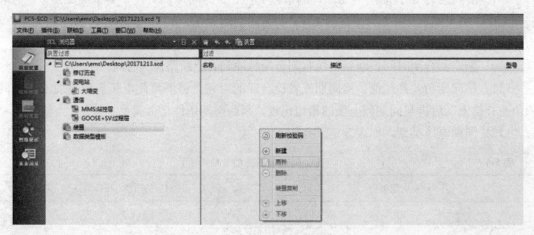

图 5-24　添加测控装置

弹出新建装置向导对话框，如图 5-25 所示。

点击"浏览"后，选择 PCS-9705.icd 文件并打开，如图 5-26 所示。

点击"下一步"，对 SCD 中的子网名称进行设置，如图 5-27 所示。

单击下一步后，测控装置添加完成，如图 5-28 所示。

（2）利用 PCS-PC5 调试工具上装、下载配置，现以上装为例进行说明。

打开调试工具后，在测控装置上单击，选择连接装置，如图 5-29 所示。

在弹出的对话框内输入测控装置的 IP 地址，单击 OK，如图 5-30 所示。

连接后，单击"调试工具"，如图 5-31 所示。

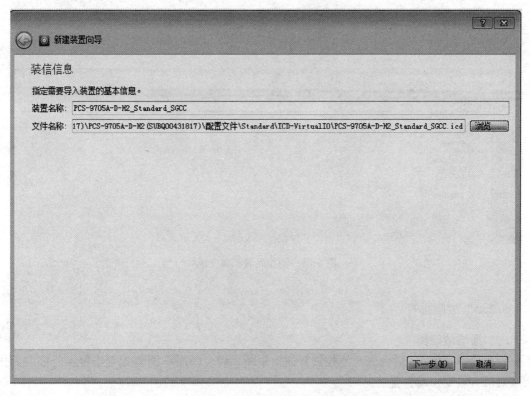

图 5-25　新建装置向导

图 5-26　选择相应的测控 icd 文件

之后，可以选择相应配置文件进行上装或下载，如图 5-32 所示。

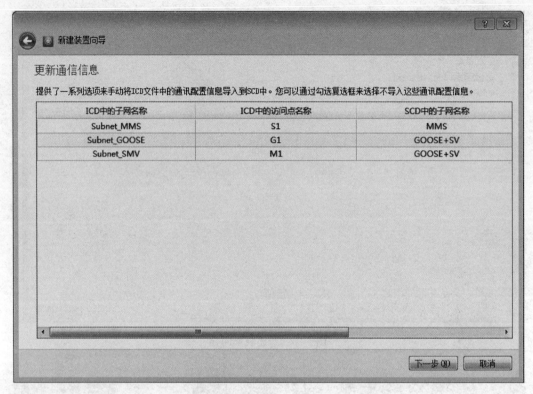

图 5-27　设置子网名称

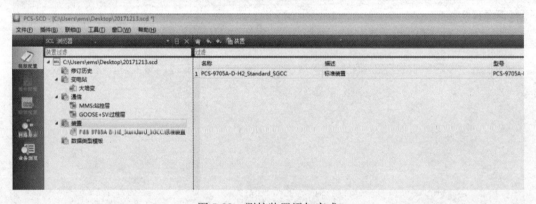

图 5-28　测控装置添加完成

5.2.3　故障排查

一、通信故障类

（1）故障现象 1：后台机与测控装置通信中断，后台画面不刷新或者告警实时框内无任何装置的有效变位或告警信息。

原因①：IED 名称填写错误

处理方法：将 IED 名称更改正确，重新下装 device.cid 文件，如图 5-33 所示。

原因②：IP 地址设置错误。

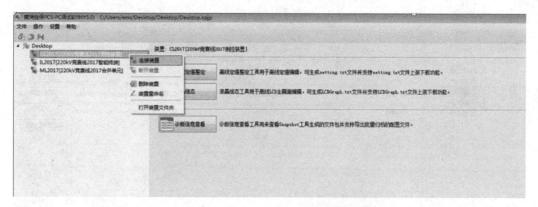

图 5-29　利用调试工具连接测控装置

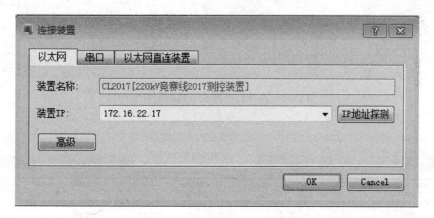

图 5-30　输入测控装置 IP 地址

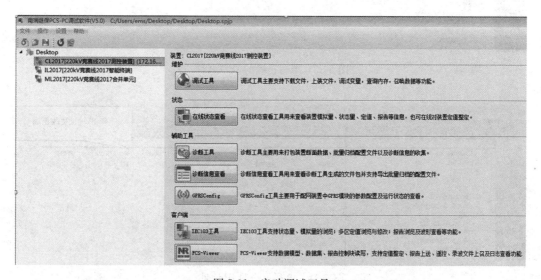

图 5-31　启动调试工具

处理方法：IP 地址更改正确，如图 5-34 所示。

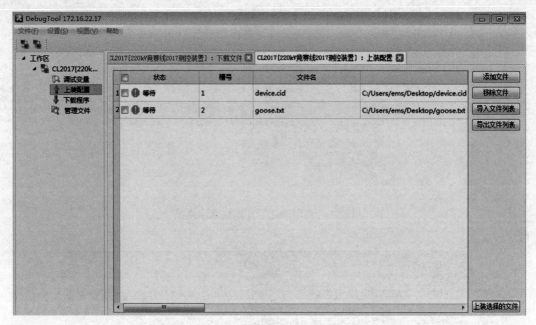

图 5-32 选择需上装或下载的配置文件

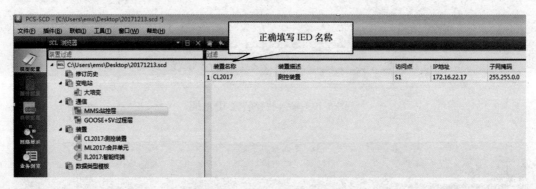

图 5-33 填写正确的 IED 名称

图 5-34 填写正确的 IP 地址

原因③：测控装置网线虚接或错接。

处理方法：使用 ping 命令发现链路不通，或者检查交换机上相应指示灯，将测控装置网线接好。

（2）故障现象 2：测控装置显示 GO/SV 断链告警，接收不到合并单元和智能终端的信息。

原因①：光纤收发接口接反或错接。

处理方法：理清光纤走向，按照实际图纸接线。

原因②：SCD 文件配置错误。

处理方法：手动修改 goose 或者 SV 的发送 MAC 地址或者 APPID，补全 SCD，按照现场实际修改为正确配置并下装，如图 5-35 所示。

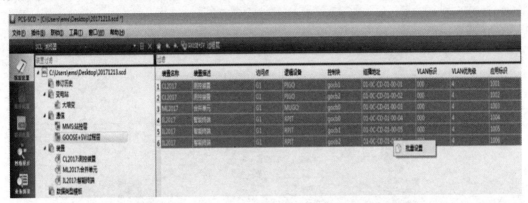

图 5-35　按照现场实际补全 SCD

选中需更改的条目，右键鼠标可以对 MAC 地址、APPID 等进行批量设置，如图 5-36 所示。

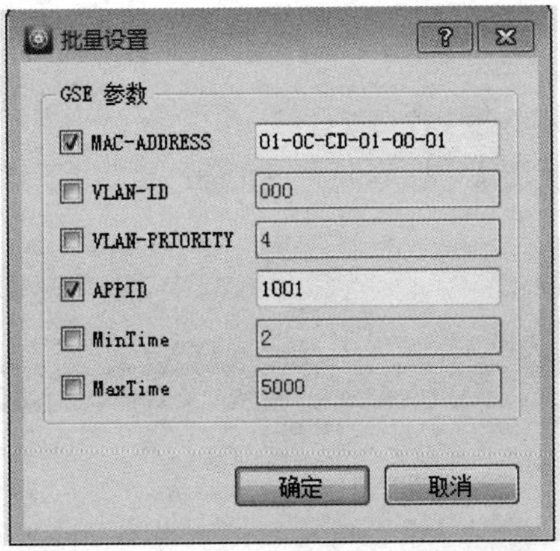

图 5-36　批量设置

二、遥测故障类

故障现象：测控装置遥测数值不对或者无有效值显示。

原因①：测控装置变比设置不正确，或极性错误。

处理方法：修改为正确的变比和极性，如图 5-37、图 5-38 所示。

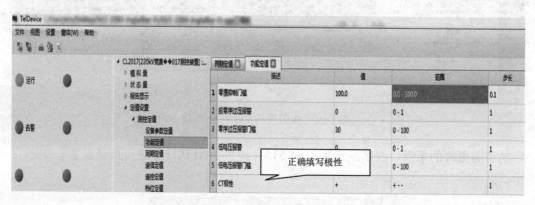

图 5-37　填写正确的变比

图 5-38　填写正确的极性

原因②：SCD 虚端子连接缺失或错误。

处理方法，核对虚端子连接，将 SCD 修改正确，导出并下装后，重启测控装置，如图 5-39 所示。

图 5-39　核对虚端子连接

原因③：测控装置 SV 接收软压板退出。

处理方法：投入测控 SV 接收软压板。

原因④：零漂抑制门槛设置过大，导致合并单元数据正常，但测控相应数据为 0。

处理方法：修改零漂抑制门槛值在合理数值，如图 5-40 所示。

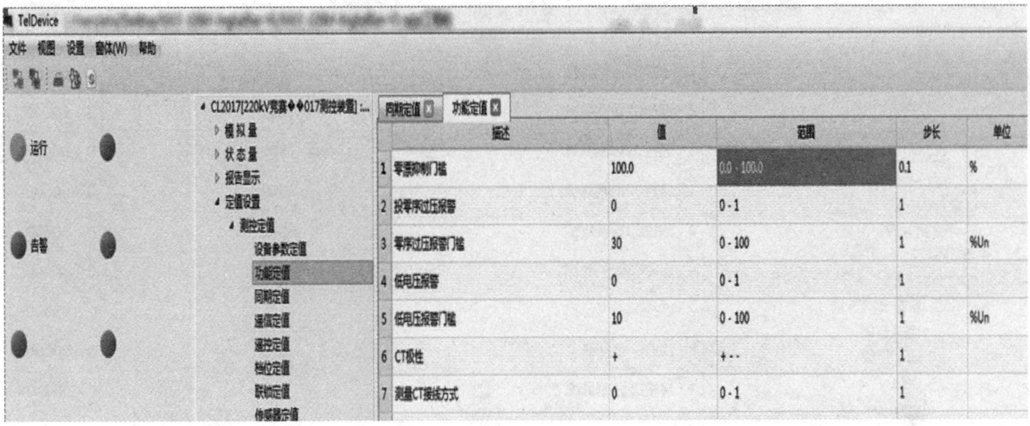

图 5-40　修改零漂

三、遥信故障类

故障现象：当地后台及调度主站遥信告警频繁或遥信变为反应慢。

原因：测控遥信防抖时间设置不合理。

处理方法：将防抖时间设置在合理数值，如图 5-41 所示。

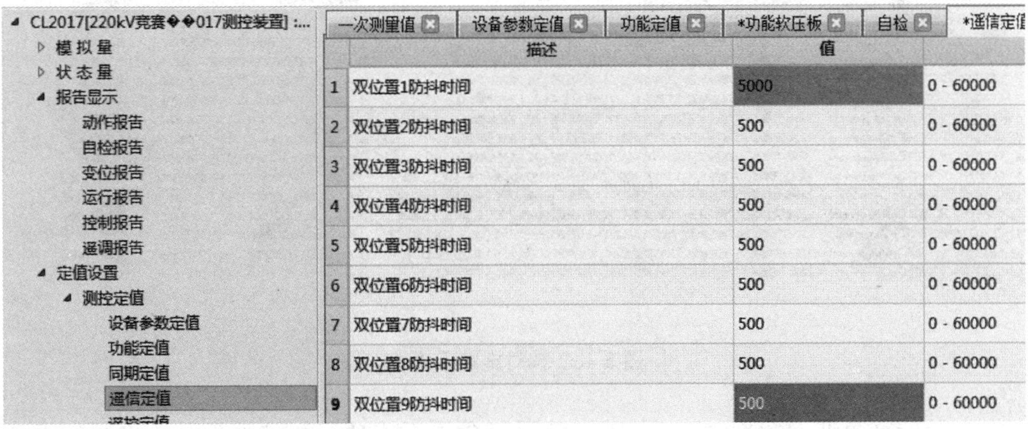

图 5-41　修改防抖时间

四、遥控故障类

（1）故障现象 1：遥控预置失败，无法完成遥控操作，遥控信息窗显示被模型闭锁或被过程闭锁。

原因①：测控装置投入检修压板或未投远控。

处理方法：退出检修压板、投入远控压板 。

原因②：测控装置出口脉宽设置不合理。

处理方法：将分合闸脉宽时间设置在合理数值，如图 5-42 所示。

图 5-42　设置分合闸脉宽

原因③：SCD 虚端子连接缺失或错误。

处理方法：核对虚端子连接，将 SCD 修改正确，导出并下装后，重启测控装置，如图 5-43 所示。

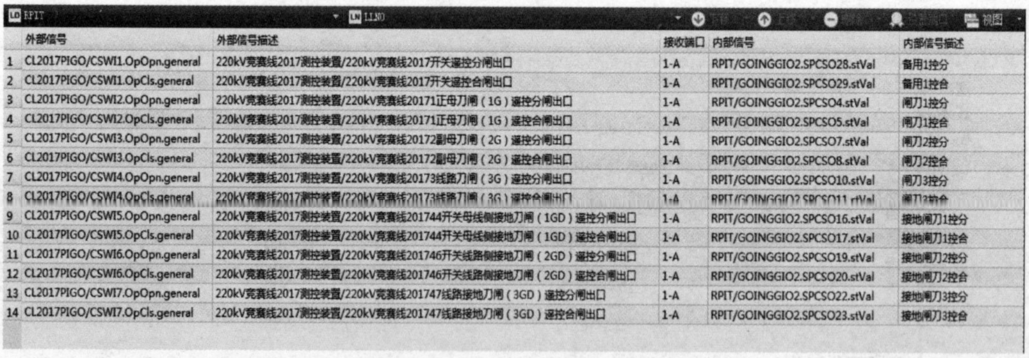

图 5-43　核对虚端子连接

（2）故障现象 2：断路器能正常遥控但同期合闸不成功，测控面板显示检同期不合格条件。

原因①：测控装置内，同期定值设置不合理，如同期电压类型、角差闭锁定值。

处理方法：将同期定值设置正确、保存定值，如图 5-44 所示。

原因②：测控装置内，软压板设置不合理，如出口使能、同期压板等。

处理方法：设置正确、保存定值。

	描述	值	范围	步长	单位
1	准同期模式	0	0 - 1	1	
2	低压闭锁定值	75	1 - 100	1	%Un
3	高压闭锁定值	130	120 - 180	1	%Un
4	压差闭锁定值	10	1 - 100	1	%Un
5	频差闭锁定值	0.50	0.00 - 3.00	0.01	Hz
6	滑差闭锁定值	2.00	0.10 - 5.00	0.01	Hz/s
7	角差闭锁定值	25.00	0.10 - 180.00	0.01	Deg
8	无压模式	7	1 - 7	1	
9	PT断线闭锁检无压	1	0 - 1	1	
10	PT断线闭锁检同期	1	0 - 1	1	
11	同期复归时间	5000	5000 - 300000	1	ms
12	无压百分比	30	1 - 100	1	%Un
13	有压百分比	80	1 - 100	1	%Un
14	同期电压类型	0	0 - 5	1	
15	角差补偿值	0	0 - 360	1	Deg
16	断路器合闸时间	80	20 - 1000	1	ms

图 5-44 修改同期定值

5.3 国电南瑞 NS3560 测控装置

5.3.1 原理及结构介绍

一、装置结构

装置前面板配有一块 320×240 点阵的液晶显示器，一个 8 键的键盘及 4 个功能键，6 个信号指示灯，一个用于和 PC 机通信用的百兆以太网接口。装置前面板插件配有独立的微处理器完成显示、通信和人机接口等功能。如图 5-45 所示。

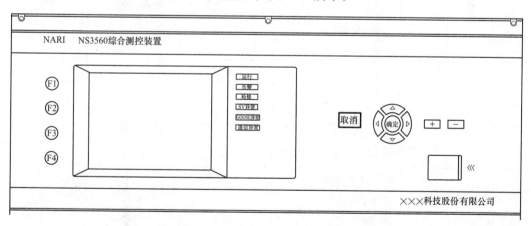

图 5-45 NS3560 综合测控装置前面板

6 个信号指示灯从上到下依次为：运行、报警、检修，SV 异常、GOOSE 异常、通信异常。键盘包括：4 个方向键为："确定"、"取消"、"＋"号、"－"号键。4 个功能键为：F1、F2、F3、F4，后 3 个键功能可定义，如图 5-46 所示。

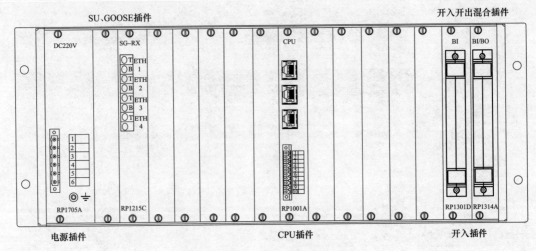

图 5-46　NS3560 综合测控装置背板

二、装置定值及参数配置

参数整定包括装置参数、同期参数、直流参数、遥信参数、遥控参数、遥测参数等。

1. 同期参数

同期参数定值列表，如表 5-8 所示。

表 5-8　　　　　　　　　　　　　同期参数定值列表

序号	同期参数	初始值	范围	字节数
1	线路侧额定相电压	57.74	0～380V	2
2	同期侧额定相电压	57.74	0～380V	2
3	无压定值	17.32	0～120	2
4	有压定值	34.64	0～120	2
5	滑差定值	0.5	0～1Hz/s	2
6	频差定值	0.5	0～0.5Hz	2
7	压差定值	5.77	0～30V	2
8	角差定值	30.00	0°～30°	2
9	同期捕捉时间 T_{tq}	30	1～120s	2
10	相角补偿使能	0	0，1	1
11	相角补偿时钟数	0	0～11	2
12	自动合闸方式	0	0，1	2
13	导前时间 T_{dq}	200	0～700ms	2
14	PT 断线闭锁使能	1	0，1，2，3	2

（1）线路侧额定电压：待并侧电压定值，该定值需为二次值。一般推荐使用 57.74V。

（2）母线侧额定电压：系统侧电压定值，该定值需为二次值。一般推荐使用 57.74V。

（3）同期无压定值：当系统侧电压或待并侧电压中某一个小于该定值时，即认为断路器一侧都为无电压状态，符合合闸条件。

（例：当额定电压为 57.74V，需要设定无压值为额定值 30％时，该定值应输入 17.32V）。

（4）同期有压定值：当系统侧电压和待并侧电压都大于该定值时，即认为断路器两侧都为有电压状态，符合合闸条件。（例：当额定电压为 57.74V，需要设定有压值为额定值 60％时，该定值应输入 34.64V）。

（5）滑差定值：当系统侧电压和待并侧电压存在一定滑差的时候，该参数用于决定在该滑差下断路器能否进行合闸操作。当两者之间滑差大于该定值时合闸被闭锁。

注：滑差即反映电压频率变化率。

（6）频差定值：当系统侧电压和待并侧电压存在一定频率差的时候，该参数用于决定在该频率差下断路器能否进行合闸操作。当两者之间频率差大于该定值时合闸被闭锁。

（7）压差定值：当系统侧电压和待并侧电压存在一定电压差的时候，该参数用于决定在该电压差下断路器能否进行合闸操作。当两者之间电压差大于该定值时合闸被闭锁。（例：当额定电压为 57.74V，如果需要该定值为额定值的 10％，设定该压差值为 5.77V）。

（8）角差定值：当系统侧电压和待并侧电压存在一定相位差的时候，该参数用于决定在该相位差下断路器能否进行合闸操作。当两者之间相位差大于该定值时合闸被闭锁。

（9）导前时间：从测控装置发出合闸信号到断路器主触头闭合所经历的时间是断路器的合闸导前时间，主要包括出口继电器动作时间和断路器合闸时间。装置采用恒定导前时间的同期原理，在断路器两侧电压的相角差为零之前的一定时间发出合闸信号，当断路器的主触头闭合时，断路器两侧电压的相角差为零，对电网的冲击最小。从测控装置发出合闸信号到断路器主触头闭合所经历的时间是断路器的合闸导前时间，主要包括出口继电器动作时间和断路器合闸时间，合闸导前时间由定值 T_{dq} 设定。推荐该定值设定为 100ms。

（10）相角补偿使能：置"1"时装置具有相角补偿功能，当装置输入的待并侧电压和系统侧电压不是同名电压，存在固有相角时可以使用。补偿的角度由相角补偿钟点数定值来确定。

（11）相角补偿时钟数：允许补偿的角度数。该定值是这样确定的，当断路器合上后，此时断路器两侧输入电压向量角度即是需要补偿的角度。以待并侧电压向量为时钟的长针，其指向十二点；以系统侧电压向量为时钟的短针，其指向时钟几点，则设置该定值为几。装置根据输入的钟点数，即能进行同期相角补偿。例如待并侧电压输入为 A 相电压，系统侧电压输入为 AB 线电压，则应设定 Clock 为 11，装置将自动将电压向量系统侧电压顺时针补偿 30°。

（12）自动合闸方式："强制合"表示不判检同期或是检无压，直接无条件合断路器；"自动合"表示为自动准同期合操作，在两侧电压都有压的时装置判检同期，在两侧都无压或是单侧无压时装置判检无压；"无压合"表示装置判两侧电压是否满足无压条件，满足条件就合断路器；"有压合"表示装置判两侧电压是否满足同期条件，满足条件就合断路器。

（13）同期捕捉时间定值：在装置做同期合闸的执行过程中，当断路器合闸前，同期捕捉时间超过该整定值时，同期合闸操作闭锁。

（14）PT 断线闭锁使能：在装置做无压合闸的执行过程中，当断路器合闸前，装置发现 PT 有单相或是两相电压为零时，无压合闸操作闭锁。

2. 遥信参数

遥信参数定值列表，如表 5-9 所示。

表 5-9   遥信参数定值列表

序号	装置参数	初始值	范围	字节数	备注
1	遥信	1	滤波去抖时间	60	ms
2	遥信	2	滤波去抖时间	60	ms
		……			
		……			
3	遥信	20	滤波去抖时间	60	ms

遥信 x 滤波去抖时间：用于设置遥信滤除抖动的时长。

3. 遥控参数

遥信参数定值列表，如表 5-10 所示。

表 5-10   遥控参数定值列表

序号	装置参数	初始值	范围	字节数	备注
1	对象一出口脉宽	2000	0～60000	2	ms
2	对象二出口脉宽	2000	0～60000	2	ms
3	对象三出口脉宽	2000	0～60000	2	ms
4	对象四出口脉宽	2000	0～60000	2	ms
	……	2000	0～60000	2	ms
5	五防开放时间	900	0～1800	8	s
6	五防复归时间	5000	0～5000	4	ms

（1）出口脉宽：遥控执行继电器闭合时长。

（2）五防开放时间："监控五防"模式下，在外部条件满足五防逻辑时，后台对该闭锁继电器发出解锁命令后，闭锁继电器保持闭合的时长。一旦超过五防开放时间设定的时长则该闭锁继电器将自动断开。

（3）五防复归时间：在外部条件由满足五防逻辑到不满足五防逻辑时，闭锁继电器保持闭合的时长。

4. 遥测参数

遥测参数定值列表，如表 5-11 所示。

表 5-11   遥测参数定值列表

序号	装置参数	初始值	范围	字节数	备注
1	PT 额定一次值（kV）	100	0～999	2	
2	PT 额定二次值（V）	100.00	0～5999	2	
3	CT 额定一次值（A）	500	0～9999	2	
4	CT 额定二次值（A）	5.00	0	2	
5	合电流	0	0～1	1	不计算

序号	装置参数	初始值	范围	字节数	备注
6	档位合成模式	接收挡位	0～3		接收挡位全遥信 BCD 码 16 进制 10 进制
7	频率零漂值	0.002	0～1	2	额定值的系数
8	电压电流零漂值	0.001	0～1	2	额定值的系数
9	功率零漂值	0.001	0～1	2	额定值的系数
10	功率因数零漂值	0.001	0～1	2	额定值的系数
11	频率变化死区	0.002	0～1	2	额定值的系数
12	电压电流变化死区	0.001	0～1	2	额定值的系数
13	功率变化死区	0.001	0～1	2	额定值的系数
14	功率因数变化 I 算法	0.001	0～1	2	额定值的系数

（1）合电流：用于配置装置合成采集的电流方式，一般在二分之三接线方式下使用。"0"表示不做电流合运算；"1"表示做两组电流相加或相减获得合电流，运算方式由虚端子拉线决定。

（2）挡位合成模式：用于配置装置合成采集的档位遥信方式。"接收挡位"表示当前处于直接接收智能终端档位信息模式。"全遥信"表示所接入的挡位遥信是以每一个遥信表示一个具体的挡位值；"BCD 码"表示所接入的挡位遥信是以 BCD 码的方式表示；"16 进制"表示所接入的挡位遥信是以 16 进制的方式表示；"10 进制"表示所接入的挡位遥信是以 10 进制的方式表示。

（3）频率零漂值：若小于设置的该定值液晶不显示不上送。

（4）电压电流零漂值：若小于额定值乘以该零漂值系数则液晶不显示不上送。

（5）功率因数零漂值：若小于额定值乘以该零漂值系数的 2 倍则液晶不显示不上送。

（6）频率变化死区：若小于设置的该定值液晶不显示不上送。

（7）电压电流变化死区：若变化小于 PT（CT）一次额定值乘以该零漂值系数则液晶不显示不上送。

（8）功率变化死区：若变化小于功率额定值乘以变化系数的 2 倍则液晶不显示不上送。

5. 软压板

软压板定值列表，如表 5-12 所示。

表 5-12　　　　　　　　　　　　　　软压板定值列表

序号	装置参数	初始值	范围	字节数	备注
1	本间隔/全站五防	0	0、1	2	0：全站五防；1：本间隔五防
2	同期退出	0	0、1	2	0：同期投入；1：同期退出
3	装置就地	0	0、1	2	0：装置远方；1：装置就地
4	装置解锁	0	0、1	2	0：装置联锁；1：装置解锁

序号	装置参数	初始值	范围	字节数	备注
5	监控/间隔	0	0、1	2	0：间隔五防； 1：监控五防
6	预留	1	0、1	2	无实际功能
7	预留	2	0、1	2	无实际功能

（1）本间隔/全站五防：本间隔五防表示装置在判防务逻辑的时候，只判别本间隔的断路器隔离开关位置；全站五防表示装置在判防务逻辑的时候，需判别本间隔和其他间隔的断路器隔离开关位置。

（2）同期退出：在该软压板为"1"时装置启用同期功能，在为"0"时装置停用同期功能

（3）装置就地：装置在软压板方式下，该软压板为"1"时装置启用装置就地，在为"0"时装置远方。

（4）装置解锁：装置在软压板方式下，在该软压板为"1"时装置解锁，在为"0"时装置处于五防联锁装置。

（5）监控/间隔：装置在软压板方式下，在该软压板为"1"时装置五防处于监控模式，在为"0"时装置处于间隔五防模式。

5.3.2 装置调试

（1）模型文件导入：在 IEDS 下 220kV 电压等级的新建间隔上单击鼠标，点击新建 IED，如图 5-47 所示。

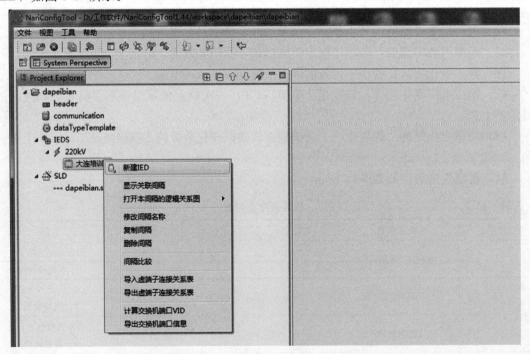

图 5-47　新建 IED

弹出新建 IED 向导，ICD 名称选择 device.cid，然后单击 Next，如图 5-48 所示。

图 5-48　设置 ICD 名称

装置类型处选择"测控"，IED 名称以及 IED 描述根据现场实际填写，如图 5-49 所示。

图 5-49　填写 IED 名称及描述

点击 Next，测控装置模型导入成功，如图 5-50 所示。

（2）配置文件的申请与下装：通过"虚拟液晶"可以查看菜单，实现简单操作，如图 5-51 所示。

图 5-50　导入成功

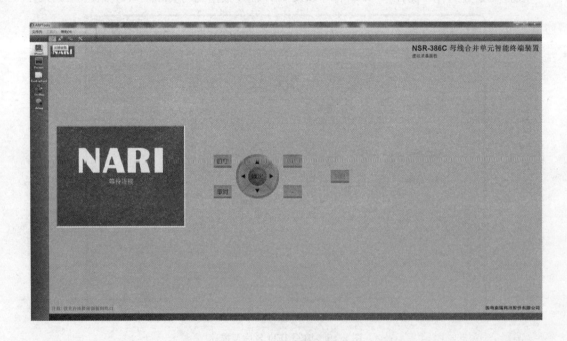

图 5-51　连接虚拟液晶

　　点击"连接设置"，输入测控装置 IP 地址即可实现装置与虚拟液晶的连接，如图 5-52 所示。

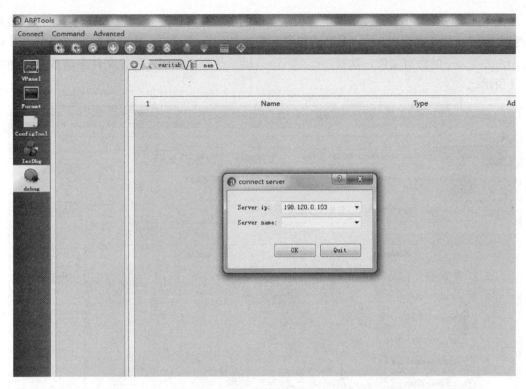

图 5-52　输入测控装置的 IP 地址

点击向上箭头按钮申请配置文件，如图 5-53 所示。

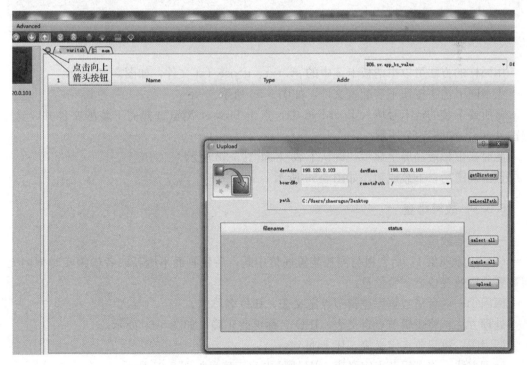

图 5-53　申请配置文件

在 boardNo 处填入 1，表示要申请板卡 1 中的配置文件；remotoPath 处选择/arp，表示配置文件所在文件夹为 arp；path 处为申请配置文件的存放路径。然后点击 getDiretory，弹出 arp 文件夹下的所有文件，选择/arp/device.cid。点击 upload，配置文件申请成功，如图 5-54 所示。

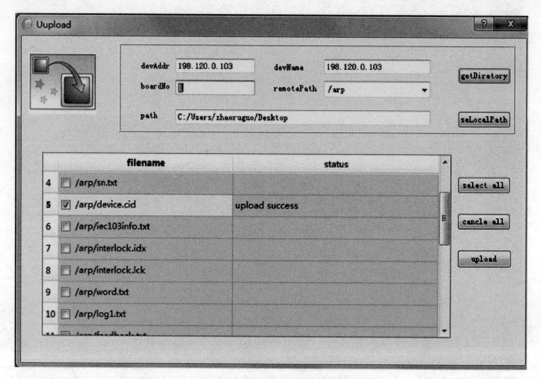

图 5-54　选择所要申请的配置文件

用同样的方法可以申请板卡 3 中的 sv. txt、goose. txt 文件，如图 5-55 所示。

点击向下箭头按钮下装配置文件，如图 5-56 所示。

将所要下装的板卡号填入 BoardNo 中，点击 brower 浏览选择需下装的文件并、/选上，点击 down，如图 5-57 所示。

此时，虚拟液晶屏上显示"确认下载"，如图 5-58 所示。

点击确定后，下载成功，如图 5-59 所示。

5.3.3　故障排查

一、通信故障类

（1）故障现象 1：后台机与测控装置通信中断，后台画面不刷新或者告警实时框内无任何装置的有效变位或告警信息。

原因①：后台机数据库逻辑节点定义表，IED 名称错。

处理方法：将逻辑节点定义表，IED 名称更改正确，如图 5-60 所示。

原因②：逻辑节点定义表，IP 地址错。

处理方法：将逻辑节点定义表，IP 地址更改正确，如图 5-61 所示。

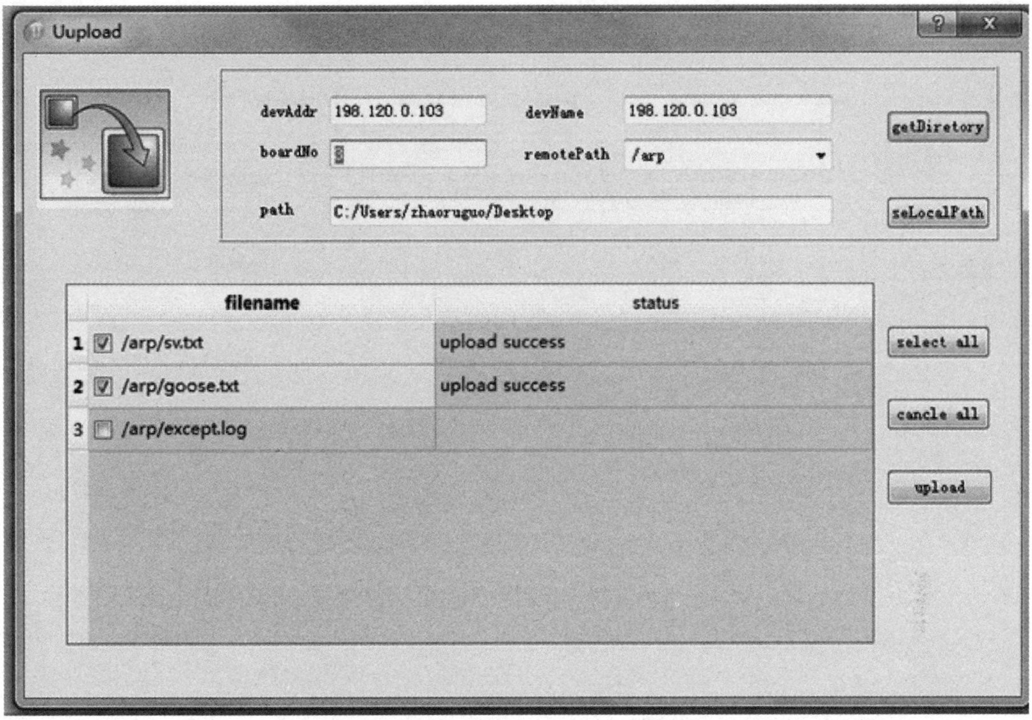

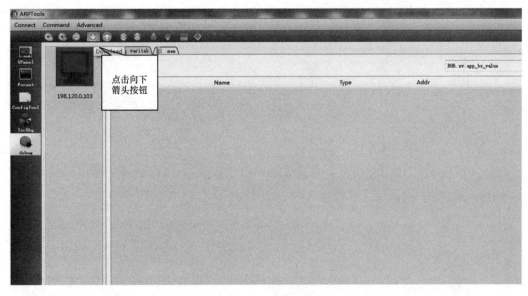

图 5-55　申请板卡 3 中的配置文件

图 5-56　下装配置文件

原因③：测控装置参数设置中 IP 地址或子网掩码设置错误。

处理方法：在后台机使用 ping 命令，检查后台与测控装置之间的通信链路，确认网线物理接口及后台机 IP 地址设置无误后，进入测控装置的装置参数菜单，检查参数设置，更改后恢复正常通信，如图 5-62 所示。

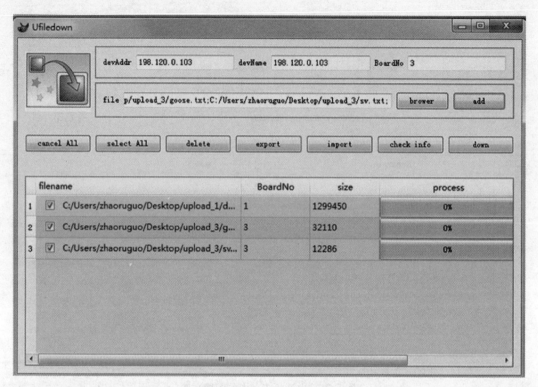

图 5-57　选择添加所要下装的文件

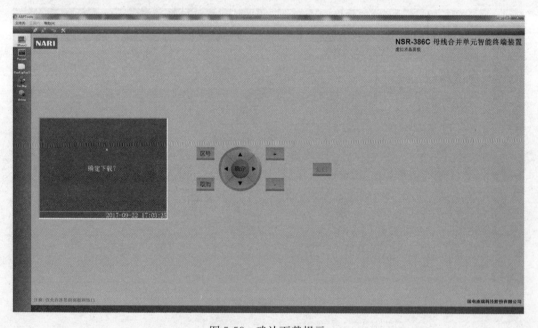

图 5-58　确认下载提示

（2）故障现象 2：测控装置接收不到合并单元和智能终端的 GOOSE 信息，发出过程层 GOOSE 断链信息。

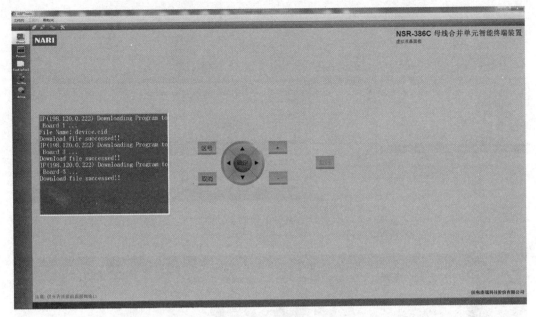

图 5-59　下载成功

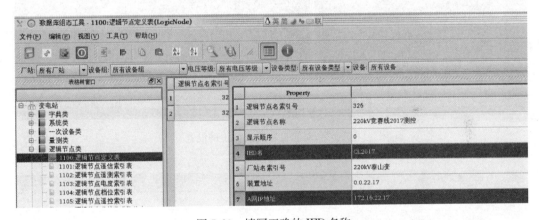

图 5-60　填写正确的 IED 名称

原因：GOOSE 接收、发送端口设置错误，与实际接线不符。

处理方法：将 goose.txt 附属信息中的编辑接收端口修改为实际接收端口，如图 5-63 所示。

（3）故障现象 3：测控装置接收不到合并单元的 SV 信息，发出接收过程层 SV 断链信息。

原因：SV 输出端口设置错误，与实际不符。

处理方法：将 sv.txt 附属信息中的编辑 SV 输出控制块附属信息修改为实际发送端口，如图 5-64 所示。

二、遥测故障类

（1）故障现象 1：测控装置上送后台的遥测量数值为"0"。

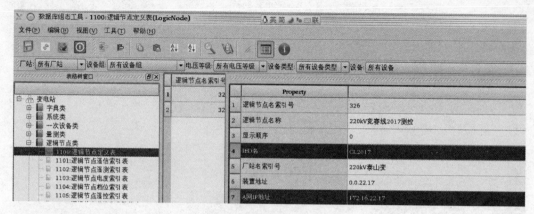

图 5-61 填写正确的 IP 地址

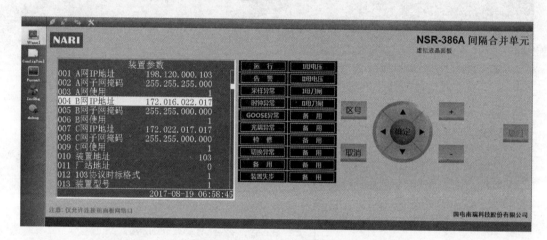

图 5-62 对测控装置进行正确设置

图 5-63 填写正确的接收端口

图 5-64 填写正确的 SV 输出控制块附属信息

原因：SCD 中 S1 节点下测控装置测量参数配置中 db 或 zerodb 设置错误。

处理方法：检查 SCD 中测控装置测量参数配置，更改为 db＝10，zerodb＝10，如图 5-65 所示。

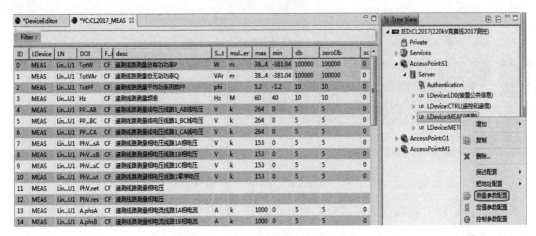

图 5-65　对测量参数进行正确配置

（2）故障现象 2：测控装置接收的遥测信息与实际信息不一致，导致后台及主站显示不正确。

原因：SCD 中测控装置与合并单元之间遥测虚端子链接错误。

处理方法：核对虚端子表及图纸，检查虚端子连线是否正确，如图 5-66 所示。

No.	Out Reference	Out Description	In Reference	In Description
0	ML2017.MUSV01/MUATVTR4.Vol1	A相测量电压AD1（采样值）	PISV/SVINGGIO1.SvIn1	A套A相电压
1	ML2017.MUSV01/MUBTVTR4.Vol1	B相测量电压AD1（采样值）	PISV/SVINGGIO1.SvIn2	A套B相电压
2	ML2017.MUSV01/MUCTVTR4.Vol1	C相测量电压AD1（采样值）	PISV/SVINGGIO1.SvIn3	A套C相电压
3			PISV/SVINGGIO1.SvIn4	A套零序电压
4	ML2017.MUSV01/PUATVTR4.Vol1	A相保护电压AD1（采样值）	PISV/SVINGGIO1.SvIn5	A套同期电压
5	ML2017.MUSV01/PIATCTR1.Amp1	A相测量电流AD1（采样值）	PISV/SVINGGIO1.SvIn6	A套A相电流（边开关电流）
6	ML2017.MUSV01/PIBTCTR1.Amp1	B相测量电流AD1（采样值）	PISV/SVINGGIO1.SvIn7	A套B相电流（边开关电流）
7	ML2017.MUSV01/PICTCTR1.Amp1	C相测量电流AD1（采样值）	PISV/SVINGGIO1.SvIn8	A套C相电流（边开关电流）
8			PISV/SVINGGIO1.SvIn9	A套零序电流

电压等级：220kV　间隔：220kV竞赛线　IED：17(220kV竞赛线2017测控)　接收端：CL2017:M1:PISV:LLN　过滤：

图 5-66　核对虚端子连接

（3）故障现象 3：遥测数据上送至后台及远动机时，遥测数据显示错误；同时影响同期定值。

原因：测控装置遥测参数中 I 段 PT 额定一次值设置错误（例：实际为 220kV，误设为 127kV）。

处理方法：根据已知条件，检查该定值是否设置正确，如图 5-67 所示。

三、遥信故障类

故障现象：测控装置接收的遥信信息与实际信息不一致，导致后台及主站显示不正确。

原因：SCD 中测控装置与智能终端之间遥信虚端子链接错误。

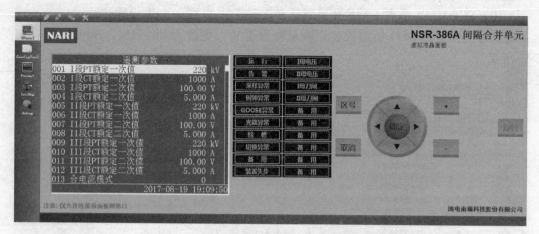

图 5-67　正确设置测控装置定值

处理方法：核对虚端子表及图纸，检查虚端子连线是否正确，如图 5-68 所示。

| 电压等级： 220kV ▼ | 间隔： 220kV竞赛线 ▼ | IED： 17(220kV竞赛线2017测控) ▼ | | 接收端： CL2017:G1:PIGO:LLN ▼ | 过滤：　　　 | 💬 |

No.	Out Reference	Out Description	In Reference	In Description
0	IL2017.RPIT/Q4XCBR1.Pos.stVal	2017断路器位置	PIGO/GOINGGIO1.DPCSO1.stVal	2017断路器位置值
1			PIGO/GOINGGIO1.DPCSO1.t	2017断路器位置时间
2	IL2017.RPIT/Q0AXCBR1.Pos.stVal	2017断路器B相位置	PIGO/GOINGGIO1.DPCSO2.stVal	2017断路器A相位置值
3			PIGO/GOINGGIO1.DPCSO2.t	2017断路器A相位置时间
4	IL2017.RPIT/Q0BXCBR1.Pos.stVal	2017断路器B相位置	PIGO/GOINGGIO1.DPCSO3.stVal	2017断路器B相位置值
5			PIGO/GOINGGIO1.DPCSO3.t	2017断路器B相位置时间
6	IL2017.RPIT/Q0CXCBR1.Pos.stVal	2017断路器C相位置	PIGO/GOINGGIO1.DPCSO4.stVal	2017断路器C相位置值
7			PIGO/GOINGGIO1.DPCSO4.t	2017断路器C相位置时间

图 5-68　核对虚端子连接

四、遥控故障类

（1）故障现象 1：智能终端接收测控装置的遥控命令失败，导致后台及主站遥控断路器或者隔离开关遥控超时。

原因：SCD 中智能终端接收测控 GOOSE 虚端子链接错误。

处理方法：核对虚端子表及图纸，检查虚端子连线是否正确，如图 5-69 所示。

| 电压等级： 220kV ▼ | 间隔： 220kV竞赛线 ▼ | IED： IL2017(220kV竞赛线2017) ▼ | | 接收端： IL2017:G1:RPIT:LLN(▼ | 过滤：　　　 | 💬 |

No.	Out Reference	Out Description	In Reference	In Description
33	CL2017.PIGO/CBACSWI1.OpCls.general	2017断路器合闸值	RPIT/GOINGGIO2.SPCSO2.stVal	2017断路器分闸
34	CL2017.PIGO/CBACSWI1.OpOpn.general	2017断路器分闸值	RPIT/GOINGGIO2.SPCSO3.stVal	2017断路器合闸
35	CL2017.PIGO/QG1ACSWI1.OpOpn.general	20171刀闸分闸值	RPIT/GOINGGIO2.SPCSO4.stVal	20171刀闸分闸
36	CL2017.PIGO/QG1ACSWI1.OpCls.general	20171刀闸合闸值	RPIT/GOINGGIO2.SPCSO5.stVal	20171刀闸合闸
37			RPIT/GOINGGIO2.SPCSO6.stVal	隔刀1允许1
38	CL2017.PIGO/QG2ACSWI1.OpOpn.general	20172刀闸分闸值	RPIT/GOINGGIO2.SPCSO7.stVal	20172刀闸分闸

图 5-69　检查分合闸虚端子

（2）故障现象 2：在后台做同期功能失败，无法实现同期合闸。

原因：测控装置同期参数设置中同期参数设置错误或同期功能压板未设置。

处理方法：根据已知条件，检查同期参数设置及测控装置软压板设置，满足同期频差、角差或相位差判断条件，如图 5-70 所示。

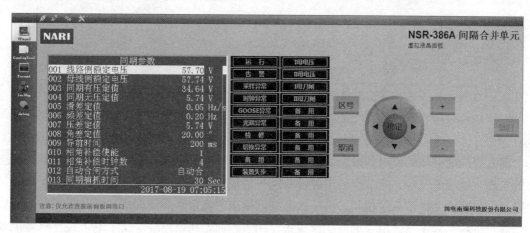

图 5-70　正确设置测控装置同期参数

第6章

合并单元原理及实操技术

随着智能变电站的应用和推广，变电站的二次电压/电流回路发生了改变。电子式互感器的实现、远端电气单元的二次输出并没有统一的规定，各厂家使用的原理、介质系数、二次输出光信号含义也都不尽相同，电子式互感器输出的光信号需要同步、系数转换等处理后才能输出统一的数据格式供变电站二次设备使用。因此，IEC 标准定义了电子式互感器接口的重要组成部分——合并单元（Merging Unit，MU），并严格规范了它与保护、测控等二次设备之间的接口方式，合并单元最开始就是针对这种数字化输出的电子式互感器而定义的。

6.1　合　并　单　元　概　述

6.1.1　合并单元定义

合并单元是按时间组合电流、电压数据的物理单元，通过同步采集多路 ECT/EVT 输出的数字信号并对电气量进行合并和同步处理，并将处理后的数字信号按照标准格式转发给间隔层各设备使用，简称 MU。

6.1.2　合并单元主要功能

合并单元位于变电站的过程层，可采集传统电流、电压互感器的模拟量信号，及电子式电流、电压互感器的数字量信号，并将采样值（SV）按照 IEC61850-9-2 以光、太网形式上送给间隔层的保护、测控、故障录波等装置。可根据过程层智能终端发送过来的 GOOSE 或本装置就地采集开入值来判断隔离开关、断路器位置完成切换或并列功能；同时可以按照 IEC61850 定义的 GOOSE 服务与间隔层的测控装置进行通信，将装置的运行状态、告警、遥信等信息上送，其功能如图 6-1 所示。

（1）采集电压、电流瞬时数据；

（2）采样值有效性处理；

（3）采样值输出；

（4）时钟同步及守时；

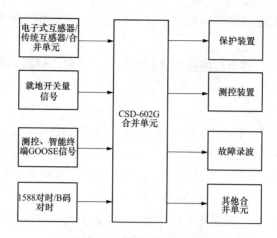

图 6-1　合并单元功能示意图

（5）设备自检及指示；

（6）电压并列和切换。

6.1.3　合并单元分类

一、按输入方式分类

（1）模拟量输入式合并单元：模拟量输入式合并单元是全部或部分采用交流电压、交流电流模拟量输入的合并单元。

（2）电子式互感器输入式合并单元：电子式互感器输入式合并单元是全部或部分采用交流电压、交流电流数字量输入的合并单元。

二、按功能分类

（1）间隔合并单元：间隔合并单元用于线路、变压器和电容器等间隔电气量采集，发送一个间隔的电气量数据。电气量数据典型值为三相电压、三相保护用电流、三相测量用电流、同期电压、零序电压、零序电流。对于双母线接线的间隔，间隔合并单元根据间隔隔离开关位置自动实现电压的切换输出。

（2）母线合并单元：母线合并单元一般采集母线电压或者同期电压。母线合并单元可接收至少 2 组电压互感器数据，并支持向其他合并单元提供母线电压数据，在需要电压并列时可实现各段母线电压的并列功能。

6.1.4　合并单元技术要求

（1）合并单元应能满足最少 12 个模拟输入通道和至少 8 个采样值输出端口的要求。输出应采用光纤传输系统，兼容接口是合并单元的光纤接插件，宜采用多模光纤，ST 接口；

（2）合并单元应具备报警输出接点或闭锁接点；

（3）合并单元应具备测试用秒脉冲信号输出接口；

（4）间隔合并单元应具备接入母线电压数字信号级联接口；

（5）具备采集断路器、隔离开关等位置信号功能（包含常规信号和 GOOSE）；

（6）合并单元应能接受外部时钟的同步信号，同步方式应基于 1PPS、IRIG-B（DC）或 IEC 61588 协议；

（7）对于接入了两段母线电压的按间隔配置的合并单元，根据采集的双位置隔离开关信息，自动进行电压切换；

（8）对于接入了两段及以上母线电压的母线合并单元，母线电压并列功能由合并单元完成。合并单元通过 GOOSE 网络获取断路器、隔离开关位置信息，实现电压并列功能；

（9）合并单元在外部同步信号消失后，能在 10min 内守时精度不大于 ±4μs；

（10）合并单元应能对装置本身的硬件或通信方面的错误进行自检，并能对自检事件进行记录；具有掉电保持功能，并通过直观的方式显示。记录的事件包括：数字采样通道故障、时钟失效、网络中断、参数配置改变等重要事件。具有完善的闭锁告警功能，能保证在电源中断/电压异常、通信中断、通信异常等情况下不误输出。

6.2　合并单元的硬件结构及其功能

6.2.1　合并单元插件介绍

一、四方典型合并单元结构图

装置背面的插件有：主 CPU 组合插件、以太网发送插件、交流插件、DIO 插件、电源插件，如图 6-2、图 6-3 所示。

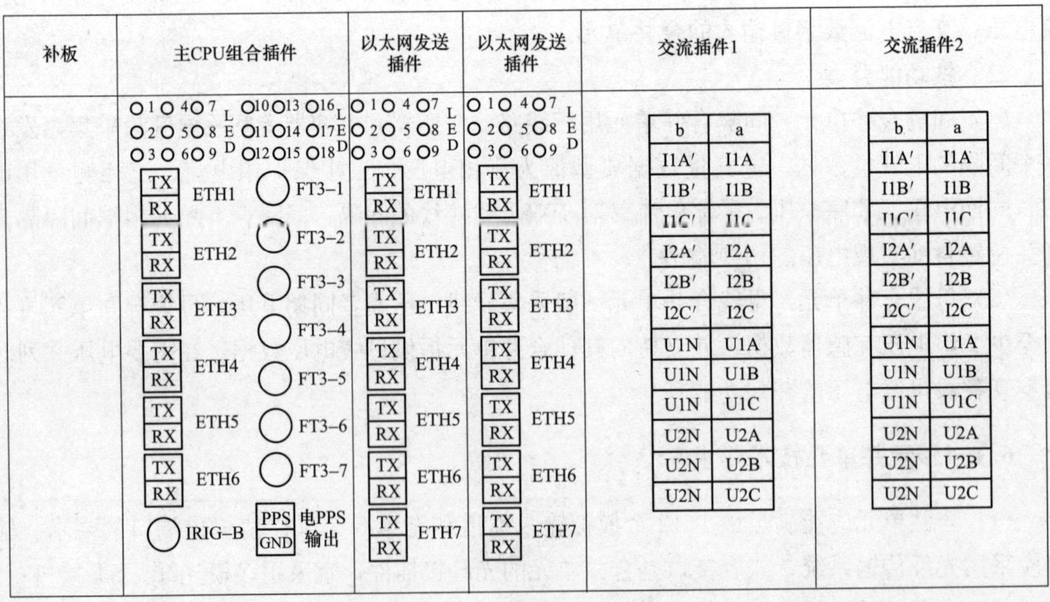

补板	主CPU组合插件	以太网发送插件	以太网发送插件	交流插件1		交流插件2	
	○1 ○4 ○7 L ○10 ○13 ○16 L ○2 ○5 ○8 E ○11 ○14 ○17 E ○3 ○6 ○9 D ○12 ○15 ○18 D	○1 ○4 ○7 L ○2 ○5 ○8 E ○3 ○6 ○9 D	○1 ○4 ○7 L ○2 ○5 ○8 E ○3 ○6 ○9 D	b	a	b	a
	TX/RX ETH1　○FT3-1	TX/RX ETH1	TX/RX ETH1	I1A′	I1A	I1A′	I1A
	TX/RX ETH2　○FT3-2	TX/RX ETH2	TX/RX ETH2	I1B′	I1B	I1B′	I1B
	TX/RX ETH3　○FT3-3	TX/RX ETH3	TX/RX ETH3	I1C′	I1C	I1C′	I1C
	TX/RX ETH4　○FT3-4	TX/RX ETH4	TX/RX ETH4	I2A′	I2A	I2A′	I2A
	TX/RX ETH5　○FT3-5	TX/RX ETH5	TX/RX ETH5	I2B′	I2B	I2B′	I2B
	TX/RX ETH6　○FT3-6	TX/RX ETH6	TX/RX ETH6	I2C′	I2C	I2C′	I2C
	TX/RX ETH6　○FT3-7	TX/RX ETH6	TX/RX ETH6	U1N	U1A	U1N	U1A
	○IRIG-B　PPS/GND 电PPS输出	TX/RX ETH7	TX/RX ETH7	U1N	U1B	U1N	U1B
				U1N	U1C	U1N	U1C
				U2N	U2A	U2N	U2A
				U2N	U2B	U2N	U2B
				U2N	U2C	U2N	U2C

图 6-2　四方合并单元背板示意图（一）

补板	补板	DIO插件		补板	电源插件	
		○ 1 ○ 2 ○ 3 LED				
		c	a		c	a
		2 DOCOM2	DOCOM1		2	R24V+
		4 DO1-2	DO1-1		4	
		6 DO2-2	DO2-1		6	
		8 DO4	DO3		8	R24V-
		10 DOCOM4	DOCOM3		10	
		12 DO5-2	DO5-1		12	
		14 DO6-2	DO6-1		14	直流消失
		16 DO7			16	直流消失
		18 DI8	DI1		18	
		20 DI9	DI2		20	IN+
		22 DI10	DI3		22	
		24 DI11	DI4		24	
		26 DI12	DI5		26	IN-
		28 DI13	DI6		28	
		30 DI14	DI7		30	
		32 DICOM	DICOM		32	⏚

图 6-3　四方合并单元背板示意图（二）

二、南瑞继保典型合并单元结构图

装置背面的插件有：电源插件、主 DSP 插件、采样板、交流输入板、开入开出板，如图 6-4 所示。

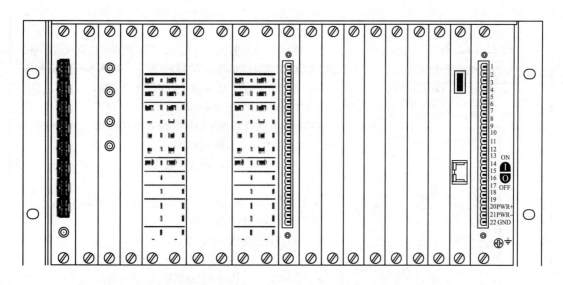

图 6-4　南瑞继保合并单元背板示意图

三、南瑞科技典型合并单元结构图

装置背面的插件有：电源插件、交流插件、DSP 插件，CPU 插件、FT3 输出扩展插件、SMV 输出扩展插件、开入开出插件、开入插件，如图 6-5 所示。

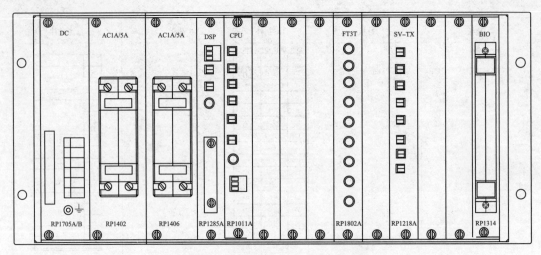

图 6-5　南瑞科技合并单元背板示意图

6.2.2　各板件功能介绍

一、北京四方插件介绍

插件名称：CPU 插件	插 件 功 能
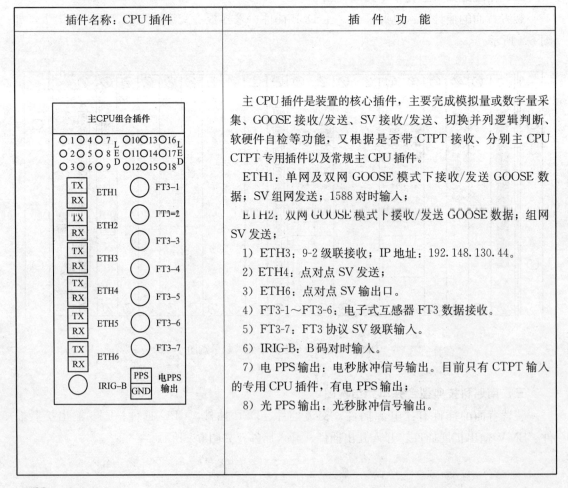	主 CPU 插件是装置的核心插件，主要完成模拟量或数字量采集、GOOSE 接收/发送、SV 接收/发送、切换并列逻辑判断、软硬件自检等功能，又根据是否带 CTPT 接收、分别主 CPU CTPT 专用插件以及常规主 CPU 插件。 ETH1：单网及双网 GOOSE 模式下接收/发送 GOOSE 数据；SV 组网发送；1588 对时输入； ETH2：双网 GOOSE 模式下接收/发送 GOOSE 数据；组网 SV 发送； 1) ETH3：9-2 级联接收；IP 地址：192.148.130.44。 2) ETH4：点对点 SV 发送； 3) ETH6：点对点 SV 输出口。 4) FT3-1～FT3-6：电子式互感器 FT3 数据接收。 5) FT3-7：FT3 协议 SV 级联输入。 6) IRIG-B：B 码对时输入。 7) 电 PPS 输出：电秒脉冲信号输出。目前只有 CTPT 输入的专用 CPU 插件，有电 PPS 输出； 8) 光 PPS 输出：光秒脉冲信号输出。

插件名称：以太网发送插件	插　件　功　能
<table><tr><td colspan="3">以太网单发插件</td></tr><tr><td>○ 1</td><td>○ 4</td><td>○ 7</td></tr><tr><td>○ 2</td><td>○ 5</td><td>○ 8 LED</td></tr><tr><td>○ 3</td><td>○ 6</td><td>○ 9</td></tr></table> TX / RX ETH1 TX / RX ETH2 TX / RX ETH3 TX / RX ETH4 TX / RX ETH5 TX / RX ETH6 TX / RX ETH7	以太网发送插件：功能为 SV 数据发送，ETH1～ETH7 均为点对点 SV 与组网 SV 复用端口。

插件名称：交流插件	插　件　功　能
交流插件1 <table><tr><td>b</td><td>a</td></tr><tr><td>I1A′</td><td>I1A</td></tr><tr><td>I1B′</td><td>I1B</td></tr><tr><td>I1C′</td><td>I1C</td></tr><tr><td>I2A′</td><td>I2A</td></tr><tr><td>I2B′</td><td>I2B</td></tr><tr><td>I2C′</td><td>I2C</td></tr><tr><td>U1N</td><td>U1A</td></tr><tr><td>U1N</td><td>U1B</td></tr><tr><td>U1N</td><td>U1C</td></tr><tr><td>U2N</td><td>U2A</td></tr><tr><td>U2N</td><td>U2B</td></tr><tr><td>U2N</td><td>U2C</td></tr></table> **交流插件2** <table><tr><td>b</td><td>a</td></tr><tr><td>I1A′</td><td>I1A</td></tr><tr><td>I1B′</td><td>I1B</td></tr><tr><td>I1C′</td><td>I1C</td></tr><tr><td>I2A′</td><td>I2A</td></tr><tr><td>I2B′</td><td>I2B</td></tr><tr><td>I2C′</td><td>I2C</td></tr><tr><td>U1N</td><td>U1A</td></tr><tr><td>U1N</td><td>U1B</td></tr><tr><td>U1N</td><td>U1C</td></tr><tr><td>U2N</td><td>U2A</td></tr><tr><td>U2N</td><td>U2B</td></tr><tr><td>U2N</td><td>U2C</td></tr></table>	每台装置最多可以配两块交流插件，每个交流插件最多可以焊装 12 个 CT（电流互感器）或 PT（电压互感器）。根据现场应用情况不同选用不同的交流插件。

插件名称：DIO 插件	插 件 功 能
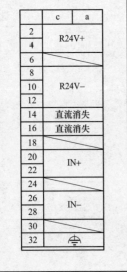	DIO 插件分开出部分与开入部分，ca2～ca16 为 7 对空接点开出，ca18～ca32 为 14 个 DC220V/DC110V 开入端口。 开出 a12-a10：为一对装置告警空接点，当装置有总告警时该接点闭合。 开出 a2-a4：为一对对时异常空接点，当装置对时异常时该接点闭合。 开入地端子定义由装置的切换并列状态决定，装置每种逻辑状态所对应的详细开入端子定义。

DIO插件

	c	a
○1 ○2 ○3		LED
2	DOCOM2	继电器1 对时异常−
4		继电器1 对时异常+
6	DO2−2	
8		
10		继电器5 总告警−
12		继电器5 总告警+
14		
16		
18	DI8	DI1
20	DI9	DI2
22	DI10	DI3
24	DI11	DI4
26	DI12	DI5
28	DI13	DI6
30	DI14	DI7
32	DICOM	DICOM

插件名称：电源插件	插 件 功 能
电源插件	装置电源插件分 DC110V 与 DC220V 两种，新装置上电前强确认输入电压等级。 ca2/ca4：+24V 输出。 ca8/ca10/ca12：−24V 输出。 a14-c14：为一对失电告警空节点，装置失电时接点闭合。 a16-c16：为一对失电告警空节点，装置失电时接点闭合。 ca20/ca22：IN+ 为装置正电源输入。 ca26/ca28：IN− 为装置负电源输入。 ca32：装置屏蔽地，应可靠接地。

	c	a
2		
4	R24V+	
6		
8		
10	R24V−	
12		
14	直流消失	
16	直流消失	
18		
20	IN+	
22		
24		
26	IN−	
28		
30		
32	⏚	

二、南瑞继保插件介绍

插件名称：主 DSP	插件功能
 NR1136E TX RX　LC接头 TX RX TX RX TX RX TX RX TX RX TX RX RX　ST接头	NR1136 板采用高性能的 ADSP-BF548 作为处理器，DSP 的工作频率可达 533MHz，使用大规模现场可编程门阵列（FPGA），8 端口 PHY 芯片；主要支持 100base-FX 光纤以太网接口；板卡主要实现装置管理、GOOSE 通信、SMV 发送，对时，事件记录，人机界面交换等功能

插件名称：采样 DPS	插件功能
 NR1157C TX1 TX2 RX1 RX2	采样板通过并行 A/D 采样芯片采样交流头转换过来的小信号，为了防止采样异常，采样板硬件上均实现了双重采样，最多支持 24 路模拟量信号的采样。同时 RX1、RX2 可以配置成接收扩展 IEC60044-8 协议的 22 路或 33 路通道采样值，TX1、TX2 发送光 PPS 信号用于测试装置的对时、守时性能

插件名称：交流输入	插件功能

<table>
<tr><td colspan="4" align="center">NR1407/NR1401</td></tr>
<tr><td></td><td></td><td></td><td></td></tr>
<tr><td>CH1</td><td>01</td><td>CH1′</td><td>02</td></tr>
<tr><td>CH2</td><td>03</td><td>CH2′</td><td>04</td></tr>
<tr><td>CH3</td><td>05</td><td>CH3′</td><td>06</td></tr>
<tr><td>CH4</td><td>07</td><td>CH4′</td><td>08</td></tr>
<tr><td>CH5</td><td>09</td><td>CH5′</td><td>10</td></tr>
<tr><td>CH6</td><td>11</td><td>CH6′</td><td>12</td></tr>
<tr><td>CH7</td><td>13</td><td>CH7′</td><td>14</td></tr>
<tr><td>CH8</td><td>15</td><td>CH8′</td><td>16</td></tr>
<tr><td>CH9</td><td>17</td><td>CH9′</td><td>18</td></tr>
<tr><td>CH10</td><td>19</td><td>CH10′</td><td>20</td></tr>
<tr><td>CH11</td><td>21</td><td>CH11′</td><td>22</td></tr>
<tr><td>CH12</td><td>23</td><td>CH12′</td><td>24</td></tr>
</table>

交流输入模块（AC 模块）是一个模拟量转换模块。它能够把高值模拟量转换为适合微机保护采样使用的低值模拟量，同时实现电力系统和微机保护的有效隔离

插件名称：开入开出	插件功能

<table>
<tr><td colspan="2" align="center">NR1525A</td></tr>
<tr><td>开出1+</td><td>01</td></tr>
<tr><td>开出1−</td><td>02</td></tr>
<tr><td>开出2+</td><td>03</td></tr>
<tr><td>开出2−</td><td>04</td></tr>
<tr><td>开出3+</td><td>05</td></tr>
<tr><td>开出3−</td><td>06</td></tr>
<tr><td>开出4+</td><td>07</td></tr>
<tr><td>开出4−</td><td>08</td></tr>
<tr><td>开入1</td><td>09</td></tr>
<tr><td>开入2</td><td>10</td></tr>
<tr><td>开入3</td><td>11</td></tr>
<tr><td>开入4</td><td>12</td></tr>
<tr><td>开入5</td><td>13</td></tr>
<tr><td>开入6</td><td>14</td></tr>
<tr><td>开入7</td><td>15</td></tr>
<tr><td>开入8</td><td>16</td></tr>
<tr><td>开入9</td><td>17</td></tr>
<tr><td>开入10</td><td>18</td></tr>
<tr><td>开入11</td><td>19</td></tr>
<tr><td>开入12</td><td>20</td></tr>
<tr><td>开入13</td><td>21</td></tr>
<tr><td>GND</td><td>22</td></tr>
</table>

一块开入开出板最多可以连接 13 路开入，4 路开出。其具体所需的开入开出数目可以根据实际的需求灵活配置。开入电压默认情况为 220V，如果要接其他等级的电压则需要修改定值。

开入开出板拥有自己的微处理芯片，通过 CAN 总线和其他 DSP 板卡进行数据交换

插件名称：电源	插 件 功 能
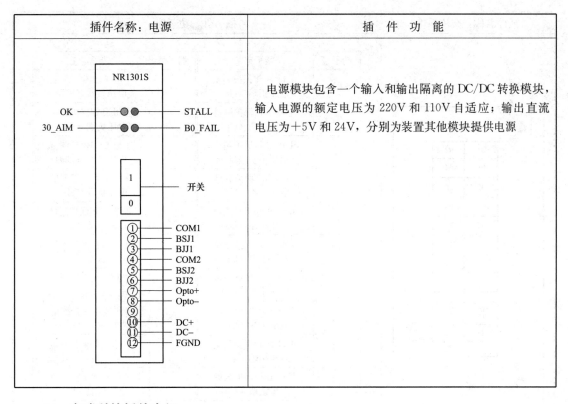	电源模块包含一个输入和输出隔离的 DC/DC 转换模块，输入电源的额定电压为 220V 和 110V 自适应；输出直流电压为 +5V 和 24V，分别为装置其他模块提供电源

三、南瑞科技插件介绍

插件名称：直流电源插件	插 件 功 能
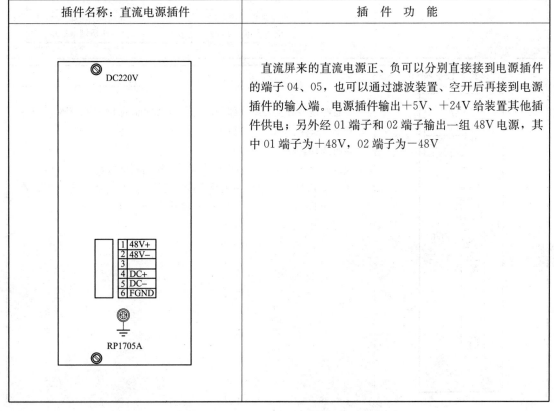	直流屏来的直流电源正、负可以分别直接接到电源插件的端子 04、05，也可以通过滤波装置、空开后再接到电源插件的输入端。电源插件输出 +5V、+24V 给装置其他插件供电；另外经 01 端子和 02 端子输出一组 48V 电源，其中 01 端子为 +48V，02 端子为 −48V

插件名称：交流插件	插 件 功 能			

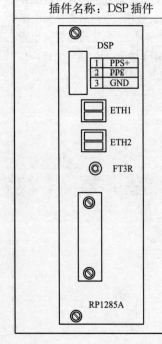

AC–PT

01	02
03	04
05	06
07	08
09	10
11	12
13	14
15	16
17	18
19	20
21	22
23	24

RP1402G2/G5

端子号	端子定义	端子号	端子定义
01	Ⅰ母A相保护测量电压正端（Ua）	02	Ⅰ母A相保护测量电压负端（U′a）
03	Ⅰ母B相保护测量电压正端（Ub）	04	Ⅰ母B相保护测量电压负端（U′b）
05	Ⅰ母C相保护测量电压正端（Uc）	06	Ⅰ母C相保护测量电压负端（U′c）
07	Ⅰ母零序保护测量电压正端（U0）	08	Ⅰ母零序保护测量电压负端（U′0）
09	Ⅱ母A相保护测量电压正端（Ua）	10	Ⅱ母A相保护测量电压负端（U′a）
11	Ⅱ母B相保护测量电压正端（Ub）	12	Ⅱ母B相保护测量电压负端（U′b）
13	Ⅱ母C相保护测量电压正端（Uc）	14	Ⅱ母C相保护测量电压负端（U′c）
15	Ⅱ母零序保护测量电压正端（U0）	16	Ⅱ母零序保护测量电压负端（U′0）
17	Ⅲ母A相保护测量电压正端（Ua）	18	Ⅲ母A相保护测量电压负端（U′a）
19	Ⅲ母B相保护测量电压正端（Ub）	20	Ⅲ母B相保护测量电压负端（U′b）
21	Ⅲ母C相保护测量电压正端（Uc）	22	Ⅲ母C相保护测量电压负端（U′c）
23	Ⅲ母零序保护测量电压正端（U0）	24	Ⅲ母零序保护测量电压负端（U0）

插件名称：DSP插件	插 件 功 能

DSP

1	PPS+
2	PPS-
3	GND

ETH1

ETH2

FT3R

RP1285A

该插件是装置主要组成部分之一，由高性能的 DSP 和 FPGA 组成。完成 AC 采样、FT3 收发和 SMV9-2 收发。

本插件具备以下接口：

（1）PPS＋、PPS－、GND 为秒脉冲输出测试口。

（2）ETH1 和 ETH2 目前只有接收有用，用来接收 SMV9-2 报文。

（3）FT3R、FT3R1、FT3R2 用来接收 IEC60044-8 报文

插件名称：CPU插件	插 件 功 能
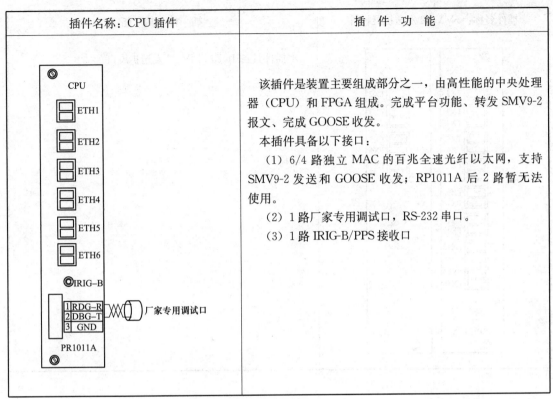	该插件是装置主要组成部分之一，由高性能的中央处理器（CPU）和FPGA组成。完成平台功能、转发SMV9-2报文、完成GOOSE收发。 本插件具备以下接口： （1）6/4路独立MAC的百兆全速光纤以太网，支持SMV9-2发送和GOOSE收发；RP1011A后2路暂无法使用。 （2）1路厂家专用调试口，RS-232串口。 （3）1路IRIG-B/PPS接收口

插件名称：FT3发送扩展插件	插 件 功 能
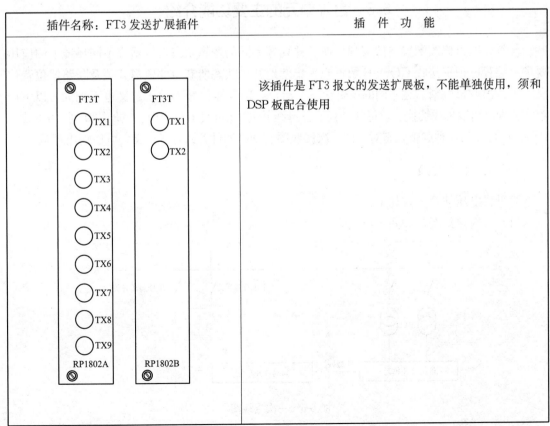	该插件是FT3报文的发送扩展板，不能单独使用，须和DSP板配合使用

插件名称：SMV9-2 发送扩展插件	插 件 功 能
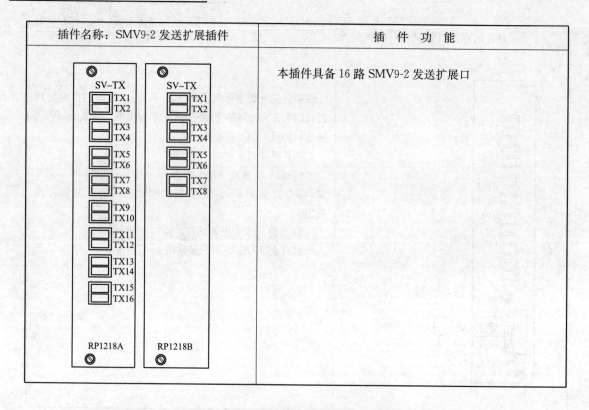	本插件具备 16 路 SMV9-2 发送扩展口

6.3　合并单元的主要功能介绍

装置可通过修改配置文件实现切换、并列等不同的逻辑状态，以适应不同环境下的应用要求。装置可根据接收 GOOSE 数据或采集就地开入状态所获得的隔离开关及断路器位置信息，来做出逻辑判断。在不同的逻辑状态下运行，DIO 插件开入端子定义也不相同，以下内容将分别介绍双母线切换、双母线并列、三母线并列（Ⅱ母线不含 PT）、三母线并列（Ⅱ母线含PT）、内桥并列几种逻辑状态对应的一次接线图、DIO 插件开入端子定义、电压输出逻辑表。

6.3.1　电压切换

双母线电压切换方式如下：

（1）一次接线图，如图 6-6 所示。

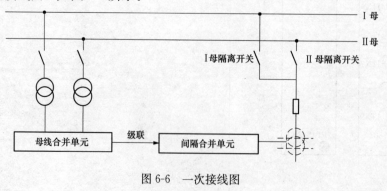

图 6-6　一次接线图

（2）DIO 开入端子定义，如表 6-1 所示。

表 6-1　　　　　　　　　　DIO 开入端子定义

开入定义	DIO 硬开入方式	DIO 端子	GOOSE 订阅方式
检修状态	DI01	a18	
备用	DI02	a20	
Ⅰ母隔离开关分位	DI03	a22	从智能终端订阅
Ⅰ母隔离开关合位	DI04	a24	从智能终端订阅
Ⅱ母隔离开关分位	DI05	a26	从智能终端订阅
Ⅱ母隔离开关合位	DI06	a28	从智能终端订阅

（3）电压输出策略表，如表 6-2 所示。

表 6-2　　　　　　　　　　电压输出策略表

序号	Ⅰ母隔刀		Ⅱ母隔刀		电压输出	报警说明
	合位	分位	合位	分位		
1	0	0	0	0	保持现状	
2	0	0	0	1	保持现状	
3	0	0	1	1	保持现状	延时 1min 以上报警"隔离开关位置异常"
4	0	1	0	0	保持现状	
5	0	1	1	1	保持现状	
6	0	0	1	0	Ⅱ母电压	
7	0	1	1	0	Ⅱ母电压	无
8	1	0	1	0	Ⅰ母电压	报警"同时动作"
9	0	1	0	1	电压输出 0，状态有效	报警"同时返回"
10	1	0	0	1	Ⅰ母电压	无
11	1	1	1	0	Ⅱ母电压	延时 1min 以上报警"隔离开关位置异常"
12	1	0	0	0	Ⅰ母电压	
13	1	0	1	1	Ⅰ母电压	
14	1	1	0	0	保持现状	
15	1	1	0	1	保持现状	
16	1	1	1	1	保持现状	

6.3.2　电压并列

一、双母电压并列

（1）一次接线图，如图 6-7 所示。

（2）DIO 开入端子定义，如表 6-3 所示。

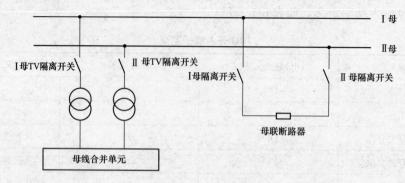

图 6-7　一次接线图

表 6-3   **DIO 开入端子定义**

开入定义	DIO 硬开入方式	DIO 端子	GOOSE 订阅方式
检修状态	DI01	a18	
母联分位	DI03	a22	从智能终端订阅
母联合位	DI04	a24	从智能终端订阅
Ⅰ母、Ⅱ母并列取Ⅰ母把手	DI09	c20	从测控订阅
Ⅰ母、Ⅱ母并列取Ⅱ母把手	DI10	c22	从测控订阅
允许远方并列操作	DI11	c24	
Ⅰ母 PT 隔离开关合位	DI12	c26	从智能终端订阅
Ⅱ母 PT 隔离开关合位	DI13	c28	从智能终端订阅

（3）电压输出策略表，如表 6-4 所示。

表 6-4   **电压输出策略表**

序号	并列把手状态		母联位置	Ⅰ母输出电压	Ⅱ母输出电压
	取Ⅰ母	取Ⅱ母			
1	0	0	任意	Ⅰ母	Ⅱ母
2	0	1	合位	Ⅱ母	Ⅱ母
3	0	1	分位	Ⅰ母	Ⅱ母
4	0	1	00 或 11	保持现状	保持现状
5	1	0	合位	Ⅰ母	Ⅰ母
6	1	0	分位	Ⅰ母	Ⅱ母
7	1	0	00 或 11	保持现状	保持现状
8	1	1	合位	保持现状	保持现状
9	1	1	分位	Ⅰ母	Ⅱ母
10	1	1	00 或 11	保持现状	保持现状

把手位置：1—合位，0—分位

报警：母联位置合分都为 00 或 11，为无效位置，延时 1min 以上报警"隔离开关位置异常"

二、三段母线并列（Ⅱ母线含 PT）

（1）一次接线图，如图 6-8 所示。

（2）DIO 开入端子定义，如表 6-5 所示。

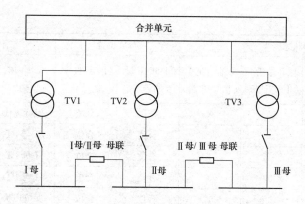

图 6-8　一次接线图

表 6-5　　　　　　　　　　　　　　　　**DIO 开入端子定义**

开入定义	DIO 硬开入方式	DIO 端子	GOOSE 订阅方式
检修状态	DI01	a18	
Ⅰ 与 Ⅱ 母母联分位	DI03	a22	从智能终端订阅
Ⅰ 与 Ⅱ 母母联合位	DI04	a24	从智能终端订阅
Ⅱ 与 Ⅲ 母母联分位	DI05	a26	从智能终端订阅
Ⅱ 与 Ⅲ 母母联合位	DI06	a28	从智能终端订阅
Ⅰ / Ⅱ 母并列取 Ⅰ 母把手	DI07	a30	从测控订阅
Ⅰ / Ⅱ 母并列取 Ⅱ 母把手	DI08	c18	从测控订阅
Ⅱ / Ⅲ 母并列取 Ⅱ 母把手	DI09	c20	从测控订阅
Ⅱ / Ⅲ 母并列取 Ⅲ 母把手	DI10	c22	从测控订阅
允许远方并列操作	DI11	c24	
Ⅰ 母 PT 隔离开关合位	DI12	c26	从智能终端订阅
Ⅱ 母 PT 隔离开关合位	DI13	c28	从智能终端订阅
Ⅲ 母 PT 隔离开关合位	DI14	c30	从智能终端订阅

（3）电压输出策略表，如表 6-6 所示。

表 6-6　　　　　　　　　　　　　　　　**电压输出策略表**

把手状态				母联位置		各段母线输出电压		
取 Ⅰ 母把手 （Ⅰ 母/Ⅱ 母）	取 Ⅱ 母把手 （Ⅰ 母/Ⅱ 母）	取 Ⅱ 母把手 （Ⅱ 母/Ⅲ 母）	取 Ⅲ 母把手 （Ⅱ 母/Ⅲ 母）	Ⅰ 母/Ⅱ 母 的母联	Ⅱ 母/Ⅲ 母 的母联	Ⅰ 母的电 压输出	Ⅱ 母的电 压输出	Ⅲ 母的电 压输出
0	0	0	0	X	X	Ⅰ 母 PT	Ⅱ 母 PT	Ⅲ 母 PT
X	X	X	X	分位	分位	Ⅰ 母 PT	Ⅱ 母 PT	Ⅲ 母 PT
X	X	0	0	分位	合位	Ⅰ 母 PT	Ⅱ 母 PT	Ⅲ 母 PT
X	X	0	1	分位	合位	Ⅰ 母 PT	Ⅲ 母 PT	Ⅲ 母 PT
X	X	1	0	分位	合位	Ⅰ 母 PT	Ⅱ 母 PT	Ⅱ 母 PT
X	X	1	1	分位	合位	保持现状	保持现状	保持现状
0	0	X	X	合位	分位	Ⅰ 母 PT	Ⅱ 母 PT	Ⅲ 母 PT
0	1	X	X	合位	分位	Ⅱ 母 PT	Ⅱ 母 PT	Ⅲ 母 PT
1	0	X	X	合位	分位	Ⅰ 母 PT	Ⅰ 母 PT	Ⅲ 母 PT

续表

把手状态				母联位置		各段母线输出电压		
取Ⅰ母把手（Ⅰ母/Ⅱ母）	取Ⅱ母把手（Ⅰ母/Ⅱ母）	取Ⅱ母把手（Ⅱ母/Ⅲ母）	取Ⅲ母把手（Ⅱ母/Ⅲ母）	Ⅰ母/Ⅱ母的母联	Ⅱ母/Ⅲ母的母联	Ⅰ母的电压输出	Ⅱ母的电压输出	Ⅲ母的电压输出
1	1	X	X	合位	分位	保持现状	保持现状	保持现状
0	0	0	0	合位	合位	Ⅰ母PT	Ⅱ母PT	Ⅲ母PT
0	0	0	1	合位	合位	Ⅰ母PT	Ⅲ母PT	Ⅲ母PT
0	0	1	0	合位	合位	Ⅰ母PT	Ⅱ母PT	Ⅱ母PT
0	0	1	1	合位	合位	保持现状	保持现状	保持现状
0	1	0	0	合位	合位	Ⅱ母PT	Ⅱ母PT	Ⅲ母PT
0	1	0	1	合位	合位	Ⅲ母PT	Ⅲ母PT	Ⅲ母PT
0	1	1	0	合位	合位	Ⅱ母PT	Ⅱ母PT	Ⅱ母PT
0	1	1	1	合位	合位	保持现状	保持现状	保持现状
1	0	0	0	合位	合位	Ⅰ母PT	Ⅰ母PT	Ⅲ母PT
1	0	0	1	合位	合位	保持现状	保持现状	保持现状
1	0	1	0	合位	合位	Ⅰ母PT	Ⅰ母PT	Ⅰ母PT
1	0	1	1	合位	合位	保持现状	保持现状	保持现状
1	1	0	0	合位	合位	保持现状	保持现状	保持现状
1	1	0	1	合位	合位	保持现状	保持现状	保持现状
1	1	1	0	合位	合位	保持现状	保持现状	保持现状
1	1	1	1	合位	合位	保持现状	保持现状	保持现状

X—任意状态，1—合位，0—分位

报警：当合分都为00或11时，延时1min以上报警"隔离开关位置异常"

三、三段母线接线电压并列（Ⅱ母线不含PT）

（1）一次接线图，如图6-9所示。

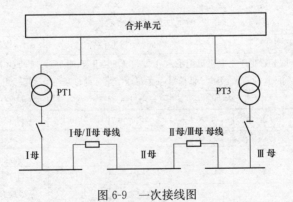

图6-9　一次接线图

（2）DIO开入端子定义，如表6-7所示。

表 6-7　　　　　　　　　　　DIO 开入端子定义

开入定义	DIO 硬开入方式	DIO 端子	GOOSE 订阅方式
检修状态	DI01	a18	
Ⅰ与Ⅱ母母联分位	DI03	a22	从智能终端订阅
Ⅰ与Ⅱ母母联合位	DI04	a24	从智能终端订阅
Ⅱ与Ⅲ母母联分位	DI05	a26	从智能终端订阅
Ⅱ与Ⅲ母母联合位	DI06	a28	从智能终端订阅
Ⅰ/Ⅲ母并列取Ⅰ母把手	DI09	c20	从测控订阅
Ⅰ/Ⅲ母并列取Ⅲ母把手	DI10	c22	从测控订阅
允许远方并列操作	DI11	c24	
Ⅰ母 PT 隔离开关合位	DI12	c26	从智能终端订阅
Ⅲ母 PT 隔离开关合位	DI14	c30	从智能终端订阅

（3）电压输出策略表，如表 6-8 所示。

表 6-8　　　　　　　　　　　电压输出策略表

序号	并列把手状态		母联位置		各段母线电压输出		
	取Ⅰ母	取Ⅲ母	Ⅰ～Ⅱ母	Ⅱ～Ⅲ母	Ⅰ母电压	Ⅱ母电压	Ⅲ母电压
1	任意	任意	分位	分位	Ⅰ母	无压	Ⅲ母
2	任意	任意	合位	分位	Ⅰ母	Ⅰ母	Ⅲ母
3	任意	任意	分位	合位	Ⅰ母	Ⅲ母	Ⅲ母
4	0	0	合位	合位	Ⅰ母	Ⅰ母	Ⅲ母
5	1	0	合位	合位	Ⅰ母	Ⅰ母	Ⅰ母
6	0	1	合位	合位	Ⅲ母	Ⅲ母	Ⅲ母
7	1	1	合位	合位	保持现状	保持现状	保持现状

1—合位，0—分位

报警：当合分都为 00 或 11 时，延时 1min 以上报警"隔离开关位置异常"

四、内桥电压并列

（1）DIO 开入端子定义，如表 6-9 所示。

表 6-9　　　　　　　　　　　DIO 开入端子定义

开入定义	DIO 硬开入方式	DIO 端子	GOOSE 订阅方式
检修状态	DI01	a18	
进线一分位	DI03	a22	从智能终端订阅
进线一合位	DI04	a24	从智能终端订阅
进线二分位	DI05	a26	从智能终端订阅
进线二合位	DI06	a28	从智能终端订阅
内桥分位	DI07	a30	从智能终端订阅
内桥合位	DI08	c18	从智能终端订阅
并列取进线一把手	DI09	c20	从智能终端订阅
并列取进线二把手	DI10	c22	从智能终端订阅
允许远方并列操作	DI11	c24	
进线一 PT1 隔离开关合位	DI12	c26	从智能终端订阅
进线一 PT2 隔离开关合位	DI13	c28	从智能终端订阅

（2）电压输出策略表，如表示 6-10 所示。

表 6-10　　　　　　　　　　　　电压输出策略表

序号	并列把手状态		进线一断路器位置	进线二断路器位置	桥断路器位置	进线一输出电压	进线二输出电压
	取进线一	取进线二					
1	任意		分位	分位	任意	0V	0V
2	任意		合位	分位	分位	进线一	0V
3	任意		合位	分位	合位	进线一	进线一
4	任意		分位	合位	分位	0V	进线二
5	任意		分位	合位	合位	进线二	进线二
6	任意		合位	合位	分位	进线一	进线二
7	1	0	合位	合位	合位	进线一	进线一
8	0	1	合位	合位	合位	进线二	进线二

任意——无论分位还是合位；1——合位；0——分位

报警：当位置合分位都为 00 或 11 时，延时 1min 以上报警"隔离开关位置异常"

6.4　合并单元人机接口

人机接口功能由专门的人机接口模块实现。人机接口模块将用户需要重点关注的信息提取出来，并通过点亮或者熄灭指示灯，或者把信息在液晶屏幕上显示等手段提供给用户。同时，用户可以通过键盘操作去查找需要了解的信息。

6.4.1　北京四方合并单元面板及其指示灯

北京四方合并单元面板及指示灯，如图 6-10 所示。

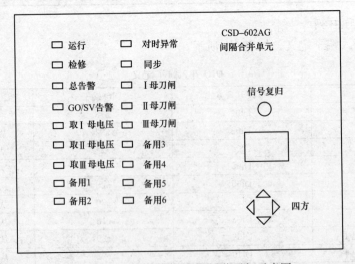

图 6-10　四方合并单元面板及指示灯示意图

（1）运行：装置上电正常运行时，运行指示灯常亮。

（2）检修：装置检修时，检修指示灯常亮；检修退掉后，检修指示灯灭。

（3）总告警：装置有告警时，总告警指示灯常亮；告警消除时，指示灯灭。

（4）GO/SV 告警（GO A/B 告警）：装置 GOOSE 断链或级联 SV 断链时，GOOSE/SV 告警指示灯常亮。

（5）对时异常：装置没有收到对时信号或对时信号出现异常时，对时异常指示灯常亮；装置同步后，对时异常指示灯灭。

（6）同步：装置同步及守时状态下，同步指示灯常亮；装置失步状态下，同步指示灯灭。

6.4.2　南瑞继保合并单元面板及其指示灯

南瑞继保合并单元面板及指示灯，如图 6-11 所示。

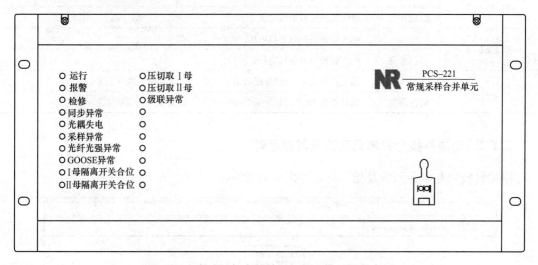

图 6-11　南瑞继保合并单元面板及指示灯示意图

指示灯	状态	说　　明
运行	熄灭	装置未上电或正常运行时检测到装置的严重故障时熄灭
	绿色常亮	装置正常运行时点亮
报警	熄灭	装置正常运行时熄灭
	黄色常亮	装置检测到运行异常状态时点亮
检修	熄灭	装置正常运行时熄灭
	黄色常亮	装置检修投入时点亮
同步异常	熄灭	装置正常运行时熄灭
	黄色常亮	装置外接对时源使能而又没有同步上外界 GPS 时点亮
光耦失电	熄灭	装置正常运行时熄灭
	黄色常亮	装置开入电源丢失时点亮
采样异常	熄灭	装置正常运行时熄灭
	黄色常亮	装置采样回路异常时点亮
光纤光强异常	熄灭	装置正常运行时熄灭
	黄色常亮	装置接收 IEC60044-8 采样值光纤光强低于设定值时点亮

指示灯	状态	说　明
GOOSE 异常	熄灭	装置正常运行时熄灭
	黄色常亮	装置 GOOSE 异常时点亮
Ⅰ母隔离开关合位	熄灭	母线 1 隔离开关在分位
	红色常亮	母线 1 隔离开关在合位
Ⅱ母隔离开关合位	熄灭	母线 2 隔离开关在分位
	红色常亮	母线 2 隔离开关在合位
压切取Ⅰ母	熄灭	电压切换时不取Ⅰ母电压
	红色常亮	电压切换时取Ⅰ母电压
压切取Ⅱ母	熄灭	电压切换时不取Ⅱ母电压
	红色常亮	电压切换时取Ⅱ母电压
级联异常	熄灭	通过扩展 IEC60044-8 或者 IEC61850-9-2 级联时，级联正常
	红色常亮	通过扩展 IEC60044-8 或者 IEC61850-9-2 级联时，级联异常

6.4.3　南瑞科技合并单元面板及其指示灯

南瑞科技合并单元面板及指示灯，如图 6-12 所示。

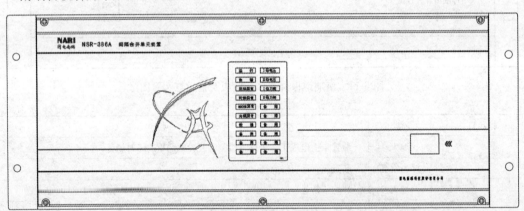

图 6-12　南瑞科技合并单元面板及指示灯示意图

第一列灯	颜色	说　明	第二列灯	颜色	说　明
运行	绿色	装置正常运行	Ⅰ母电压	绿色	取用Ⅰ母的电压
报警	黄色	装置报警	Ⅱ母电压	绿色	取用Ⅱ母的电压
采样异常	红色	重采样输出数据无效	Ⅰ母隔离开关	绿色	Ⅰ母隔离开关合位
时钟异常	红色	连续一定时间未到收到外部对时信号情况下点亮	Ⅱ母隔离开关	绿色	Ⅱ母隔离开关合位
GOOSE 异常	红色	GOOSE 接收异常	备用	绿色	无
光耦告警	黄色	任一开入开出板的光耦监视信号为"0"	备用	绿色	无

续表

第一列灯	颜色	说　明	第二列灯	颜色	说　明
检修	黄色	开入检修信号"1"	备用	绿色	无
备用（切换异常）	黄色	无	备用	绿色	无
备用	黄色	无	备用	绿色	无
备用（装置失步）	黄色	无	备用	绿色	无

6.5　合并单元配置及调试

6.5.1　北京四方合并单元

合并单元、智能终端需要用四方的专用软件下装配置。软件是 csd600test，运行此软件前，需要先安装 winPcap。该软件连接装置不需笔记本设为同一网段，只需选择笔记本正确的网卡即可。网线连接到装置的前面板，运行软件后，显示界面如图 6-13 所示。

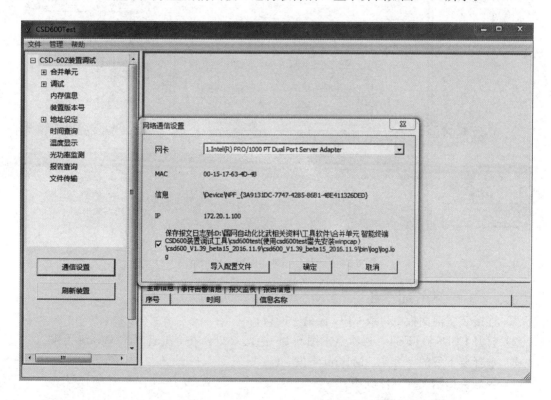

图 6-13　CSD600Test 软件连接界面

CSD-602 装置配置文件总共有三个：

＊＊＊_M1. cfg、＊＊＊_G1. ini、＊＊＊_M1. ini(＊＊＊为文件名称可变部分)。

配置文件说明：

＊＊＊_M1. cfg 为按典型硬件配置归档，装置使用需按硬件选择后根据现场应用情况进

行参数更改；

＊＊＊_M1. ini、＊＊＊_G1. ini 由系统配置器导出，导出时选择 388（不合并 GSE 和 SV）。

一、＊＊＊_ M1. cfg 下载

（1）连接装置前面板电口或 CPU 板第一网口；

（2）打开 CSD600TEST，逐次点击图 6-14 中 1、2 处，点击 3 处 "SV. CFG 下发"；

（3）选择要下发的 ＊＊＊_M1. cfg 文件下发；

（4）界面会提示文件下传成功（如图 6-14 中 4 处）。

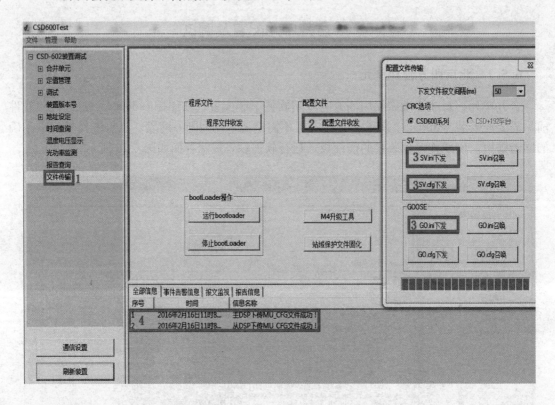

图 6-14　卜发合并单元配置文件示意图

二、＊＊＊_ M1. ini 下载

1）连接装置前面板电口或 CPU 板第一网口；

2）打开 CSD600TEST，逐次点击图 6-14 中 1、2 处，在 3 处选择 "SV. ini 下发"；

3）选择要下发的 ＊＊＊_ M1. ini 下发；

4）界面会提示文件下传成功。

三、＊＊＊_ G1. ini 下载

1）连接装置前面板电口或 CPU 板第一网口；

2）打开 CSD600TEST ，逐次点击图 6-14 中 1、2 处，在 3 处选择 "GO. ini 下发"；

3）选择要下发的 ＊＊＊_ G1. ini 下发；

4）界面会提示文件下传成功。

6.5.2　南瑞继保合并单元

用系统集成工具生成装置的配置文件，如图 6-15、图 6-16 所示。

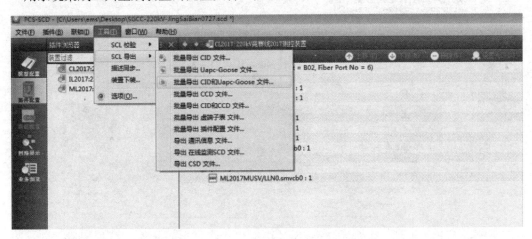

图 6-15　用系统集成工具导出配置文件

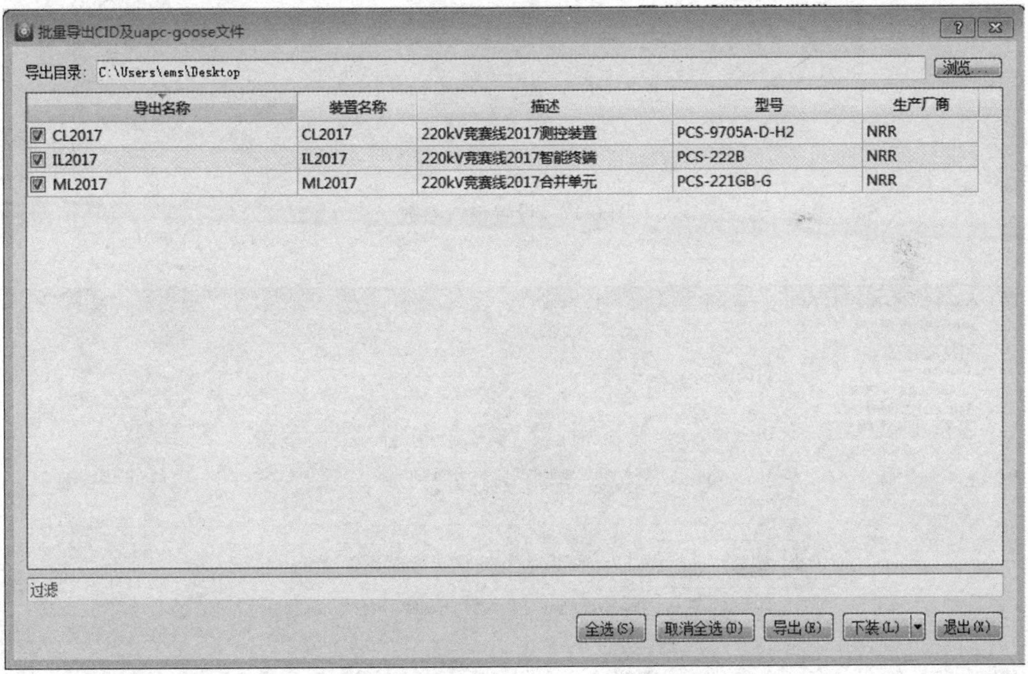

图 6-16　选择所要导出的配置文件

合并单元需要在前面板调试口通过串口下装配置文件，采用专门的串口线接在调试机串口。输入相应串口参数，即可维护合并单元，如图 6-17、图 6-18 所示。

在下载前，可以先召唤装置内的配置文件，一旦下载错误，还可以恢复配置。如图

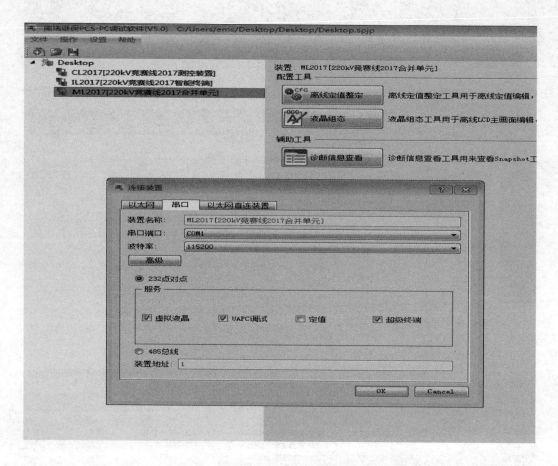

图 6-17　设置串口参数

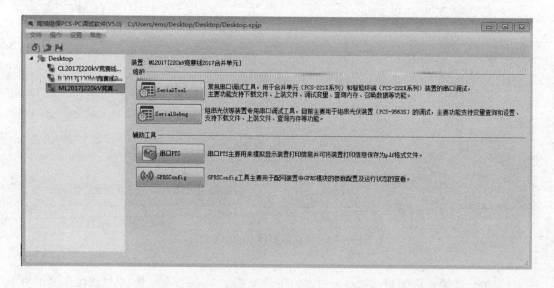

图 6-18　连接合并单元后示意图

6-19、图 6-20 所示，召唤 1 槽口的 GOOSE. TXT 文件。

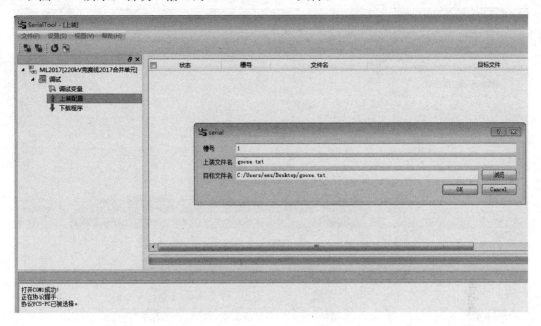

图 6-19 召唤 1 槽口的 goose. txt 文件

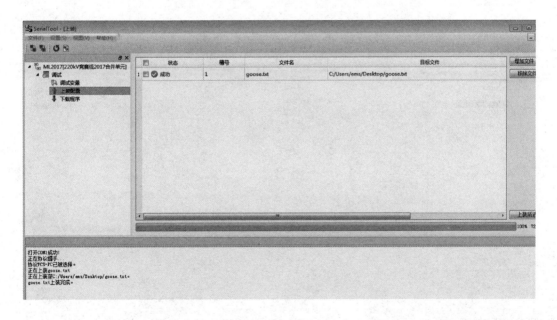

图 6-20 成功召唤

下载时同样需要选择文件及目标槽号，如图 6-21、图 6-22 所示。

在"调试"窗口，单击"下装程序"，选择要下装的文件后单击"下载所选"，勾选"下装后装置重启"即可。

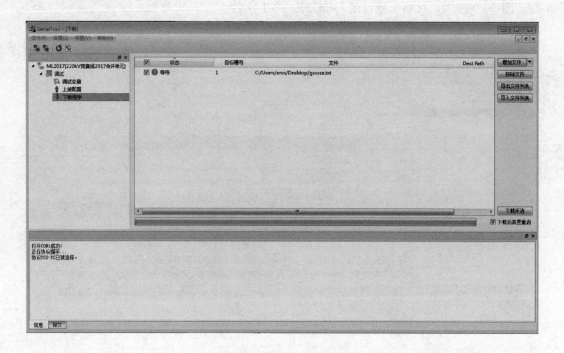

图 6-21　选择槽口和目标文件

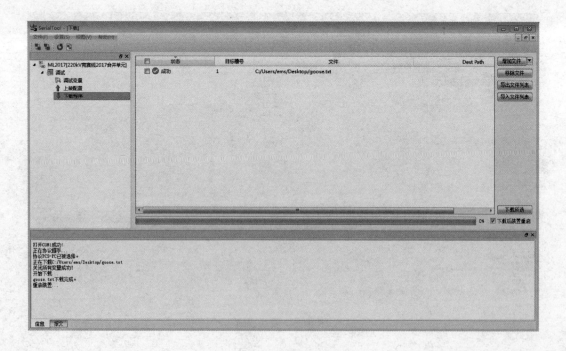

图 6-22　下载成功

6.5.3　南瑞科技合并单元

合并单元只需要下装 goose. txt、sv. txt 文件。首先用 Nariconfig Tool 系统集成工具生成装置的配置文件图 6-23 所示。

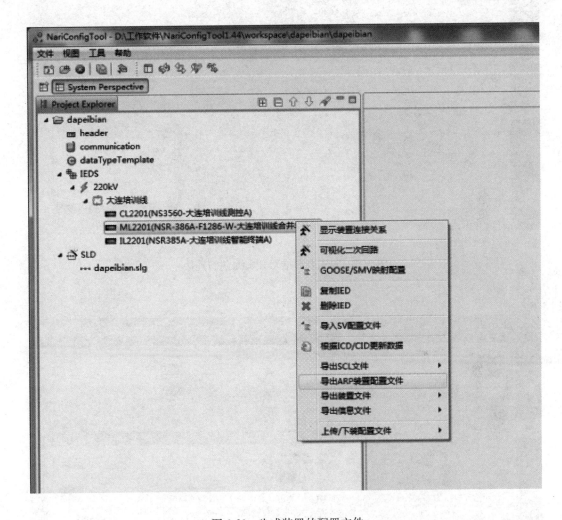

图 6-23　生成装置的配置文件

利用 ARPTOOLS 专用调试工具，将电脑与合并单元进行连接，输入合并单元 IP 地址，如图 6-24 所示。

选择好合并单元要申请的 sv. txt 文件和 goose. txt 文件，如图 6-25、图 6-26 所示。

利用同样方法可以下载 sv. txt 文件和 goose. txt 文件，如图 6-27 所示。

点击绿色下载按钮后，ARPTOOLS 虚拟液晶面板会提示"确定下载?"，点击"确定"，完成下载，如图 6-28、图 6-29 所示。

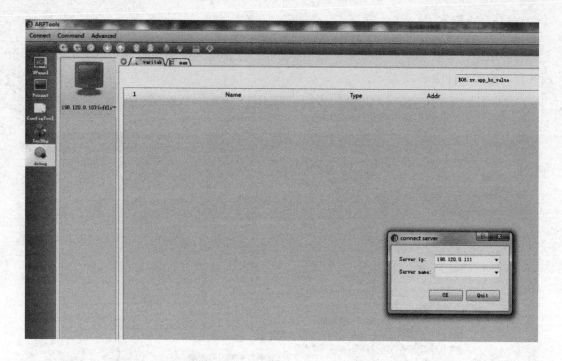

图 6-24　输入合并单元 IP 地址进行连接

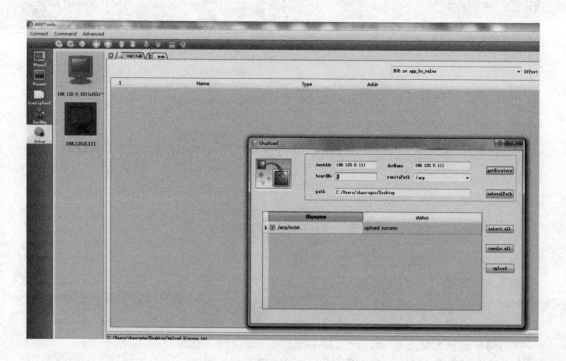

图 6-25　选择并申请 sv.txt 文件

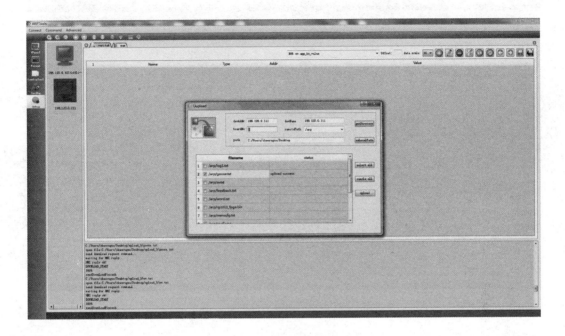

图 6-26　选择并申请 goose. txt 文件

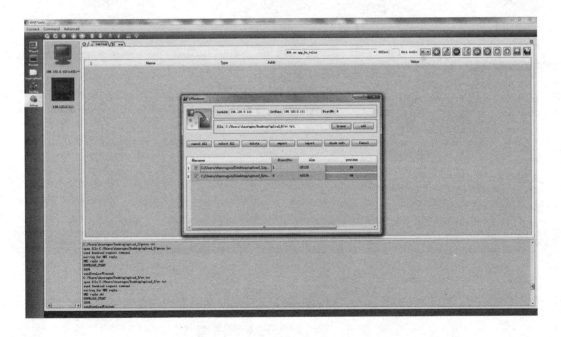

图 6-27　选择并下载 sv. txt、goose. txt 文件

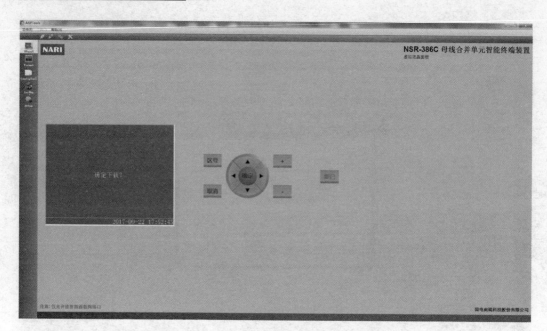

图 6-28 确定下载提示

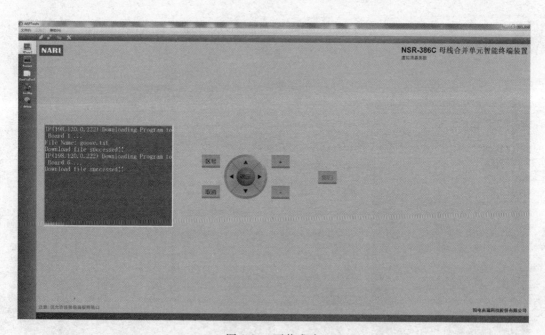

图 6-29 下载成功

6.6 合并单元故障排查

6.6.1 断路器能正常遥控，但同期合闸异常

故障处理步骤和方法：

合并单元定值错误。例如一次额定测量线电压错误，二次额定测量线电压错误，一次额定保护2线电压错误，应该220kV，二次额定保护2A相电压错误，应该57.74V，本装置用一次额定保护2的A相电压作为同期电压，如图6-30所示。

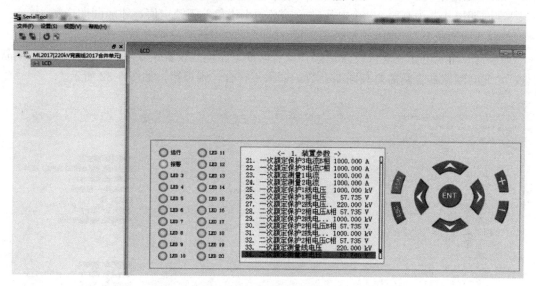

图6-30 装置参数设置界面

端子排正确接线，试验仪输出正确后，在测控装置上可以看到同期测量电压一次值，如图6-31所示。

	描述	值	单位
1	A相测量电流一次值	0.00	A
2	B相测量电流一次值	0.00	A
3	C相测量电流一次值	0.00	A
4	零序测量电流一次值	0.00	A
5	A相测量电压一次值	126.96	kV
6	B相测量电压一次值	126.96	kV
7	C相测量电压一次值	126.99	kV
8	正序测量电压一次值	126.96	kV
9	负序测量电压一次值	0.00	kV
10	零序测量电压一次值	0.00	kV
11	AB相测量电压一次值	219.93	kV
12	BC相测量电压一次值	219.93	kV
13	CA相测量电压一次值	219.96	kV
14	同期测量电压一次值	127.02	kV
15	测量频率	50.000	Hz
16	同期频率	50.000	Hz
17	有功功率一次值	0.00	MW
18	无功功率一次值	0.00	MVar
19	视在功率一次值	0.00	MVA
20	功率因数	0.000	

图6-31 测控装置采集到的同期电压值

电压端子排的 un 互换，0924 与 0514，不影响数据。

如果需要同期合闸，在测控装置内设置好同期定值，

"准同期模式"为 1 时，2 个电压的角差必须小于 1°，才能同期合闸，

"准同期模式"为 0 时，2 个电压的角差必须小于角差闭锁定值，才能同期合闸

查看"同期状态"，看压差是否超限值。

如果合并单元电压一次值设置错误，或者同期电压模式设置错误，且投入了"检同期软压板"，此时断路器合闸需要判同期参数，如果不符合，则报错，如图 6-32 所示。

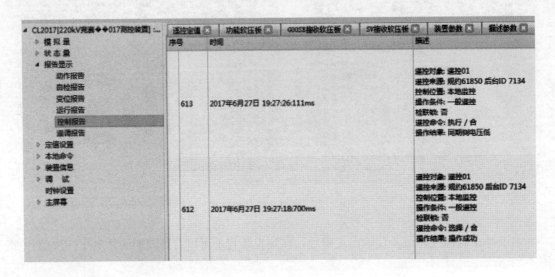

图 6-32 同期合闸失败控制报告

当该 SV 接收软压板为 0 时，对时异常，同时测控报装置异常，如图 6-33 所示。

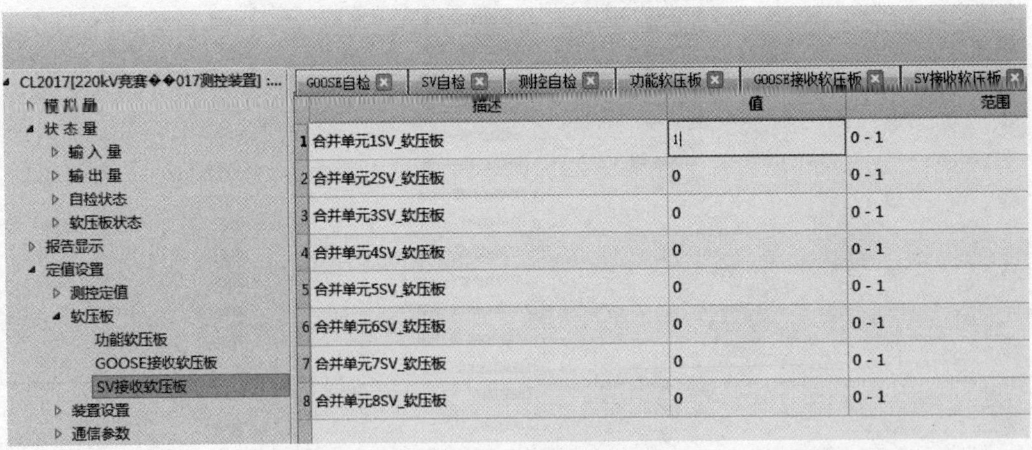

图 6-33 合并单元软压板设置

当 SV 接收 9-2 方式设为 0，即组网方式时，报错信息如图 6-34 所示。

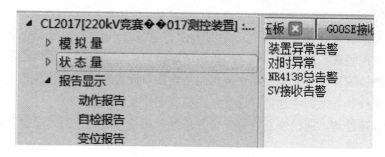

图 6-34 组网方式设置错误

6.6.2 测控装置至合并单元通信回路存在断路

故障现象：测控装置无法连接到相应的合并单元。

故障处理步骤和方法：

（1）合并单元与测控装置间的通信回路有多种方式，可以是直接网线连接，也可以是直接光纤连接，也可通过交换机连接，交换机可采用 vlan 方式或定向设置方式组网。先确定连接方式。

（2）检查测控装置、合并单元和交换机的运行状况，保证这些设备都正常运行。

（3）检查测控装置、合并单元和交换机网络连接口，保证网络连接口正常。

（4）检查测控装置、合并单元和交换机网络连接口设置，设置全部正确。

（5）逐步检查中间连接，如果采用网线连接，用网线测试仪测试网线通断情况，网线如存在断路，先处理 RJ45 头，如仍然无法消除断路，可以剪掉 RJ45 头，使用万用表进行网线测试，网线如不存在问题重做 RJ45 头可消除故障，网线如存在故障只能更换网线。如采用光纤和光缆连接，先用检查光纤各连接点连接状况，然后用光纤测试仪测试各段光通道，找出故障后对故障点进行处理，消除故障。如中间存在交换机，先检查相连接的交换机的运行状况；再通过 ping 方式检查交换机和各网络连接段是否存在故障，拔掉与测控装置连接网线，通过此网口连接调试笔记本（同网段），ping 此合并单元，接上与测控装置连接网线，拔掉与合并单元连接网线，通过此网口连接调试笔记本（同网段），ping 测控装置，全ping 不通表明交换机内部故障（也有可能调试笔记本存在故障），有一个 ping 不通，表明这一段存在故障，交换机本身无故障。

（6）进行故障处理，通信恢复，对此合并单元采集信息进行核对，全部正确后，故障缺陷处理完成。

6.6.3 测控装置与合并单元通信参数设置错误

故障现象：测控装置无法连接相应的合并单元。

故障处理步骤和方法：

（1）合并单元与测控装置间的通信回路有多种方式，可以是直接网线连接，也可以是直接光纤连接，也可通过交换机连接，交换机可采用 vlan 方式或定向设置方式组网。先确定连接方式。

（2）检查测控装置、合并单元和交换机的运行状况，保证这些设备都正常运行。

（3）检查测控装置、合并单元和交换机网络连接口，保证网络连接口正常。

（4）检查测控装置、合并单元和交换机网络连接口设置，发现测控装置上此网口设置存在错误。修改测控装置上网络连接口设置，通信状态恢复。

（5）进行故障处理，通信恢复，对此合并单元采集信息进行核对，全部正确后，故障缺陷处理完成。

6.6.4　合并单元与测控装置的通信口参数设置错误

故障现象：测控装置无法连接相应的合并单元。

故障处理步骤和方法：

（1）合并单元与测控装置间的通信回路有多种方式，可以是直接网线连接，也可以是直接光纤连接，也可通过交换机连接，交换机可采用 vlan 方式或定向设置方式组网。先确定连接方式。

（2）检查测控装置、合并单元和交换机的运行状况，保证这些设备都正常运行。

（3）检查测控装置、合并单元和交换机网络连接口，保证网络连接口正常。

（4）检查测控装置、合并单元和交换机网络连接口设置，发现合并单元上此网口设置存在错误。修改合并单元与上网络连接口设置，通信状态恢复。

（5）进行故障处理，通信恢复，对此合并单元采集信息进行核对，全部正确后，故障缺陷处理完成。

6.6.5　合并单元至测控装置间交换机端口设置错误

故障现象：测控装置无法连接相应的合并单元。

故障处理步骤和方法：

（1）合并单元与测控装置间的通信回路有多种方式，可以是直接网线连接，也可以是直接光纤连接，还可以通过交换机连接，采用 vlan 方式或定向设置方式组网。先确定连接方式。

（2）检查测控装置、合并单元与交换机的运行状况，保证这些设备都正常运行。

（3）检查测控装置、合并单元、交换机网络连接口，保证网络连接口正常。

（4）检查测控装置、合并单元、交换机网络连接口设置，发现交换机上此网口设置存在错误。修改交换机上网络连接口设置，通信状态恢复。

（5）进行故障处理，通信恢复，对此合并单元采集信息进行核对，全部正确后，故障缺陷处理完成。

6.6.6　合并单元双 AD 采样异常

故障现象：使用合并单元型号为 CSD-602AG-G-S3，加量实验，保护 A 相电流 I_{a1} 输出正确，保护 A 相电流 I_{a2} 输出数值不正确。

故障处理步骤和方法：

CSD-602AG-G-S3，交流插件为 H6D5，保护 A 相电流为 X4 D5 插件采集。

I_{a1} 输出正确，说明测试仪加量没问题。

双 AD 采集不一致涉及以下几方面：

（1）.cfg 文件中保护 A 相电流 I_{a2} 系数设置错误。

（2）保护 A 相电流 I_{a2} 刻度系数错误。

（3）保护 A 相电流 I_{a2} 对应 AD 芯片异常。

第7章

智能终端原理及实操技术

7.1 智能终端概述

7.1.1 智能终端定义

智能终端　Smart Terminal

一种智能组件。与一次设备采用电缆连接，与保护、测控等二次设备采用光纤连接，实现对一次设备（如：断路器、隔离开关、主变压器等）的测量、控制等功能。

7.1.2 智能终端主要功能

智能变电站的智能终端集成了常规变电站的断路器操作箱功能、测控装置功能和一些辅助功能。具体功能如下：

（1）采集断路器位置、隔离开关位置等一次设备的断路器量信息，以 GOOSE 通信方式上送给保护、测控等二次设备；

（2）接收和处理保护、测控装置下发的 GOOSE 命令，对断路器、隔离隔离开关和接地隔离开关等一次断路器设备进行分合操作；

（3）断路器手跳、手合和直跳功能。

（4）断路器智能终端具备断路器操作箱功能，包含跳合闸回路、合后监视、闭锁重合闸、操作电源监视和控制回路断线监视等功能。

闭锁重合闸功能：根据遥跳、遥合、手跳、手合、非电量跳闸、保护永跳、GOOSE 闭锁重合闸命令、闭锁重合闸开入等信号合成闭锁重合闸信号，并通过 GOOSE 通信上送给重合闸装置；

（5）环境温度和湿度的直流量测量功能。

7.1.3 智能终端辅助功能

（1）日志功能：智能终端应具备 GOOSE 命令记录功能，记录收到 GOOSE 命令时刻、GOOSE 命令来源及出口动作时刻等内容，硬接点开入的时刻、变位通道等。

（2）告警功能：智能终端应具有完善的告警功能，告警包括：控制回路断线、电源中断、通信异常、GOOSE 断链、装置内部异常、对时时钟源异常、开入电源失电等信号。

（3）调试功能：智能终端应具备调试口，通过调试口可以查看智能终端当前的运行情况和对智能终端进行配置。

7.1.4　智能终端通用功能

（1）对时功能：装置应具有与外部标准授时源的对时接口，对时方式宜为光 IRIG-B（DC）码或 IEC61588。

（2）通信功能：具备过程层光纤接口及以太网、串口接口用于调试配置装置。

7.1.5　智能终端分类

（1）三相智能终端：与断路器三相操作机构配合使用，一般用于 110kV 及以下或主变断路器。

（2）分相智能终端：与断路器分相操作机构配合使用，一般用于 220kV 及以上断路器。

（3）本体智能终端：包含完整的变压器、高压并联电抗器本体信息交互功能（非电量报文、调档及测温等），并可提供用于闭锁调压、启动风冷、启动充氮灭火等出口接点。

7.2　智能终端的硬件结构及其功能

7.2.1　智能终端总体结构

智能终端应用于智能变电站的过程层，硬件采用模块化设计，如图 7-1 所示，可通过开入采集多种类型输入，如状态输入（重要信号可双位置输入）、告警输入、事件顺序记录（SOE）、主变分接头输入等；可接收保护装置下发的跳闸、重合闸命令，完成保护跳合闸；可接收测控装置转发的主站遥控命令，完成对断路器及相关隔离开关的控制；可采集多种直流量，如 DC 0~5V、DC 4~20mA，完成柜体温度、湿度、主变温度的采集上送。

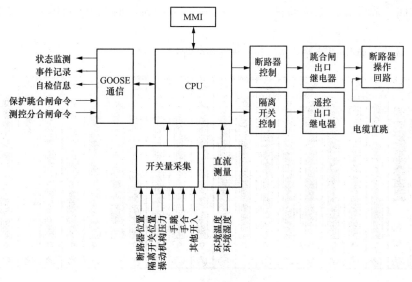

图 7-1　智能终端模块化设计

要实现上述功能，按照四统一原则设计的通用智能终端结构如图 7-2 所示。根据功能的需求，有些功能需要几个相同类型的插件。

插件1	插件2	插件3	插件4	插件5	插件6
电源板	CPU	GOOSE 输入输出板	开入	开出	模拟输入

图 7-2 通用智能终端结构

7.2.2 智能终端插件介绍

（1）四方典型智能终端结构图如图 7-3 所示。

插槽编号	X1(4TE)	X2(4TE)	X3(4TE)	X4(4TE)	X5(4TE)	X6(4TE)	X7(4TE)	X8(4TE)	X9(4TE)	X10(4TE)
配置代码	C2	X	C3	X	X	X	X	I4	I4	I4

CSD-601

X1 主CPU插件	X3 从CPU插件
O1O4O7 / O2O5O8 LED / O3O6O9	O1O4O7 / O2O5O8 LED / O3O6O9
TX/RX ETH1	TX/RX ETH1
TX/RX ETH2	TX/RX ETH2
TX/RX ETH3	TX/RX ETH3
TX/RX ETH4	TX/RX ETH4
TX/RX ETH5	TX/RX ETH5
TX/RX ETH6	TX/RX ETH6
IRIG-B	TX/RX ETH7

X2、X4、X5、X6、X7：4TE补板

DI插件(220/110V)（X8、X9、X10）：O1O2O3 LED / c a

	X8 c	X8 a		X9 c	X9 a		X10 c	X10 a
2			2			2		
4	DI13	DI1	4	DI37	DI25	4	DI61	DI49
6	DI14	DI2	6	DI38	DI26	6	DI62	DI50
8	DI15	DI3	8	DI39	DI27	8	DI63	DI51
10	DI16	DI4	10	DI40	DI28	10	DI64	DI52
12	DI17	DI5	12	DI41	DI29	12	DI65	DI53
14	DI18	DI6	14	DI42	DI30	14	DI66	DI54
16	DI19	DI7	16	DI43	DI31	16	DI67	DI55
18	DI20	DI8	18	DI44	DI32	18	DI68	DI56
20	DI21	DI9	20	DI45	DI33	20	DI69	DI57
22	DI22	DI10	22	DI46	DI34	22	DI70	DI58
24	DI23	DI11	24	DI47	DI35	24	DI71	DI59
26	DI24	DI12	26	DI48	DI36	26	DI72	DI60
28	COM2	COM1	28	COM4	COM3	28	COM6	COM5
30			30			30		
32			32			32		

图 7-3 四方典型智能终端结构图

装置背面的插件有：电源插件、CPU 插件、GOOSE 插件、开入插件、继电器出口插件等。

（2）南瑞继保典型智能终端结构图如图 7-4 所示。

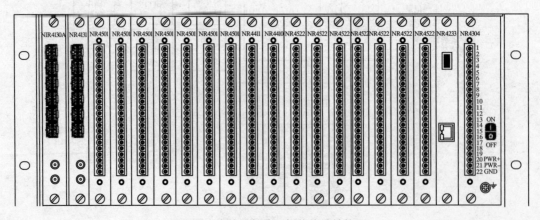

NR4130A NR4131 NR4501 NR4501 NR4501 NR4501 NR4501 NR4501 NR4501 NR4411 NR4410 NR4522 NR4522 NR4522 NR4522 NR4522 NR4522 NR4233 NR4304

图 7-4 南瑞继保典型智能终端结构图

装置背面的插件有：电源插件、CPU 插件、GOOSE 插件、开入插件、继电器出口

插件。

（3）南瑞科技典型智能终端结构图如图 7-5 所示。

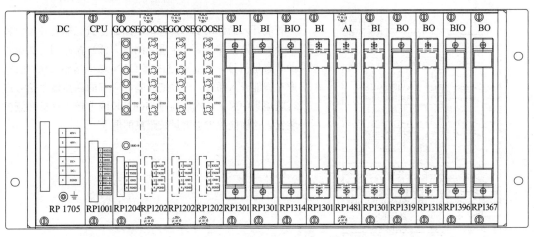

图 7-5　南瑞科技典型智能终端结构图

装置背面的插件有：电源插件、GOOSE 插件、光耦开入插件、继电器出口插件、智能操作回路插件、电流保持插件等。

7.2.3　各个板件的功能

一、南瑞继保插件介绍

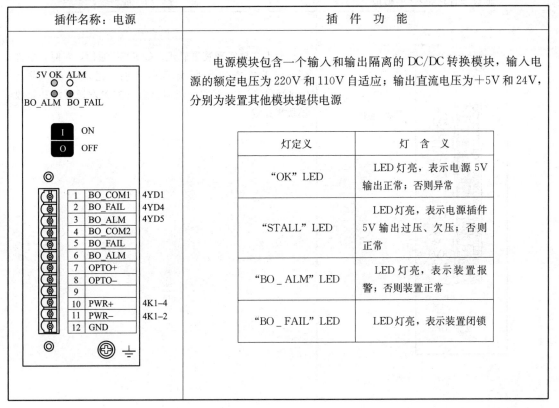

插件名称：电源	插件功能
	电源模块包含一个输入和输出隔离的 DC/DC 转换模块，输入电源的额定电压为 220V 和 110V 自适应；输出直流电压为 +5V 和 24V，分别为装置其他模块提供电源

灯定义	灯含义
"OK" LED	LED 灯亮，表示电源 5V 输出正常；否则异常
"STALL" LED	LED 灯亮，表示电源插件 5V 输出过压、欠压；否则正常
"BO_ALM" LED	LED 灯亮，表示装置报警；否则装置正常
"BO_FAIL" LED	LED 灯亮，表示装置闭锁

插件名称：开入插件	插 件 功 能
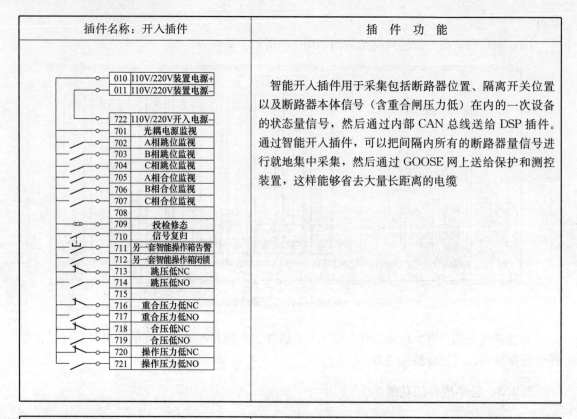	智能开入插件用于采集包括断路器位置、隔离开关位置以及断路器本体信号（含重合闸压力低）在内的一次设备的状态量信号，然后通过内部 CAN 总线送给 DSP 插件。通过智能开入插件，可以把间隔内所有的断路器量信号进行就地集中采集，然后通过 GOOSE 网上送给保护和测控装置，这样能够省去大量长距离的电缆

图中标注：

端子	名称
010	110V/220V装置电源+
011	110V/220V装置电源−
722	110V/220V开入电源−
701	光耦电源监视
702	A相跳位监视
703	B相跳位监视
704	C相跳位监视
705	A相合位监视
706	B相合位监视
707	C相合位监视
708	
709	投检修态
710	信号复归
711	另一套智能操作箱告警
712	另一套智能操作箱闭锁
713	跳压低NC
714	跳压低NO
715	
716	重合压力低NC
717	重合压力低NO
718	合压低NC
719	合压低NO
720	操作压力低NC
721	操作压力低NO

插件名称：GOOSE 通信	插 件 功 能
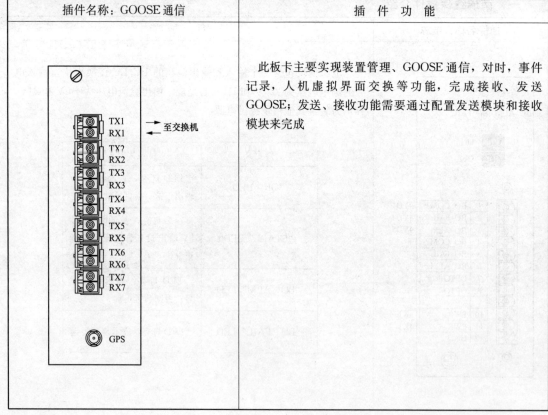	此板卡主要实现装置管理、GOOSE 通信，对时，事件记录，人机虚拟界面交换等功能，完成接收、发送GOOSE；发送、接收功能需要通过配置发送模块和接收模块来完成

图中标注：TX1 RX1（至交换机）、TX2 RX2、TX3 RX3、TX4 RX4、TX5 RX5、TX6 RX6、TX7 RX7、GPS

插件名称：开出	插 件 功 能
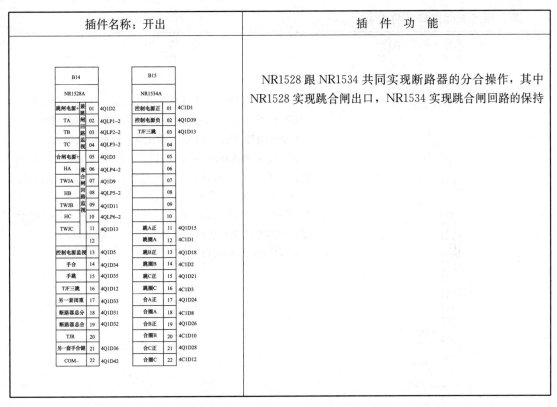	NR1528 跟 NR1534 共同实现断路器的分合操作，其中 NR1528 实现跳合闸出口，NR1534 实现跳合闸回路的保持

插件名称：CPU 插件	插 件 功 能
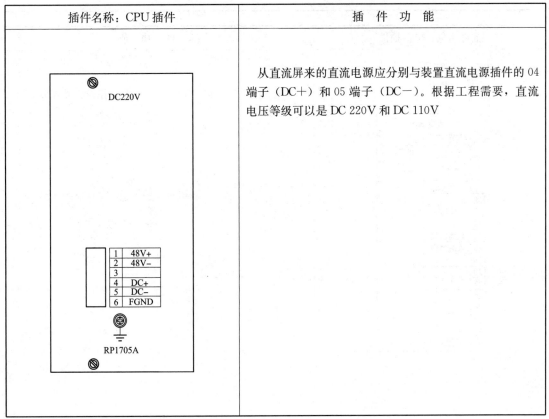	从直流屏来的直流电源应分别与装置直流电源插件的 04 端子（DC＋）和 05 端子（DC－）。根据工程需要，直流电压等级可以是 DC 220V 和 DC 110V

二、四方智能终端插件介绍

插件名称：CPU 插件	插 件 功 能
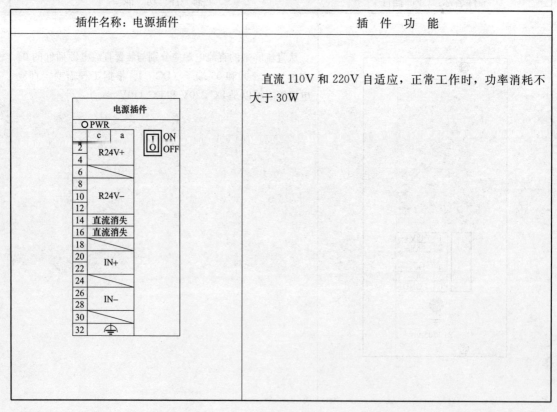	LED1-6 闪烁表示 ETH 口的通信正常，通信中断熄灭。 LED7 闪烁表示 B 码对时口的通信正常，通信中断熄灭。 LED8 闪烁表示主 CPU 工作正常，通信中断熄灭。 ETH1 单网或双网 GOOSE 模式下接收/发送 GOOSE 数据；下发主 DSP 程序、FPGA 程序、bootloder；调试口，查看装置信息，下发配置文件。 ETH2 双网 GOOSE 模式下 B 网接收/发送 GOOSE 数据、单网模式下直跳网口 2 收发 goose、调试口。 ETH3-6：直跳网口

插件名称：电源插件	插 件 功 能
	直流 110V 和 220V 自适应，正常工作时，功率消耗不大于 30W

插件名称：开入插件	插 件 功 能

D插件[220/110V]

○1○2○3 LED

	c	a
2		
4	DI13	DI1
6	DI14	DI2
8	DI15	DI3
10	DI16	DI4
12	DI17	DI5
14	DI18	DI6
16	DI19	DI7
18	DI20	DI8
20	DI21	DI9
22	DI22	DI10
24	DI23	DI11
26	DI24	DI12
28	COM2	COM1
30		
32		

CSD-601 最多可配置 3 块开入插件，每块开入插件有 24 路开入。其中开入 1 插件 24 路开入为固定功能，开入 2 插件、开入 3 插件 24 路开入无定义

插件名称：开出插件	插 件 功 能

DO插件

○1○2○3 LED

	c	a
2		OUT1
4		OUT2
6		OUT3
8		OUT4
10		OUT5
12		OUT6
14		OUT7
16		OUT8
18		OUT9
20		OUT10
22		OUT11
24		OUT12
26		OUT13
28		OUT14
30		OUT15
32		OUT16

CSD-601 最多可配置 3 块开出插件，每块开出插件有 16 路开出。开出插件包括电保持型（○4）和磁保持型［（○5）两种（○4、○5）为开出插件订货信息代码表示方法］。二者区别为电保持型插件掉电不保持，磁保持型插件掉电保持，两种插件在实际工程中可以灵活配置

插件名称：直流测量插件	插 件 功 能
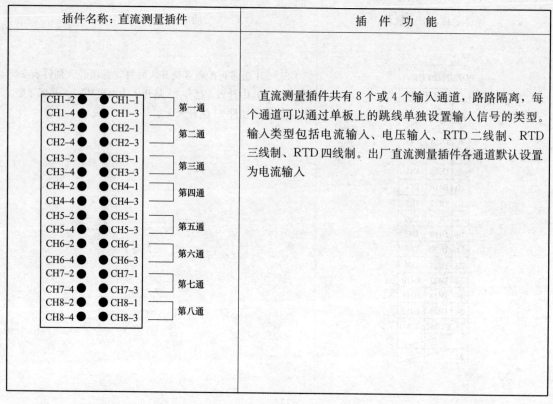	直流测量插件共有 8 个或 4 个输入通道，路路隔离，每个通道可以通过单板上的跳线单独设置输入信号的类型。输入类型包括电流输入、电压输入、RTD 二线制、RTD 三线制、RTD 四线制。出厂直流测量插件各通道默认设置为电流输入

三、南瑞科技智能终端插件介绍

插件名称：电源	插 件 功 能
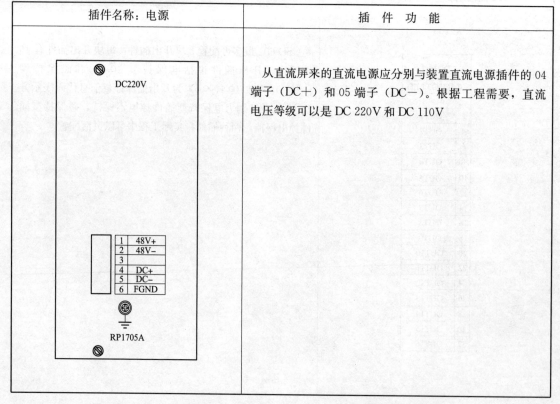	从直流屏来的直流电源应分别与装置直流电源插件的 04 端子（DC＋）和 05 端子（DC－）。根据工程需要，直流电压等级可以是 DC 220V 和 DC 110V

插件名称：CPU	插 件 功 能
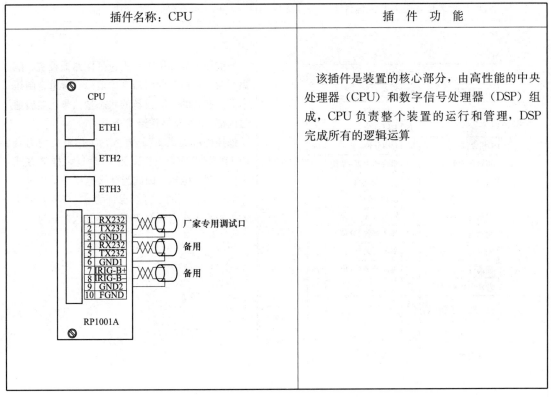	该插件是装置的核心部分，由高性能的中央处理器（CPU）和数字信号处理器（DSP）组成，CPU 负责整个装置的运行和管理，DSP 完成所有的逻辑运算

插件名称：GOOSE	插 件 功 能
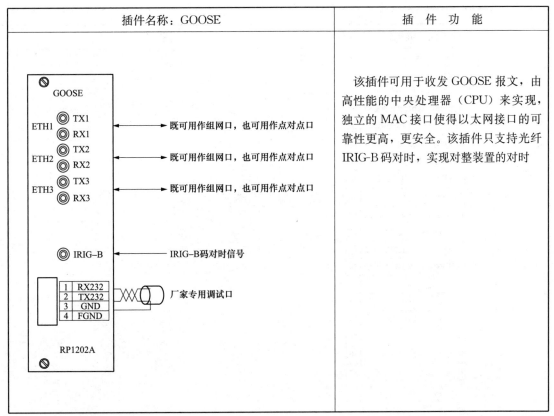	该插件可用于收发 GOOSE 报文，由高性能的中央处理器（CPU）来实现，独立的 MAC 接口使得以太网接口的可靠性更高，更安全。该插件只支持光纤 IRIG-B 码对时，实现对整装置的对时

插件名称：强电开入插件1			插 件 功 能
RP1301			智能开入插件用于采集包括断路器位置、隔离开关位置以及断路器本体信号（含重合闸压力低）在内的一次设备的状态量信号，然后通过内部 CAN 总线送给 DSP 插件。
信号复归	01	检修 02	该插件可提供 18 路开入，工作电压均为直流 110V/220V，由于采用了 A/D 采样的方式来检测开入电压，因此当开入电压小于额定工作电压的 60% 时，开入保证为 0，当开入电压大于额定工作电压的 70% 时，开入保证为 1
A相合位	03	A相分位 04	
B相合位	05	B相分位 06	
C相合位	07	C相分位 08	
重合压力低–常开	09	重合压力低–常闭 10	
另一套闭重	11	另一套告警 12	
另一套闭锁	13	就地/远方 14	
隔离开关1合位	15	隔离开关1分位 16	
隔离开关2合位	17	隔离开关2分位 18	
隔离开关3合位	19	隔离开关3分位 20	
隔离开关4合位	21	隔离开关4分位 22	
开入电源监视1	23	24	
	25	26	
	27	28	
	29	30	
开入电源–	31	开入电源– 32	

插件名称：继电器开出插件			插 件 功 能
RP1314			
装置闭锁1	01	装置报警1 02	
公共端1	03	装置闭锁2 04	
装置报警2	05	公共端2 06	
断路器遥合1+	07	断路器遥合1– 08	
断路器遥合2+	09	断路器遥合2– 10	
断路器遥分1+	11	断路器遥分1– 12	
断路器遥分2+	13	断路器遥分2– 14	
遥控备用1_1+	15	遥控备用1_1– 16	
遥控备用1_2+	17	遥控备用1_2– 18	
闭锁重合闸+	19	闭锁重合闸– 20	
	21	22	
	23	24	
开入45	25	开入46 26	
开入47	27	开入48 28	
开入49	29	开入50 30	
开入电源监视3	31	开入电源– 32	

插件名称：模拟量输入	插　件　功　能
<table><tr><td colspan="2">NR1410B</td></tr><tr><td></td><td>01</td></tr><tr><td></td><td>02</td></tr><tr><td>CH1+</td><td>03</td></tr><tr><td>CH1−</td><td>04</td></tr><tr><td></td><td>05</td></tr><tr><td></td><td>06</td></tr><tr><td>CH2+</td><td>07</td></tr><tr><td>CH2−</td><td>08</td></tr><tr><td></td><td>09</td></tr><tr><td></td><td>10</td></tr><tr><td>CH3+</td><td>11</td></tr><tr><td>CH3−</td><td>12</td></tr><tr><td></td><td>13</td></tr><tr><td>CH4+</td><td>14</td></tr><tr><td>CH4−</td><td>15</td></tr><tr><td></td><td>16</td></tr><tr><td>CH5+</td><td>17</td></tr><tr><td>CH5−</td><td>18</td></tr><tr><td></td><td>19</td></tr><tr><td>CH6+</td><td>20</td></tr><tr><td>CH6−</td><td>21</td></tr><tr><td></td><td>22</td></tr></table>	将采集到的模拟量通过内部 CAN 总线送给主 DSP 插件，然后主 DSP 插件通过 GOOSE 送给相关测控装置。 　NR1410 插件主要用于慢变信号的采集，如温度传感器、湿度传感器等。支持的接口方式有：

7.3　智能终端的主要功能介绍

7.3.1　跳闸逻辑

装置能够接收保护和测控装置通过 GOOSE 报文送来的跳闸信号，同时支持手跳硬接点输入。具体功能如图 7-6 所示。

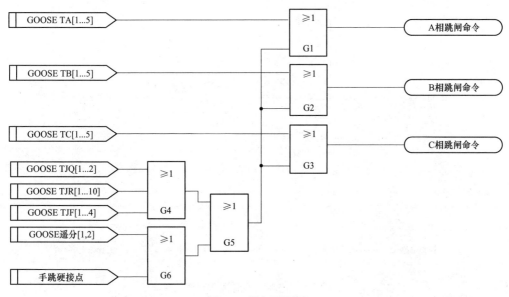

图 7-6　跳闸逻辑图

7.3.2 合闸逻辑

装置能够接收保护测控装置通过 GOOSE 报文送来的合闸信号，同时支持手合硬接点输入，如图 7-7 所示。

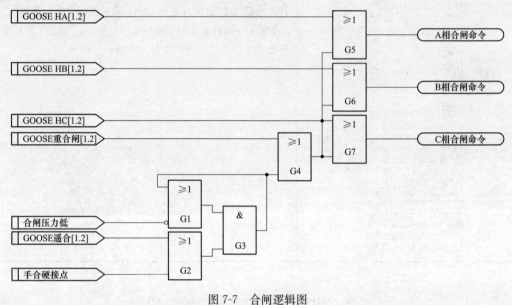

图 7-7 合闸逻辑图

7.3.3 控制回路监视功能

控制回路监视回路如图 7-8 所示。

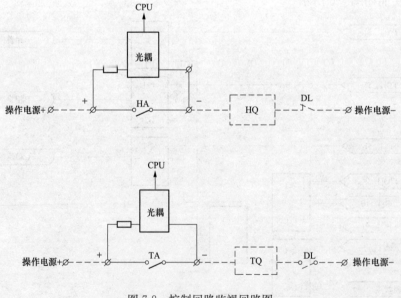

图 7-8 控制回路监视回路图

上图当合闸回路导通时，光耦为 1，下图当跳闸回路导通时，光耦为 1 当任一相的跳闸回路和合闸回路同时为断开状态时，给出控制回路断线信号，如图 7-9 所示。

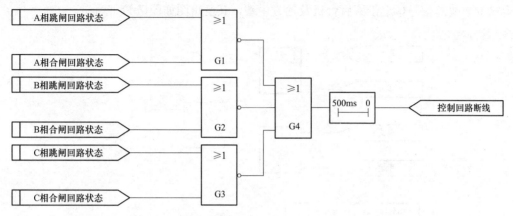

图 7-9　控制回路断线逻辑图

7.3.4　闭锁重合闸逻辑

闭锁重合闸逻辑如图 7-10 所示。收到测控的 GOOSE 遥分命令或手跳开入动作时会产生闭锁重合闸信号，并且该信号在 GOOSE 遥分命令或手跳开入返回后仍会一直保持，直到收到 GOOSE 遥合命令或手合开入动作才返回；

收到测控的 GOOSE 遥合命令或手合开入动作；

收到保护的 GOOSE TJR、GOOSE TJF 三跳命令，或 TJF 三跳开入动作；

收到保护的 GOOSE 闭锁重合闸命令，或闭锁重合闸开入动作；

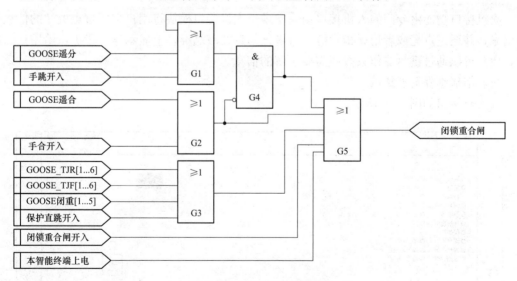

图 7-10　闭锁重合闸逻辑图

7.3.5　合后及事故总信号

KKJ 是合后信号，当收到测控的 GOOSE 遥合命令或手合开入动作时，KK 合后位置

233

（即 KKJ）为"1"，且在 GOOSE 遥合命令或手开入返回后仍保持，当且仅当收到测控的 GOOSE 遥分命令或手跳开入动作后才返回。智能终端可以把合后信号与断路器位置结合生成全站的事故总信号，上传给后台机及远方主站，其逻辑图如图 7-11 所示。

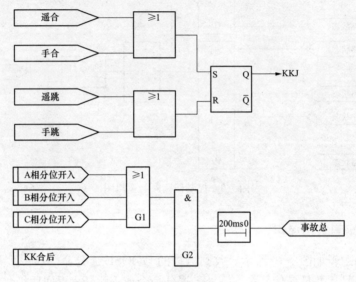

图 7-11 合后及事故总逻辑图

7.4 人 机 接 口

人机接口功能由专门的人机接口模块实现。人机接口模块将用户需要重点关注的信息提取出来，并通过点亮或者熄灭指示灯，或者把信息在液晶屏幕上显示等手段提供给用户。同时，用户可以通过键盘操作去查找需要了解的信息。

一、南瑞继保智能终端

其人机接口如图 7-12 所示。

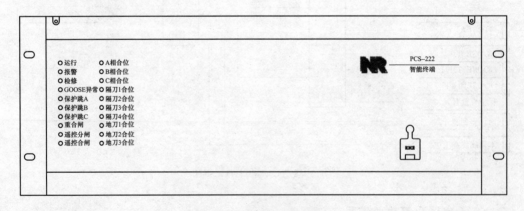

图 7-12 南瑞继保装置面板

智能终端指示灯放大图

○ 运行	○ A相合位
○ 报警	○ B相合位
○ 检修	○ C相合位
○ GOOSE异常	○ 隔离开关1合位
○ 保护跳A	○ 隔离开关2合位
○ 保护跳B	○ 隔离开关3合位
○ 保护跳C	○ 隔离开关4合位
○ 重合闸	○ 接地开关1合位
○ 遥控分闸	○ 接地开关2合位
○ 遥控合闸	○ 接地开关3合位

运行灯：装置正常运行时处于点亮状态，软硬件故障时灯灭；

告警灯：发生报警信号时灯被点亮，可通过菜单查看报警信息；

检修灯：检修压板投入是检修灯亮；

GOOSE 异常：GOOSE 断链时点亮。

保护跳 A/B/C：当接收保护跳闸 GOOSE 命令时灯亮

遥控分闸/遥控合闸：当接收测控遥控跳闸 GOOSE 命令时灯亮

智能终端的"遥控分闸"，"遥控合闸"灯是收到 goose 执行命令就亮，不代表出口了。

二、四方智能终端

CSD-601 的面板配有 1 个电以太网口，可作为调试口使用，其 IP 地址为 192.178.111.1。

装置面板共有 36 个 LED 灯，每个灯有红、绿两种颜色，每种颜色有灭、亮、闪三种状态，如图 7-13 所示。两种颜色的各种状态可根据配置文件随意组合，不同的智能终端其指示灯定义不同。

运行	对时异常	G1 合位	GD1 合位
检修	同步	G1 分位	GD1 分位
总告警	断路器合位	G2 合位	GD2 合位
GO A/B 告警	断路器分位	G2 分位	GD2 分位
动作	取 I 母电压	G3 合位	GD3 合位
跳闸	取 II 母电压	G3 分位	GD3 分位
备用	取 III 母电压	G4 合位	GD4 合位
备用	备用	G4 分位	GD4 分位
合闸	控回断线	备用	备用

图 7-13　装置面板指示灯示意图

面板灯说明：

（1）运行：装置上电正常为绿灯常亮，装置死机或面板异常会出现红灯常亮；

（2）检修：检修压板投入时，红灯常亮，否则熄灭；

（3）总告警：装置正常时熄灭；装置异常或装置故障时，红灯常亮，点亮后如告警消失需手动复归；

（4）GO A/B 告警：goose 订阅异常时，红灯常亮，goose 订阅恢复正常，熄灭；

（5）动作：外接三相不一致保护动作时点亮，CSD-601 系列目前只能输出三相不一致逻辑，无出口节点，此灯不使用；

（6）跳闸：接收到保护 goose 跳令时点亮，为红灯常亮，跳令消失后需手动复归后熄灭，适用于 CSD-601B；

（7）合闸：接收到保护重合闸命令时点亮，为红灯常亮，重合闸命令消失后需手动复归后熄灭,；

（8）对时异常：对时信号异常时，为红灯常亮，否则熄灭；

（9）控制回路断线：控制回路断线逻辑输出时，红灯常亮，否则熄灭；

（10）断路器分/合位：位置对应开入有强电输入时点亮，合位为红色，分位为绿色，否则熄灭，适用于 CSD-601B；位置与开入对应关系参见下面开入插件说明。

（11）G1/2/3/4 分/合位：位置对应开入有强电输入时点亮，合位为红色，分位为绿色，否则熄灭；位置与开入对应关系参见开入插件说明。

（12）GD1/2/3/4 分/合位：位置对应开入有强电输入时点亮，合位为红色，分位为绿色，否则熄灭；位置与开入对应关系参见开入插件说明。

三、南瑞科技智能终端

前面板（如图 7-14 所示）无液晶显示器，有 100 个信号指示灯和一个用于和 PC 机通信用的百兆以太网接口，其信号指示灯如图 7-15 所示。装置前面板插件配有独立的微处理器来完成显示、通信和人机接口等功能。

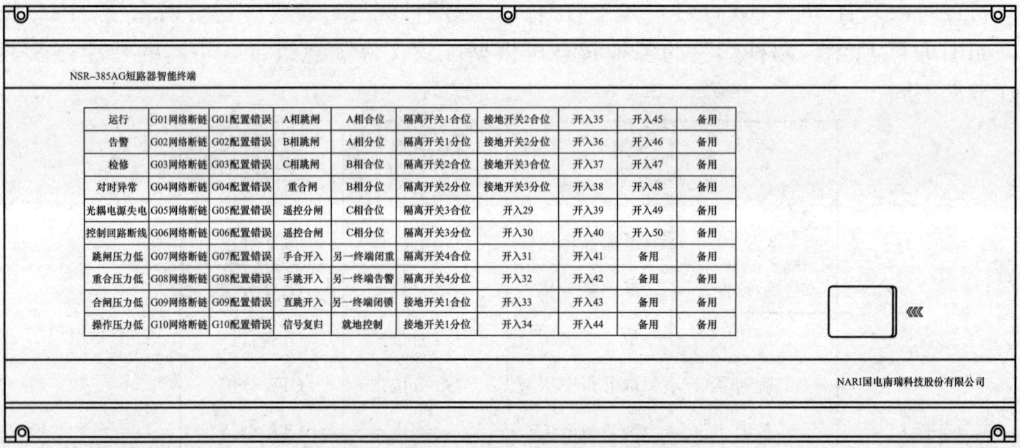

NSR-385AG断路器智能终端

运行	G01网络断链	G01配置错误	A相跳闸	A相合位	隔离开关1合位	接地开关2合位	开入35	开入45	备用
告警	G02网络断链	G02配置错误	B相跳闸	A相分位	隔离开关1分位	接地开关2分位	开入36	开入46	备用
检修	G03网络断链	G03配置错误	C相跳闸	B相合位	隔离开关2合位	接地开关3合位	开入37	开入47	备用
对时异常	G04网络断链	G04配置错误	重合闸	B相分位	隔离开关2分位	接地开关3分位	开入38	开入48	备用
光耦电源失电	G05网络断链	G05配置错误	遥控分闸	C相合位	隔离开关3合位	开入29	开入39	开入49	备用
控制回路断线	G06网络断链	G06配置错误	遥控合闸	C相分位	隔离开关3分位	开入30	开入40	开入50	备用
跳闸压力低	G07网络断链	G07配置错误	手合开入	另一终端重合	隔离开关4合位	开入31	开入41	备用	备用
重合压力低	G08网络断链	G08配置错误	手跳开入	另一终端告警	隔离开关4分位	开入32	开入42	备用	备用
合闸压力低	G09网络断链	G09配置错误	直跳开入	另一终端闭锁	接地开关1合位	开入33	开入43	备用	备用
操作压力低	G10网络断链	G10配置错误	信号复归	就地控制	接地开关1分位	开入34	开入44	备用	备用

NARI国电南瑞科技股份有限公司

图 7-14　南瑞科技装置面板

指 示 灯	状 态	说 明
运行	绿色	装置正常运行时亮
报警	黄色	装置报警时亮
检修	黄色	装置检修投入时亮
对时异常	黄色	装置没有收到对时信号时亮
光耦电源失电	黄色	任一开入插件的光耦电源监视无效时亮
控制回路断线	黄色	任一相控制回路断线时亮
跳闸压力低	黄色	跳闸压力低时亮
重合压力低	黄色	重合闸压力低时亮
合闸压力低	黄色	合闸压力低时亮
操作压力低	黄色	操作压力低时亮

图 7-15　装置面板指示灯示意图

7.5 智能终端配置及调试

智能变电站内智能终端调试及验收步骤包括如下内容：
(1) 保证一次电缆、二次光纤连接正确；
(2) 从系统集成商处收集智能终端的 CID 文件及相关配置；
(3) 上电前装置物理及外观检查；
(4) 上电后装置检查；
(5) 下装相关配置；
(6) 根据实际情况修改智能终端有关参数；
(7) 装置重启；
(8) 调试智能终端的功能。

7.5.1 保证一次电缆、二次光纤连接正确

智能终端承载着采集一次设备的状态并转换成光纤传输的光信号实时传输给相关装置，并接收保护测控装置下发的遥控命令的功能，智能终端的正确采集及控制功能，需要一次电缆连接的一次设备正确，二次光纤连接的站内网络到相关装置正确。

7.5.2 收集并下装智能终端的 CID 文件及相关配置

智能终端的一系列功能都需要正确的 CID 文件支持，CID 文件内包括智能终端的 IED-name，APPID、VLANid、虚端子连线等。

7.5.3 上电前检查

装置上电前应对装置及屏柜做如下项目的检查：
装置表面无机械损伤；
面板按钮操作灵活，有弹性；
各插件跳线检查
电源回路跟设计图纸保持一致，正负极无短接；
应保证装置电源和装置机箱可靠接地，跟设计图纸保持一致。

7.5.4 上电后检查

完成装置上电前检查后，对装置进行上电操作，装置上电，使装置运行。

7.5.5 下装智能终端配置

一、南瑞继保智能终端
智能终端下装的文件就是 GOOSE. TXT 文档。
智能终端需要在前面板调试口通过串口下装配置文件。采用专门的串口线接在调试机串口，如图 7-16 所示。
在下载前，可以先召唤装置内的配置文件，一旦下载错误，还可以恢复配置。如图，召

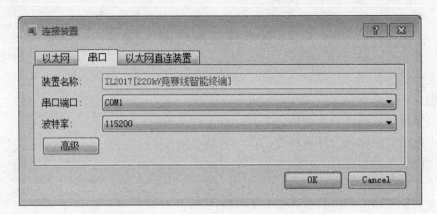

图 7-16　利用串口下装配置文件

唤 1 槽口的 GOOSE. TXT 文件，如图 7-17 所示。

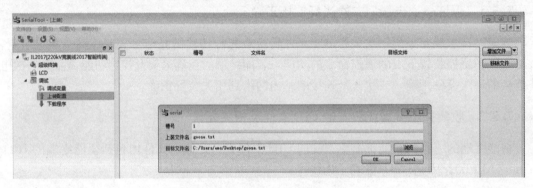

图 7-17　召唤 1 槽口 GOOSE. TXT 文件

下载时同样需要选择文件及目标槽号，如图 7-18 所示。

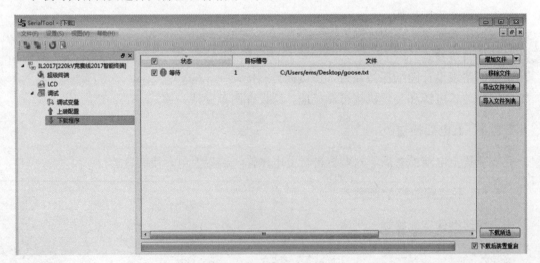

图 7-18　下载 GOOSE. TXT 文件

在调试—下装程序—选择要下装的文件后"下载所选"，勾选"下装后装置重启"即可。

二、北京四方智能终端

智能终端需要导入的文档就是其 GOOSE 文档，如图 7-19 所示。

图 7-19 GOOSE 文档示意图

合并单元、智能终端需要用四方的专用软件下装配置。软件是 csd600test，运行此软件前，需要先安装 winPcap. 该软件连接装置不需笔记本设为同一网段，只需选择笔记本正确的网卡即可。网线连接到装置的前面板，运行软件后，显示界面如图 7-20 所示。

图 7-20 网络通信设置示意图

连接后，可将配置下载。

＊＊＊_G1. ini 下载。＊＊＊_G1. ini 由系统配置器导出，导出时选择 388（不合并 GSE 和 SV）。

逐次点击图 7-21 中"文件传输"，"配置文件收发"，在弹窗处选择"GO. ini 下发"，在

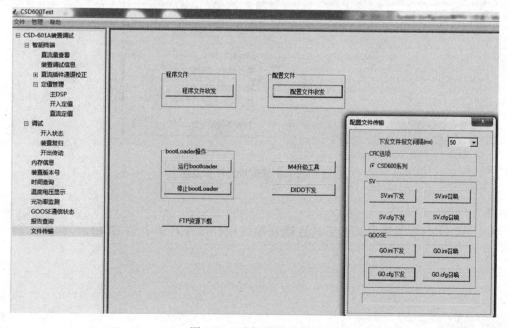

图 7-21 下发配置示意图

弹窗内选择要下发的 ＊＊＊ ＿ G1.ini，界面会提示文件下传成功。

三、南瑞科技智能终端

智能终端只需要下装 goose.txt 文件。首先用 Nariconfig Tool 系统集成工具生成装置的配置文件，如图 7-22 所示。

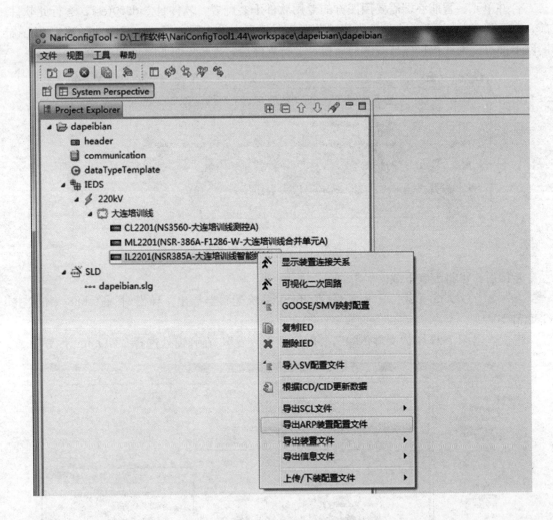

图 7-22　生成配置文件示意图

ARPTOOLS 装置专用调试工具连接智能终端，选择好要下装的文件，如图 7-23、图7-24 所示。

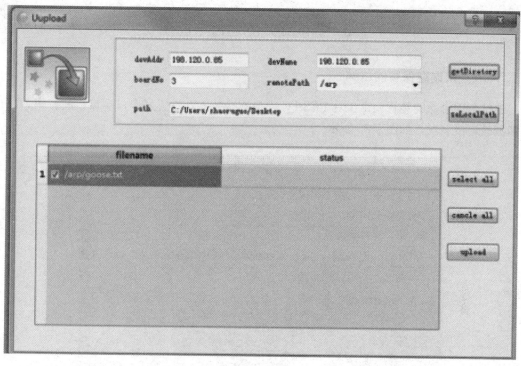

图 7-23 设置板卡号、路径、文件示意图

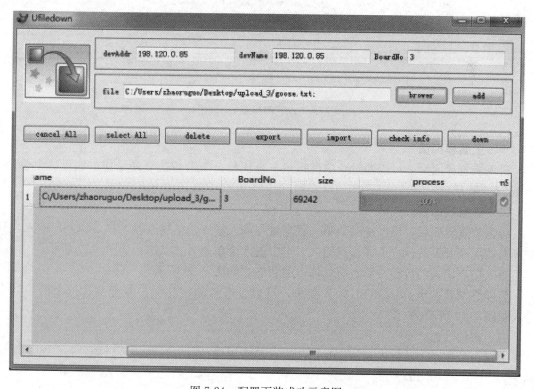

图 7-24 配置下装成功示意图

7.6　智能终端的运行与监视

7.6.1　南瑞继保智能终端

通过南瑞继保的装置调试工具 PCS-PC 串口连接装置，设置好串口端口，波特率，通过虚拟液晶连接装置，如图 7-25 所示。

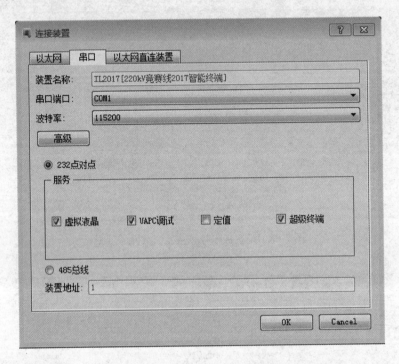

图 7-25　设置串口参数示意图

一、查看模拟量

进入装置界面后，可以通过菜单模拟量—直流量，查看智能终端采集的温度、湿度量，如图 7-26 所示。

二、查看状态量

进入装置界面后，可以通过菜单—状态量—输入量—包括接点输入和 GOOSE 输入，其中断路器隔离开关的位置依靠接点输入，可以进入菜单查看其状态，如图 7-27 所示。

进入接点输入的界面，能查看具体点的状态，如图 7-28 所示。

智能终端状态量的 GOOSE 输入菜单，可以查看从测控和保护装置发送过来的控制命令，如图 7-29 所示。

三、自检状态

通过自检菜单，可以查看智能终端的一些异常告警信息，便于进行故障排查，如图 7-30 所示。

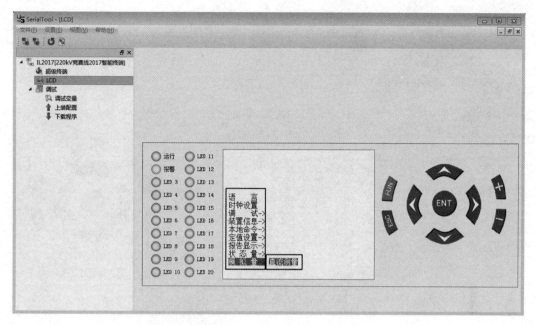

图 7-26 查看直流模拟量示意图

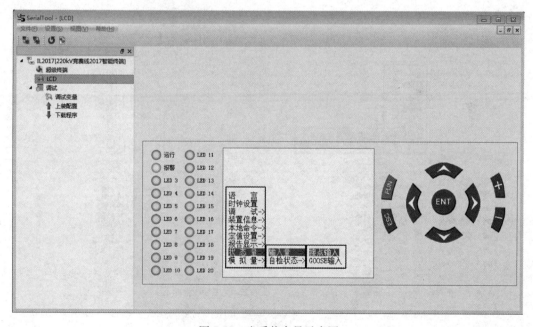

图 7-27 查看状态量示意图

7.6.2 北京四方智能终端

通过网线连接智能终端与调试机,用四方的装置专用调试工具 CSD600Test 打开界面,能进入模拟液晶的状态。

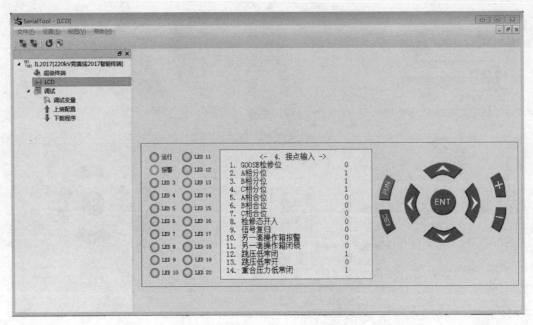

图 7-28 查看具体状态量示意图

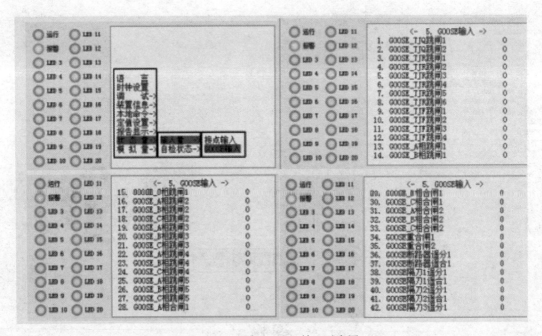

图 7-29 查看 GOOSE 输入示意图

一、查看状态量

点击调试—开入状态，通过插件选择下拉按钮选择需要查看插件的开入状态，点击"手动召唤"。如果状态未刷新，可以点击"手动召唤"来刷新数据，如图 7-31 所示。

二、开出传动

点击"开出传动"，在插件选择下拉按钮选择待开出传动插件，在开出端子下拉按钮选

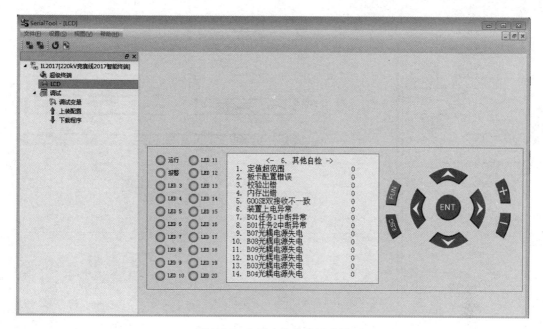

图 7-30　查看自检信息示意图

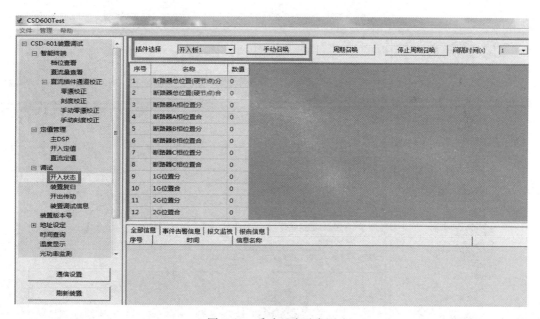

图 7-31　手动召唤示意图

择待开出传动节点端子，点击"开出传动"，验证后点击"开出收回"或"批量收回"，如图 7-32 所示。

三、装置调试信息-组合逻辑

点击"装置调试信息"菜单，点击"组合逻辑"，会在图 7-33 显示窗中显示所有逻辑输出状态。

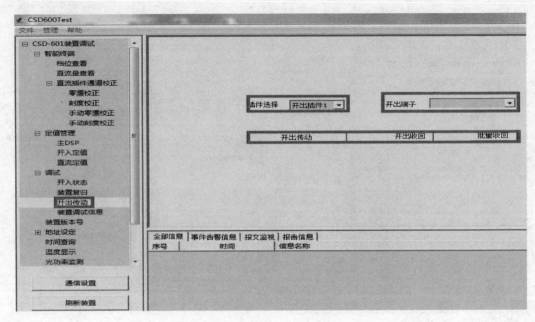

图 7-32　开出传动示意图

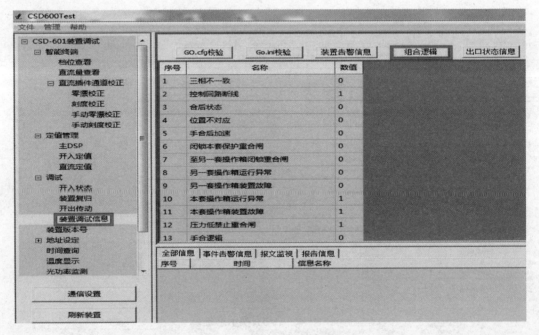

图 7-33　组合逻辑示意图

四、GOOSE 通信信息

　　点击"GOOSE 通信信息"菜单，点击插件选择下拉按钮选择待查看通信状态插件，点击"召唤 GOOSE 通信状态"，会在图 7-34 显示窗中显示出 goose 订阅参数是否有不匹配信息。

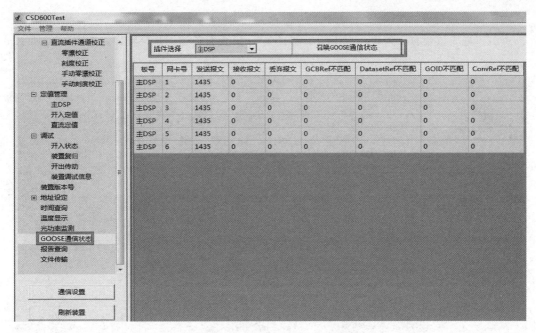

图 7-34　GOOSE 通信信息示意图

五、直流板定值

点击"直流定值"菜单，点击"召唤定值"，如下图，直流 1 最小值 4，直流 1 最大值 20，定义直流板第一通道输出为电流输出，范围为 4～20mA。

各直流量还可设置为变送器温度范围，如变送器温度范围为 0～100℃，则最小值填写 0，最大值填写 100，点击"下发定值"，则相应通道输出为温度输出。

可保存直流定值，并导入到其他间隔装置，如图 7-35 所示。

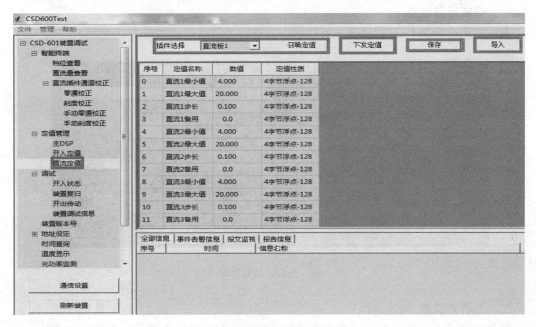

图 7-35　直流定值示意图

六、直流量查看

点击"直流量查看"菜单，点击"手动召唤"，可查看各通道采样输出，如图7-36所示。

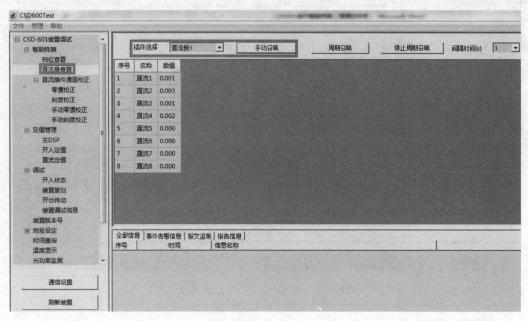

图 7-36　直流量查看示意图

7.6.3　南瑞科技智能终端

用网线连接智能终端与调试机，通过南瑞科技的 arptools 装置专用调试工具连接到智能终端。

一、查看遥信状态

在虚拟液晶界面上 显示状态—遥信状态，查看遥信信息，如图 7-37 所示。

图 7-37　查看遥信状态示意图

二、查看直流量

智能终端可以采集温度、湿度，通过显示状态—直流测量来查看，如图 7-38 所示。

三、查看自检报告

能看到装置的自检信息，便于排查装置的故障信息，如图 7-39 所示。

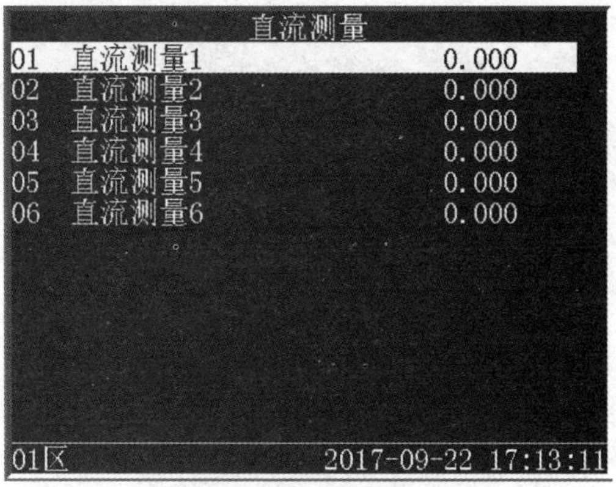

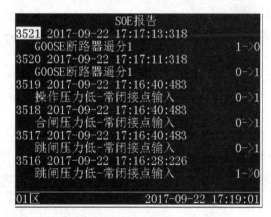

	直流测量	
01	直流测量1	0.000
02	直流测量2	0.000
03	直流测量3	0.000
04	直流测量4	0.000
05	直流测量5	0.000
06	直流测量6	0.000

01区　　　　　　　　　2017-09-22 17:13:11

图 7-38　查看直流量示意图

自检报告
2693 2017-09-22 17:16:40:490
　　装置报警　　　　　　　　　　　1->0
2692 2017-09-22 17:16:40:489
　　C相跳闸回路断线　　　　　　　1->0
2691 2017-09-22 17:16:40:489
　　B相跳闸回路断线　　　　　　　1->0
2690 2017-09-22 17:16:40:489
　　A相跳闸回路断线　　　　　　　1->0
2689 2017-09-22 17:16:40:489
　　控制回路断线　　　　　　　　　1->0
2688 2017-09-22 17:16:40:489
　　控制电源失电　　　　　　　　　1->0
01区　　　　　　　　　2017-09-22 17:17:49

图 7-39　查看自检报告示意图

四、查看变位报告

查看断路器及隔离开关的变位信息，如果测控装置下发了遥控命令，但一次设备实际并没有动作，在确定测控处无问题后，需要查看智能终端是否接收到了遥控命令，如图 7-40 所示。

五、查看 SOE 信息

可以在智能终端菜单内查看 SOE 的信息，便于检查 SOE 信息传输故障，如图 7-41 所示。

变位报告
2595 2017-09-22 17:17:13:319
　　GOOSE断路器遥分　　　　　　1->0
2594 2017-09-22 17:17:13:319
　　GOOSE断路器遥分1　　　　　1->0
2593 2017-09-22 17:17:13:319
　　断路器遥控分闸　　　　　　　　1->0
2592 2017-09-22 17:17:11:319
　　GOOSE断路器遥分　　　　　　0->1
2591 2017-09-22 17:17:11:319
　　GOOSE断路器遥分1　　　　　0->1
2590 2017-09-22 17:17:11:319
　　断路器遥控分闸　　　　　　　　0->1
01区　　　　　　　　　2017-09-22 17:18:29

图 7-40　查看变位报告示意图

SOE报告
3521 2017-09-22 17:17:13:318
　　GOOSE断路器遥分1　　　　　1->0
3520 2017-09-22 17:17:11:318
　　GOOSE断路器遥分1　　　　　0->1
3519 2017-09-22 17:16:40:483
　　操作压力低-常闭接点输入　　　0->1
3518 2017-09-22 17:16:40:483
　　合闸压力低-常闭接点输入　　　0->1
3517 2017-09-22 17:16:40:483
　　跳闸压力低-常闭接点输入　　　0->1
3516 2017-09-22 17:16:28:226
　　跳闸压力低-常闭接点输入　　　1->0
01区　　　　　　　　　2017-09-22 17:19:01

图 7-41　查看 SOE 信息示意图

7.7　智能终端的定值设置

7.7.1　南瑞继保智能终端修改定值

在 LCD 模拟界面，或者在装置的菜单进入定值设置—装置参数，找到对应信息点，查看其防抖时间，默认为 5ms，如图 7-42 所示。

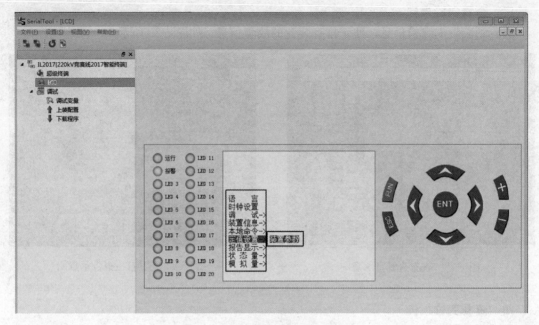

图 7-42　装置参数定值设置示意图

可以修改智能终端的防抖时间，如图 7-43 所示。

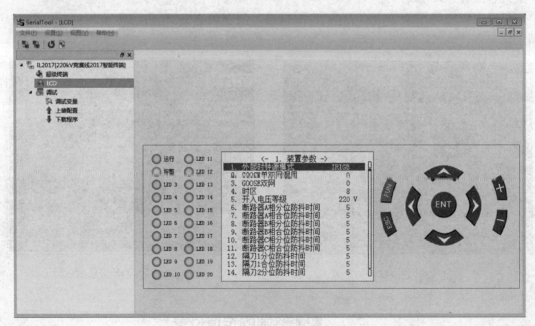

图 7-43　修改防抖时间示意图

7.7.2　北京四方智能终端修改定值

点击"开入定值"菜单，点击插件选择下拉按钮选择插件，点击召唤定值，可在图 7-44 显示窗中查看相应开入通道对应数值，此值为防抖延时，默认为 5ms 设置。

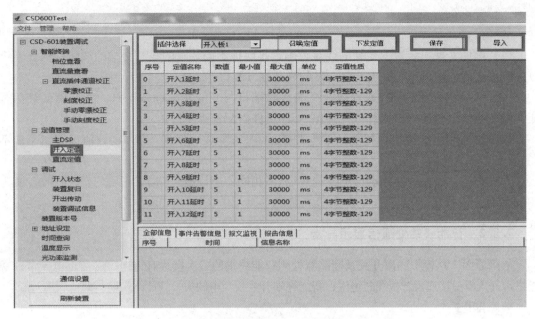

图 7-44 修改开入定值示意图

7.7.3 南瑞科技智能终端修改定值

智能终端的 IP 地址可以通过"装置参数"菜单修改，如图 7-45 所示。

智能终端的防抖时间可以通过"装置参数"菜单修改。最小设置为 5ms，如果该时限设置过长，将影响 GOOSE 开入的状态真实反映，如图 7-46 所示。

图 7-45 修改装置参数示意图 　　　图 7-46 修改防抖时间示意图

7.8 故 障 排 查

7.8.1 智能终端报 GOOSE 异常

故障原因①：检查智能终端背板的光纤连接是否正确，下装的 CID 文件配置与光纤实际连接位置不符。

故障排查：

（1）确保交换机装置的光纤的线对正确，排除掉不同装置的线芯交叉的故障；保证光纤收发顺序正确，收的线芯在 RX 口，发的线芯在 TX 口；

（2）SCD 内配置的测控或者智能终端接收端口与光纤实际插口不符，例如南瑞继保智能终端的通信口是第一对光纤口，确保 SCD 文件内配置为 1 口。

故障原因②：交换机内智能终端与测控的 VLAN 设置错误，PVID 数值设置错了，不在同一个 VLAN 内。

处理方法：确保智能终端与测控的 VLAN 相同，应该把已知条件中的 16 进制数转换为 10 进制输入交换机。

7.8.2　智能终端处遥信显示异常

故障原因：从模拟隔离开关及断路器处到智能终端的二次接线有错误；遥信正电异常；智能终端开入板虚接或者背板线芯绝缘；智能终端开入板负电缺失；智能终端防抖时间设置过长。

故障排查：

（1）端子排上从断路器或者隔离开关到智能终端的接线错误，例如线芯接错端子，线芯有绝缘故障等，造成位置信号不能正确到达智能终端开入板。

（2）智能终端遥信正电异常，如从空开到端子排接线虚接，造成正电位低于 70% 正电，开入位置不能正确采集。

（3）空开到智能终端板卡插件的接线绝缘 4K2-2 绝缘，造成智能终端开入板负电缺失，故障现象如下，4 个遥信开入板 NR1504A 都报电源异常，如图 7-47 所示。

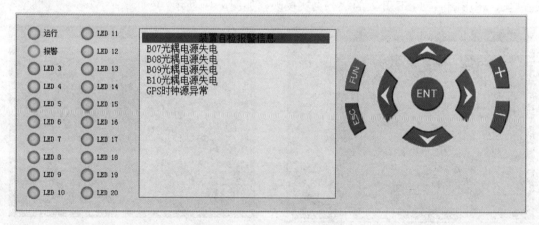

图 7-47　光耦电源失电示意图

（4）智能终端遥信防抖时间设置过长，造成信息不能正确反映，排查方法是进入智能终端的定值设置菜单下查看防抖时间的设置是否正确，一般设置为 5ms，如图 7-48 所示。

7.8.3　远方主站不能正确反映断路器变位

监控后台断路器位置正常变位，但是告警窗会提示该位置是告警态。

故障原因：如果智能终端和测控检修状态不一致，不影响画面的位置显示，但是告警窗会提示该位置是告警态。当报文为检修报文，报文内容应不显示在简报窗中，不发出音响告警，但应该刷新画面，保证画面的状态与实际相符，检修报文应存储，并可通过单独的窗口进行查询。数据通信网关机对接受信息报文中品质 q 的 Test 位根据远动规约映射成相应的品质位，即会报数据无效。

故障排查：确保智能终端和测控检修状态一致。

图 7-48　防抖时间设置界面

7.8.4　遥控失败

后台能弹出遥控窗口，遥控选择正常，但遥控执行返回"遥控失败，超过时间限制"，如图 7-49 所示。

图 7-49　遥控失败示意图

故障原因：智能终端的"远方/就地"把手在就地位置；缺出口正电，或者输出节点在端子排位置错误；遥控压板未投入；智能终端遥控独立使能置 1；跳闸脉冲过窄；智能终端的检修压板投入，测控的检修压板未投入。

故障排查：

（1）智能终端的"远方/就地"把手设置在远方。

（2）针对遥控正电缺失，检查端子排，保证遥控正电正常，如图 7-50 所示。

（3）检查遥控出口压板，投入遥控出口压板。

（4）智能终端遥控独立使能置 1

处理方法：把智能终端遥控独立使能置 0，当为 1 时，使用独立断路器遥控回路，断路

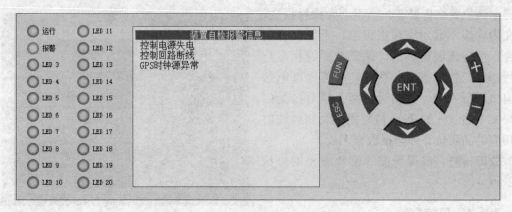

图 7-50　控制电源消失示意图

器的手分、遥分通过 1207-1208 开出，断路器的手合、遥合通过 1209-1210 开出，还需要中间继电器重动开出。

（5）处理方法：测控的遥控跳闸脉冲过窄，针对模拟断路器，脉宽的临界值是 60ms，把测控的跳闸脉冲设置大于 60ms。如图 7-51 所示。

							描述	值	
						1	遥控01分闸脉宽	60	0 - 60000
						2	遥控01合闸脉宽	500	0 - 60000
						3	遥控02分闸脉宽	500	0 - 60000
						4	遥控02合闸脉宽	500	0 - 60000
						5	遥控03分闸脉宽	500	0 - 60000
						6	遥控03合闸脉宽	500	0 - 60000
						7	遥控04分闸脉宽	500	0 - 60000
						8	遥控04合闸脉宽	500	0 - 60000
						9	遥控05分闸脉宽	500	0 - 60000

图 7-51　修改分合闸脉宽定值

（6）SCD 虚端子连线错误，造成遥控异常。修改 SCD，重新下装配置。

7.8.5　断路器、隔离开关位置不能正确上传

检查智能终端的开入板告警。

可能原因：开入板物理连接不牢固，开入板开入电压与实际不符。

故障排查：检查开入板物理连接，使插件及接线端子排连接牢固；

万用表测量开入板电压，发现不满足 220V，报开入板告警，B07-10 的光耦失电。检查站内直流输出电压。

智能终端的参数由 220V-48V，导致 220V 输入使得开入板告警，需要修改智能终端的参数定值。